U0791823

普通高等院校“十四五”系列教材

计算思维与大学计算机基础

主 编 赵旭剑

副主编 周 勇 谢先博 周巧临 王 昆

中国水利水电出版社
www.waterpub.com.cn
·北京·

内 容 提 要

本书以从古至今人类一直孜孜不倦计算圆周率为引线，逐渐展开介绍计算机基础知识。从计算工具的发展到电子计算机的诞生，探寻计算与计算机、计算与计算机程序，了解计算问题求解的思想与方法；初步认识并行计算与分布式计算、云计算与云计算平台以及人工智能；讲解计算机网络与数据管理知识。内容讲解都以问题导入开始，引领读者不断探索。以求解的思维过程为内容，以技术和原理为辅助，启发和培养读者的计算思维能力。通过弱化计算机学科专业知识，强化和引导读者思考怎样利用“计算思维”解决问题。以简单、容易上手的 Python 语言为基础，阐述问题的求解过程，培养读者阅读简单程序的能力，以演示和验证为手段让知识能够“落地”。把原本深奥、专业的内容以探究的方式逐步深入展开，娓娓道来。

本书配有电子教案，读者可以从中国水利水电出版社网站（www.waterpub.com.cn）或万水书苑网站（www.wsbookshow.com）免费下载。

图书在版编目（CIP）数据

计算思维与大学计算机基础 / 赵旭剑主编. -- 北京：中国水利水电出版社，2021.5
普通高等院校“十四五”系列教材
ISBN 978-7-5170-9589-7

Ⅰ. ①计… Ⅱ. ①赵… Ⅲ. ①计算方法－思维方法－高等学校－教材②电子计算机－高等学校－教材 Ⅳ. ①O241②TP3

中国版本图书馆CIP数据核字(2021)第086892号

策划编辑：寇文杰　责任编辑：高　辉　加工编辑：周益丹　封面设计：梁　燕

书　名	普通高等院校“十四五”系列教材 计算思维与大学计算机基础 JISUAN SIWEI YU DAXUE JISUANJI JICHU
作　者	主　编　赵旭剑 副主编　周　勇　谢先博　周巧临　王　昆
出版发行	中国水利水电出版社 （北京市海淀区玉渊潭南路 1 号 D 座 100038） 网址：www.waterpub.com.cn E-mail：mchannel@263.net（万水） sales@waterpub.com.cn 电话：（010）68367658（营销中心）、82562819（万水）
经　售	全国各地新华书店和相关出版物销售网点
排　版	北京万水电子信息有限公司
印　刷	三河市铭浩彩色印装有限公司
规　格	184mm×260mm　16 开本　12.25 印张　298 千字
版　次	2021 年 5 月第 1 版　2021 年 5 月第 1 次印刷
印　数	0001—2000 册
定　价	38.00 元

凡购买我社图书，如有缺页、倒页、脱页的，本社营销中心负责调换

版权所有·侵权必究

前　言

“大学计算机”是高等院校非计算机专业学生的通识课程。随着计算机技术的飞速发展，计算机学科涵盖的知识内容越来越多，知识更新速度很快。同时，计算机也普遍应用到各行各业。作为大学生的第一门计算机课程内容，随着计算机技术与应用的发展而不断更新和演变。课程开设至今，大致经历了从了解和使用计算机发展到计算机文化与使用软件再到目前以“计算思维”为导向组织和学习计算机的相关内容几个阶段。

如何将“计算思维”理念植入到大学计算机基础的教学内容中，一直是各大高校积极探讨的主题。怎样将纷繁复杂的计算机知识组织起来，培养学生计算思维能力，正是本书编写的目的。

鉴于计算机知识内容本身的特点和学生入校时计算机学科的“零基础”，要想面向学生开设一门称为“怎么像计算机科学家一样思考”的课，面向非专业的，而不仅仅是计算机相关专业的学生，这自然就给教材的编写带来挑战：选取哪些内容、内容怎样组织、怎样才能让内容通俗易懂。

本书引导读者通过探索计算机“计算”的本源，以大家熟悉的圆周率计算问题为引线，贯穿全书。通过通俗易懂的语言，而非抽象和专业的方式阐述内容，循序渐进、娓娓道来。本书以问题为引线，以求解的思维过程为内容，以技术和原理为辅助，启发和培养读者的计算思维能力。通过弱化计算机学科专业知识，强化和引导读者思考怎样利用“计算思维”解决问题。以简单、容易上手的 Python 语言为基础，阐述问题的求解过程，培养读者阅读简单程序的能力，以演示和验证为手段让知识能够“落地”。

周以真教授提出：计算思维是运用计算机科学的基础概念进行问题求解、系统设计，以及人类行为理解等涵盖计算机科学之广度的一系列思维活动。它是一种普遍的认识和一类普适的技能，每一个人，不仅仅是计算机科学家，都应热心于它的学习和运用。本教材正是为那些没有任何计算机基础而想尽快了解和掌握计算机知识的人而编写，特别适合大中专院校初次接触计算机的新生所用。

由于本书涵盖的知识面广而新，且把纷繁复杂的内容用通俗方式描述，加之作者水平有限，书中难免存在不妥之处，敬请同行专家和读者朋友批评指正。

编　者

2020 年 11 月

目　录

第 1 章　计算与计算机

引　言

计算，一个与我们学习、工作和生活息息相关的概念。

当我们牙牙学语的时候，父母就开始教我们掰着手指计数；当我们踏入学校之后，老师就开始教我们加、减、乘、除；从此我们就和计算结缘，从简单的四则运算到方程与函数，再到复杂的公式推导……生活中，我们更能感知到计算的无处不在与变化。由传统的查字典到百度搜索；由传统的实体店购物结账到网上购物手机快捷支付；由传统的拿着地图满大街问路到听着 GPS 导航语音提示轻松出行；滴滴打车、美团购物、微信交友、智慧城市、云计算、人工智能等这些耳熟能详的词语已经改变了我们的生活。

计算何其多，我们将从一个大家熟悉的计算问题入手探讨计算与计算机。

1.1　π 的故事

古今中外，许多人致力于 π 的研究与计算。为了计算出 π 更精确的近似值，一代代的数学家贡献了无数的时间与心血。随着电子计算机的发明与诞生，π 值计算取得突飞猛进的成果。借助于超级计算机，人们已经得到了 π 值 10 万亿位以上的精度。

下面，就以圆周率 π 的计算开始我们计算之旅。

问题导入：

你会计算圆周率 π 吗?

π 是一个无理数，它是无限的，这就意味着任何对 π 的计算都仅仅是个近似值。如果他能计算 10 位，我可以计算 100 位并且更精确，那你还能计算到多少位呢？

首先，回顾公元 263 年，魏晋时期的数学家刘徽创立了“割圆术”。什么是割圆术呢？原来，刘徽在整理我国古老的数学著作《九章算术》时发现，所谓“周三径一”，实质上是把圆的内接正 6 边形的周长作为圆的周长的结果。

如图 1-1 所示，当直径为 1 时，半径是 0.5，圆的内接正 6 边形的边长等于半径，也是 0.5。所以，如果“把圆的内接正 6 边形的周长作为圆的周长”，圆周长就是 3。

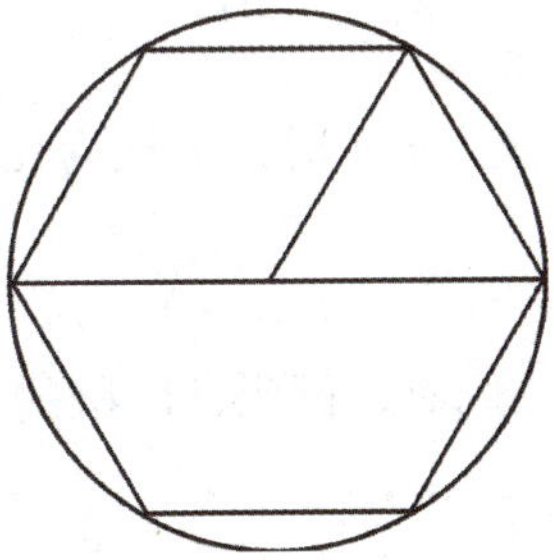

图 1-1　圆内接 6 边形

看到这里，你想到了什么？

如果用圆的内接正 12 边形、24 边形、48 边形、96 边形……的周长作为圆的周长，必然会更加精确。这就是“割圆术”。用刘徽自己的话说就是“割之弥细，所失弥少，割之又割，以至于不可割，则与圆周合体而无所失矣。”

那我们该怎么计算呢？

现在，就让我们来亲身感受一下，用割圆术计算圆周率的过程：

按照割圆术，在已知圆的内接正 6 边形的基础上，计算正 12 边形、24 边形、48 边形、96 边形……的周长，需要解决一个问题：知道了正 n 边形的边长 a_n，怎样求正 $2n$ 边形的边长 a_{2n}。

如图 1-2 所示，图中 $OA = OB = OC = R$，$AB = a_n$，$AC = a_{2n}$，$AD = DB = a_n/2$。

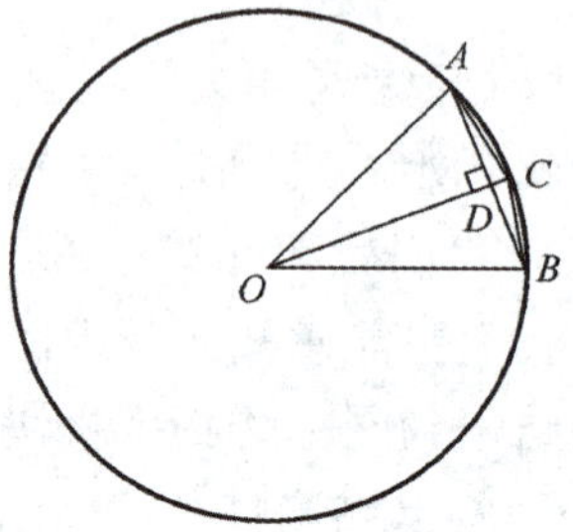

图 1-2　n 边到 $2n$ 边的计算

根据勾股定理，可计算出 AC，具体计算过程如下：

$$
\begin{aligned}
AC &= \sqrt{AD^2 + CD^2} \\
&= \sqrt{AD^2 + (OC - OD)^2} \\
&= \sqrt{AD^2 + (OC - \sqrt{OA^2 - AD^2})^2} \\
&= \sqrt{\left(\frac{a_n}{2}\right)^2 + \left[R - \sqrt{R^2 - \left(\frac{a_n}{2}\right)^2}\right]^2} \\
&= \sqrt{\left(\frac{a_n}{2}\right)^2 + R^2 - 2R\sqrt{R^2 - \left(\frac{a_n}{2}\right)^2} + R^2 - \left(\frac{a_n}{2}\right)^2} \\
&= \sqrt{2R^2 - 2R\sqrt{R^2 - \left(\frac{a_n}{2}\right)^2}} \\
&= \sqrt{2R^2 - R\sqrt{4R^2 - a_n^2}}
\end{aligned}
$$

于是得到已知 a_n 求 a_{2n} 的公式：

$$a_{2n} = \sqrt{2R^2 - R\sqrt{4R^2 - a_n^2}}$$

当 R=1 时，公式简化为

$$a_{2n} = \sqrt{2 - \sqrt{4 - a_n^2}} \qquad (1)$$

同时，因为此时圆的周长 C=2π，π 等于周长的一半，即

$$\pi = n \times a_{2n} \qquad (2)$$

按照这样的计算公式，理论上讲我们可以无限接近 π 的真实值，那么能精确计算到多少位呢？

因为计算过程随着边数的增加越来越复杂，限于当时的条件，刘徽只计算到圆的内接正 96 边形，使圆周率精确到两位小数，得到 3.14。后来，刘徽又算到圆的内接正 3072 边形，使圆周率精确到四位小数，得到 3.1416，这在当时已经称得上相当精确了。

公元 480 年左右，南北朝时期的数学家祖冲之更是把“割圆术”推进到圆的内接 12288 边形，算出圆周率应该在 3.1415926 到 3.1415927 之间，开创了一项世界纪录，比欧洲早了一千多年。

利用几何方法求 π 值，计算量很大，有些数学家甚至为之耗费了毕生的精力。荷兰数学家卢道夫在 1596 年计算正 60×2^{23} 边形的周长，将 π 的近似值准确地计算到了小数点后 20 位。此后他在临死前又计算出了圆内接正 2^{62} 边形的周长，从而准确地算出小数点后 35 位。

我们可以发现，从阿基米德到卢道夫，也就是从公元前 3 世纪到 17 世纪约 20 个世纪近 2000 年的岁月，π 的近似值从小数点后第 2 位精确到第 35 位，其精度仅仅延长了 32 位。

既然这么难计算，能否用其他方法求解呢？

接着，再把我们带入到 18 世纪。随着微积分的创立，刺激和推动了许多数学分支的产生，从而在数学史上进入了分析的时代。这一时期人们开始利用无穷级数或无穷连乘积求 π，摆脱割圆术的繁复计算。无穷乘积式、无穷连分数、无穷级数等各种 π 值表达式纷纷出现，使得 π 值计算精度迅速增加。下面就为大家列举出几种经典的计算公式。

（1）1650 年英国数学家瓦利斯（Wails）发现

$$\frac{\pi}{2}=\frac{2}{1}\times\frac{2}{3}\times\frac{4}{3}\times\frac{4}{5}\times\frac{6}{5}\times\frac{6}{7}\times\frac{8}{7}\times\frac{8}{9}\times\cdots$$

（2）英国皇家学会主席布龙克尔发现

$$\frac{4}{\pi}=1+\cfrac{1^2}{2+\cfrac{3^2}{2+\cfrac{5^2}{2+\cfrac{7^2}{2+\cdots}}}}$$

（3）1673 年德国大数学家莱布尼茨（Leibniz）发现

$$\frac{\pi}{4}=1-\frac{1}{3}+\frac{1}{5}-\frac{1}{7}+\frac{1}{9}-\cdots$$

（4）1706 年英国数学家梅钦（John Machin）发现

$$\frac{\pi}{4}=4\arctan\frac{1}{5}-\arctan\frac{1}{239}$$

如果用上面的计算公式，又能计算到多少位？

1706 年英国数学家梅钦计算 π 值突破 100 位小数大关；1789 年斯洛文尼亚数学家维加（Jurij Vega）得出 π 的小数点后 140 位，其中只有 137 位是正确的，这个世界纪录维持了 50 年，他利用了梅钦于 1706 年提出的数式；1948 年英国的弗格森（D. F. Ferguson）和美国的伦奇（J. W. Wrench）共同发表了 π 的 808 位小数值，成为迄今为止人工计算圆周率值的最高纪录。

人脑完不成的计算，为什么不造一个具有超级计算能力的工具呢？

1946 年，如图 1-3 所示，世界第一台电子计算机 ENIAC 制造成功，标志着人类历史迈入了计算机时代，计算机的出现导致了计算方面的根本革命。

图 1-3 世界第一台电子计算机 ENIAC

1949 年，ENIAC 根据梅钦公式计算到 2037 位小数，包括准备和整理时间在内仅用了 70 小时。计算机的发展日新月异，其纪录也就被频频打破。

1958 年，π 被计算到 10000 位，1959 年计算到 16167 位。1961 年，丹尼尔·尚克斯和雷恩屈计算到小数点后第 100265 位，1966 年达到 25 万位，1967 年吉尤（Guilloud，法国人）计算到小数点后第 500000 位。20 世纪 70 年代又突破这个纪录，算到了 150 万位。随后，日本三好和宪和金田康正将纪录提升到 200 万位。之后，吉尤又将纪录改变为 2000050 位。

在 1976 年，新的突破出现了。萨拉明发表了一条新的公式，那是一条二次收敛算则，也就是说每经过一次计算，有效数字就会倍增。高斯以前也发现了一条类似的公式，但十分复杂，在那没有计算机的时代是不可行的。这算法被称为布伦特－萨拉明（或萨拉明－布伦特）演算法，亦称高斯－勒让德演算法。

1989 年 5 月，利用超级计算机和新的方法计算得到的 π 值已达 4.8 亿位。个人计算机也可以用来计算，但要算出 100 万位数需要 100 ～ 200 小时，计算到 1000 万位就要 1 万个小时，而超级计算机只要 24 小时。超级计算机出现后，计算 π 值的竞赛更加激烈，纪录不断被刷新。

2011 年 10 月 16 日，日本计算机奇才近藤茂利用家用计算机和云计算将圆周率计算到小数点后 10 万亿位，刷新了 2010 年 8 月由他自己创下的 5 万亿位吉尼斯世界纪录。

我国“天河一号”超级计算机运算速度可以达到每秒 2570 万亿次，把圆周率计算到小数点后约 100 万兆位。

总结：可以看出，19 世纪以前关于 π 值的计算进展非常慢。主要有三方面原因：第一，无论是利用正多边形周长的反复计算，还是利用无穷级数或无穷连乘积来计算 π 值，为求正确值都必须进行无限次的四则运算，表面上看这是简单计算的重复，但这种计算是枯燥无味的，而重复又会令人厌烦；第二，人容易疲劳，还会犯错误，因此计算的结果要看从事计算的人耐性有多高；第三，当时人们用极其简单的计算工具来进行计算，其难度可想而知。

计算机的诞生和发展开创了现代科学的新时代，使计算技术有了新的突破，将科学计算提高到一个崭新的境界。现在，人们用计算机求解 π 的值，再也不用忍受人工计算的艰辛了。即使在普通的计算机上，根据数学公式编好程序后，求得上万位的 π 值也是轻而易举的事。

我的疑问：这样没完没了地计算 π 值有意义吗？

目前比较主流的解释是：

（1）它现在可以被人们用来测试或检验超级计算机的各项性能，特别是运算速度与计算过程的稳定性。这对计算机本身的改进至关重要。Intel 公司推出奔腾（Pentium）时，发现它有一点小问题，这问题正是通过运行 π 的计算而找到的。这正是超高精度的 π 计算直到今天仍然有重要意义的原因之一。

（2）计算的方法和思路可以引发新的概念和思想。虽然计算机的计算速度超出任何人的想象，但毕竟还需要由数学家去编制程序，指导计算机正确运算。实际上，当我们把 π 的计算历史划分出一个电子计算机时期时，这并非意味着计算方法上的改进，而只是计算工具有了一个大飞跃而已。因而如何改进计算技术，研究出更好的计算公式，使公式收敛得更快、能极快地达到较大的精确度仍是数学家们面对的一个重要课题。在这方面，印度天才数学家拉马努扬得出了一些很好的结果。他发现了许多能够迅速而精确地计算 π 近似值的公式。他的见解打开了更有效地计算 π 近似值的思路。现在的计算机计算 π 值的公式就是由他得到的。至于这位极富传奇色彩的数学家的故事，本书不多介绍了。

不过，希望大家能够明白 π 的故事讲述的是人类的胜利，而不是机器的胜利。

1.2　计算技术的演化

随着数学科学的发展，人们又陆续发现了许多计算圆周率的方法。

你可能又要说，我知道了计算方法或计算公式，理论上能得到想要的计算结果，但在实际的计算过程中却是很难实现的，我能计算得了吗？其实，这正是人类创造出计算工具，改进计算方法的原动力。

就以莱布尼茨无穷级数计算公式求解 π 近似值为例，我们来思考一下实现更高精度的计算会用到哪些计算技术，从而理清计算技术的演化过程。

问题导入：

你怎样高效实现如下的计算：

$$\frac{\pi}{4}=1-\frac{1}{3}+\frac{1}{5}-\frac{1}{7}+\frac{1}{9}-\cdots$$

问题分析：对于这样的计算，其实是一个很简单的加法运算。但要想获得足够的精度，我们需选取足够的项数，还得有足够的耐心和时间。

那如何解决呢，我们很容易就想到从以下几个方面来想办法：

（1）想办法利用数学知识进行化简，减少计算的工作量。

（2）训练我们的大脑，使它具有超强的运算能力。

（3）让更多的人一起来参与计算。

讨论：

对于第（1）条，固然可行，好的计算方法确实能有效降低计算的工作量，它是数学家们一直在探讨和研究的内容，不作为本书讨论的内容。

对于第（2）条，相信绝大多数人都看过“最强大脑”节目，我们一定会惊叹他们超强的计算能力。但你有没想过这些天赋异禀的一群人，在经过长年的系统训练后所展现出来的“惊人”的计算能力在超级计算机面前那是微不足道。

对于第（3）条，确实是一个不错的建议，俗话说“众人拾柴火焰高”。那么，多人可以以哪些方式合作完成一个计算任务呢？下面，就让我们一起来探讨一些可行的计算方式吧。

（1）召集一群计算能力超群的人集中在一起按“流水线迭代”的方式完成计算。

（2）将计算任务逐级分解，随机招募人员（他们在哪里，计算能力有大有小）完成一小段的计算，再逐级汇总完成计算。

思考：基于以上的讨论，你想到了什么？

（1）想通过人脑训练达到超强计算能力不是有效的解决办法，那我们能不能制造一种能“高速”计算的工具？

（2）能不能让众多“高速”计算工具之间也能像人类一样协同完成一个复杂的计算任务？

其实，正是这样的想法驱动人类不断创新，也开启了计算技术的发展历史。下面就让我们简单回顾一下这段发展历史。

1. 单兵作战的计算工具时代

为了制造出一种能替代人脑计算的工具，人类从远古时代就开启了探索之旅，经历了机械计算、机电计算、电子计算时代。从古老的计算工具——算盘到帕斯卡的加法器、莱布尼茨的乘法器再到巴贝奇的分析机，如图 1-4 所示。这些计算工具的计算能力都止步于每秒几十次的运算。

图 1-4 机械计算工具

1946 年第一台电子计算机的诞生，开启了人类计算新时代。经过短短几十年的发展，电子计算机就经历了第一代电子管计算机、第二代晶体管计算机、第三代集成电路计算机和第四代超大规模集成电路计算机，如图 1-5 所示。从占地 100 多平方米的庞然大物到小如手指的微型计算机；从几千次 / 秒的运算速度到现在的几千万亿次 / 秒的超级计算机。而这一发展的步伐还远未停止，人类必将创造更快更小的计算工具。

2. 多兵合作的计算时代

随着局域网 / 广域网的建立，为多机协同计算奠定了物质基础。集群计算、并行计算、分布式计算、网格计算、云计算技术应运而生。互联网的高速发展更是把多机合作计算的水平推向极致。如图 1-6 所示，截至 2019 年 11 月，国际 TOP500 组织对外发布最新一期“全球超级计算机 500 强榜单”，我国的“神威・太湖之光”和“天河二号”分列第三、四位。

第一代电子管计算机 ENIAC，1946

第二代晶体管计算机 TRADIC，1953

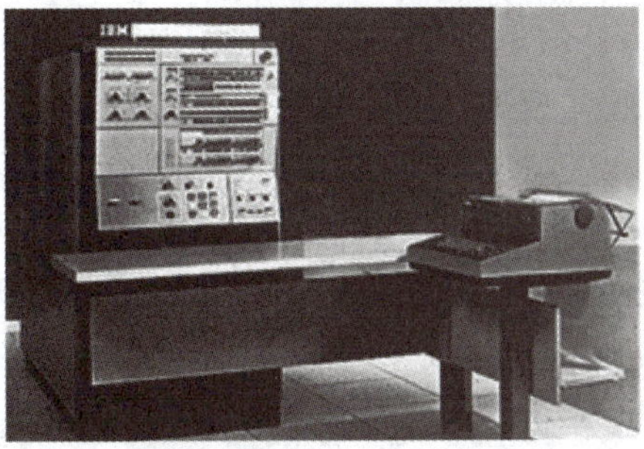

第三代计算机 IBM 360，1964

第四代计算机——个人计算机，1981

图 1-5　电子计算机

图 1-6　“神威・太湖之光”和“天河二号”

其中，太湖之光的峰值运算性能达到每秒 12.54 亿亿次。这意味着，太湖之光 1 分钟的计算能力，相当于全球 72 亿人同时用计算器不间断计算 32 年。

了解更多：

1. 并行计算（Parallel Computing）

并行计算（或称平行计算）是相对于串行计算来说的。并行计算是指同时使用多种计算资源解决计算问题的过程。为执行并行计算，计算资源应包括一台配有多处理机（并行处理）的计算机、一个与网络相连的计算机专有编号，或者两者结合使用。并行计算的主要目的是快速解决大型且复杂的计算问题。

并行计算可以划分成时间并行和空间并行。时间并行即流水线技术，空间并行使用多个处理器执行并发计算，当前主要研究的是空间的并行问题。以程序和算法设计人员的角度看，并行计算又可分为数据并行和任务并行。数据并行把大的任务化解成若干个相同的子任务，处理起来比任务并行简单。

2. 分布式计算（Distributed Computing）

分布式计算这个研究领域主要研究分散系统（Distributed System）如何进行计算。分散系统是一组计算机通过计算机网络相互连接与通信后形成的系统。把需要进行大量计算的工程数据分区成小块，由多台计算机分别计算，在上传运算结果后，将结果统一合并得出数据结论。

目前常见的分布式计算项目通常使用世界各地上千万志愿者计算机的闲置计算能力，通过互联网进行数据传输。如分析计算蛋白质的内部结构和相关药物的 Folding@home 项目，该项目结构庞大，需要惊人的计算量，由一台计算机计算是不可能完成的。即使现在有了计算能力超强的超级计算机，但是一些科研机构的经费却又十分有限。

分布式计算比起其他算法具有以下几个优点：

（1）稀有资源可以共享。

（2）通过分布式计算可以在多台计算机上平衡计算负载。

（3）可以把程序放在最适合运行它的计算机上。其中，共享稀有资源和平衡负载是计算机分布式计算的核心思想之一。

说明：并行计算与分布式计算的区别如下。

（1）并行计算与分布式计算都是运用并行来获得更高性能，化大任务为小任务。简单来说，如果处理单元共享内存，就称为并行计算，反之就是分布式计算。也有人认为分布式计算是并行计算的一种特例。

（2）分布式的任务包互相之间有独立性，上一个任务包的结果未返回或者是结果处理错误，对下一个任务包的处理几乎没有什么影响。因此，分布式的实时性要求不高，而且允许存在计算错误（因为每个计算任务给好几个参与者进行计算，上传结果到服务器后要比较结果，然后对结果差异大的进行验证）。

（3）分布式要处理的问题一般是基于“寻找”模式的。所谓的“寻找”，就相当于穷举法。为了尝试到每一个可能存在的结果，一般从 0 ~ N（某一数值）被一个一个地测试，直到找到所要求的结果。事实上，为了易于一次性探测到正确的结果，我们假设结果是以某个特殊形式开始的。在这种类型的搜索里，也许幸运一开始就找到答案；也许不够走运以至于到最后才找到答案，这都很公平。

（4）并行程序并行处理的任务包之间有很大的联系，而且并行计算的每一个任务块都是必要的，没有浪费的，就是每个任务包都要处理，而且计算结果相互影响。这就要求每个计算结果要绝对正确，而且在时间上要尽量做到同步，而分布式的很多任务块可以根本就不处理，有大量的无用数据块。所以说分布式计算的速度尽管很快，但是真正的“效率”是低之再低的，可能一直在寻找，但是永远都找不到，也可能一开始就找到了；而并行处理不同，它的任务包个数相对有限，在一个有限的时间应该是可能完成的。

3. 集群计算（Cluster Computing）

计算机集群将一组松散集成的计算机软件或硬件连接起来高度紧密地协作完成计算工作。在某种意义上，它们可以被看作是一台计算机。集群系统中的单个计算机通常称为节点，通过局域网连接，但也有其他的可能连接方式。集群计算机通常用来改进单个计算机的计算速度和可靠性。一般情况下集群计算机比单个计算机，比如工作站或超级计算机性价比要高得多。

根据组成集群系统的计算机之间体系结构是否相同，集群可分为同构与异构两种。集群计算机按功能和结构可以分为高可用性集群（High-availability clusters）、负载均衡集群（Loadbalancing clusters）、高性能计算集群（High-performance clusters）。

（1）高可用性集群。一般是指当集群中有某个节点失效的情况下，其上的任务会自动转移到其他正常的节点上。还指可以将集群中的某节点进行离线维护再上线，该过程并不影响整个集群的运行。

（2）负载均衡集群。负载均衡集群运行时，一般通过一个或者多个前端负载均衡器将工作负载分发到后端的一组服务器上，从而达到整个系统的高性能和高可用性。这样的计算机集群有时也被称为服务器群（Server Farm）。一般高可用性集群和负载均衡集群会使用类似的技术，或同时具有高可用性与负载均衡的特点。Linux 虚拟服务器（LVS）项目在 Linux 操作系统上提供了最常用的负载均衡软件。

（3）高性能计算集群。高性能计算集群采用将计算任务分配到集群的不同计算节点提高计算能力，因而主要应用在科学计算领域。比较流行的 HPC 采用 Linux 操作系统和其他一些免费软件来完成并行运算。这一集群配置通常被称为 Beowulf 集群。这类集群通常运行特定的程序以发挥 HPC clusters 的并行能力。这类程序一般应用特定的运行库，比如专为科学计算设计的 MPI 库。HPC 集群特别适合于在计算中各计算节点之间发生大量数据通信的计算作业，比如一个节点的中间结果或影响到其他节点计算结果的情况。

4. 网格计算（Grid Computing）

网格计算是分布式计算的一种，也是一种与集群计算非常相关的技术。如果我们说某项工作是分布式的，那么参与这项工作的一定不只是一台计算机，而是一个计算机网络，显然这种“蚂蚁搬山”的方式将具有很强的数据处理能力。网格计算的实质就是组合与共享资源并确保系统安全。

网格计算通过利用大量异构计算机的未用资源（CPU 周期和磁盘存储），将其作为嵌入在分布式电信基础设施中的一个虚拟的计算机集群，为解决大规模的计算问题提供一个模型。网格计算的焦点放在支持跨管理域计算的能力，这使它与传统的计算机集群或传统的分布式计算相区别。网格计算的目标是解决对于任何单一的超级计算机来说仍然大得难以解决的问题，并同时保持解决多个较小的问题的灵活性。这样，网格计算就提供了一个多用户环境。

说明：集群计算与网格计算的区别如下。

（1）简单地说，网格与传统集群的主要差别是网格是连接一组相关但并不信任的计算机，它的运作更像一个计算公共设施而不是一个独立的计算机。网格通常比集群支持更多不同类型的计算机集合。

（2）网格本质上就是动态的，集群包含的处理器和资源的数量通常都是静态的。在网格上，资源可以动态出现，资源可以根据需要添加到网格中或从网格中删除。

（3）网格天生就是在本地网、城域网或广域网上进行分布的。网格可以分布在任何地方。而集群物理上都包含在一个位置的相同地方，通常只是局域网互连。集群互连技术可以产生非常低的网络延时，如果集群距离很远，这可能会导致产生很多问题。物理临近和网络延时限制了集群地域分布的能力，而网格由于动态特性，可以提供高可扩展性。

（4）集群仅仅通过增加服务器满足增长的需求。然而，集群的服务器数量及由此导致的集群性能是有限的，也就是说如果一味地想通过扩大规模来提高集群计算机的性能是难以实现的，规模越大，性价比会相应下降，这意味着我们不可能无限制地扩大集群的规模。而网格虚拟出空前的超级计算机，不受规模的限制，成为下一代 Internet 的发展方向。

（5）集群和网格计算是相互补充的。很多网格都在自己管理的资源中采用了集群。实际上，网格用户可能并不清楚他的工作负载是在一个远程的集群上执行的。尽管网格与集群之间存在很多区别，但是这些区别使它们构成了一个非常重要的关系，因为集群在网格中总有一席之地——特定的问题通常都需要一些紧耦合的处理器来解决。然而，随着网络功能和带宽的发展，以前采用集群计算很难解决的问题现在可以使用网格计算技术解决了。理解网格固有的可扩展性和集群提供的紧耦合互连机制所带来的性能优势之间的平衡是非常重要的。

5. 云计算（Cloud Computing）

云计算是不仅仅是指计算，还包括运营服务等，它是分布式计算、并行计算和网格计算的发展，或者说是这些概念的商业实现。云计算不但包括分布式计算，还包括分布式存储和分布式缓存。分布式存储又包括分布式文件存储和分布式数据存储。

说明：云计算与并行计算、分布式计算、网格计算和集群计算的区别如下。

云计算是从集群技术发展而来，区别在于集群虽然把多台机器连接起来，但其某项具体任务执行的时候还是会被转发到某台服务器上，而云可以简单地认为是任务可以被分割成多个进程在多台服务器上并行计算，然后得到结果，好处在于大数据量的操作性能非常好。云可以使用廉价的 PC 服务器，可以管理大数据量与大集群，关键技术在于能够对云内的基础设施进行动态按需分配与管理。云计算与并行计算、分布式计算的区别，以计算机用户来说，并行计算是由单个用户完成的，分布式计算是由多个用户合作完成的，云计算是没有用户参与，而是交给网络另一端的服务器完成的。

小结：纵观科学与文明的发展历史，人类的需要永远是创新和发展的第一推动力。人们因为手脚的软弱而制造石器工具；由于想法与情感需要交流而创造语言和文字；由于物品需要计量而发明数字、数学运算并开始创造简单的计算工具。一代代能工巧匠、科学家与工程师对计算工具的不断革新、创造和发展推动了计算学科进入史无前例的发展期。英国牛津大学卢恰诺•弗洛里迪教授说:“我们将进入从未见过的未来，而我们应该开始应对这样的转型。”是的，“处处皆计算”的时代来了。

美国计算机科学家、卡内基 • 梅隆大学教授周以真提出：计算思维是运用计算机科学的基础概念进行问题求解、系统设计，以及人类行为理解等涵盖计算机科学之广度的一系列思维活动。它是一种普遍的认识和一类普适的技能，每一个人，不仅仅是计算机科学家，应热心于它的学习和运用。

通过计算思维的训练，新时代的年轻人可以理解计算机技术，提升计算能力。这将会对未来的生活、学习和工作产生深远的影响。

1.3　自动计算与电子计算机

通过前面的介绍，我们初步了解了计算机技术的发展历程，知道电子计算机的出现为完成高速计算开辟了新时代，计算机网络的出现更是把人类的计算推向了更高的层面。你是否已经迫不及待地想探秘电子计算机的设计思想和计算过程呢？下面就带着大家一起开始我们的探寻之旅。

正如“计算机”这个名称本身所展示的那样，人们费尽心机发明这种“机器”的目的是为了计算，以摆脱繁重的计算任务。当然，这里的“计算”通常不是指简单的计算。若是 1+1，心算就可以了，很快可以得到答案；对于 1175+87×139 这样的计算，用笔和纸也能轻松应付，而且很方便。真正促使人类发明计算机的是那些富于挑战性的计算任务，它们的共同特点是计算量大、机械、枯燥、周期长且容易出错。比如，前面提到的 π 的计算。如果没有计算机的帮助，很多类似的计算任务根本不可能完成。

1.3.1　数据的 0/1 化与电路实现

要想彻底理解计算以及计算机是怎么回事，就得先弄清楚与计算紧密相关的根本性问题——数的表示与计算。事实上，在任何一台现代计算机内部，计数都是最重要的组成部分之一，而且是非常基础的组成部分。

问题导入：

怎样设计电子计算机进行自动计算?

历史背景:20 世纪以前的“计算机”都是纯机械的，用它来计算，我们得用手摇、用脚蹬，几乎不能实现自动计算。打个类比，人类发明自行车，的确能实现“自行”，但还是要我们用脚蹬。自从有了电动自行车，我们才算真正实现了“自行”的目的。电的发明，极大地促进了“自动化”的发展，到了 20 世纪，由于电子技术的进步，人们用上了电灯和其他各种各样的电器。此时，人们自然在思考怎样用电子技术实现自动计算的梦想，也就是如何用电来表示数字，用电来进行计算。

设计思路：按照人们学习的习惯，首先是从简单的加法开始，然后再学减法，接着是乘、除，最后才是四则运算。我们就先用电子技术设计一个简单的加法器吧。

我们很容易想到设计如图 1-7 所示的电路，它有两个输入端 A 和 B，一个输出端 S。在输入端分别输入一个加数和被加数，它就能自动进行计算，并从 S 端输出和。如果要计算 12+23，如图 1-8 所示，只要在 A 端加上 12V 的电压，在 B 端加上 23V 的电压，当运算电路完成计算后，就在 S 端输出 35V 的电压。

图 1-7 两位数加法电路图

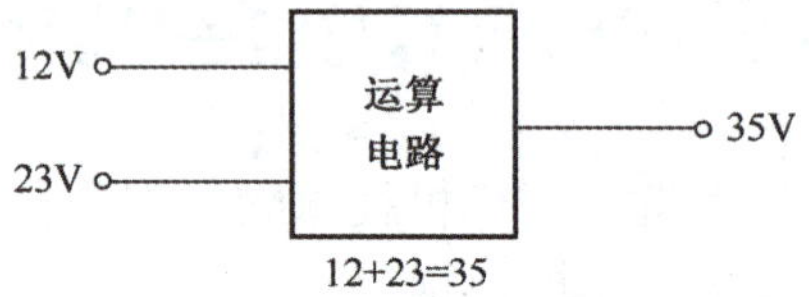

图 1-8 12+23 计算电路图

有了设计思路，接下来该思考另一个问题了：做加法运算的电路如何设计？有这样的想法很自然，不过不是接下来要讨论的主题。即使你暂时不会，也没有关系，先假定能设计出这样的电路来（多学点电子电路的知识，相信你也能做到）。

接下来的问题是，即使你有了不错的加法电路，也会面临非常严峻的事实，使你美好的愿望遭到打击。

问题 1：如何实现大数相加，如 47897761+3781877?

输入电压升高到 4700 多万伏。不知道现有的技术能否把电压升这么高？能的话，需要一个多大的变压器？即使技术上可行，用电子元器件做成的运算电路能抗得住这么高的电压而不被击穿吗？就算真能制造出这样电路，这么高的电压如何测量？做一个能精确测量、量程很大的电压表恐怕也是一个难题。更何况，这么高的电压，人如何靠近？另外，学过电子电路技术的人都知道，由于温度变化、元器件老化、信号不稳定等原因，要想一个电路输出一个整数值恐怕也很难。例如，输入 24V 和 11V，应该输出 35V，但实际上可能输出的是 34.99V 或者 35.01V，只能采取“四舍五入”的方法取整数值了。

问题 2：如何计算精度较高的小数值，如 5.100282334+13.6353001?

要想实现精度较高的加法运算非常困难，主要体现在以下三方面。

第一，这么高精度的输入电压如何调制？

第二，这样高精度的输出电压如何测量？

第三，如何排除各种干扰信号，如打雷闪电、太阳黑子、大型用电设备的启动与关闭等，它们都会影响电路的正常输出。

我们不妨换个思路：

导致上述问题的主要根源之一是只用一根信号线表示一个数。事实上，无论一个数有多大，按照我们表示数的习惯，可以发现它总是由 0、1、2、3、4、5、6、7、8、9 组合而成的，一个整数可表示成个位、十位、百位……

有了这个发现之后，我们不难想到：用多根信号线来表示数，一根表示一位。如果我们要计算 10456+23048，就可以采用 5 根信号线，如图 1-9 所示。

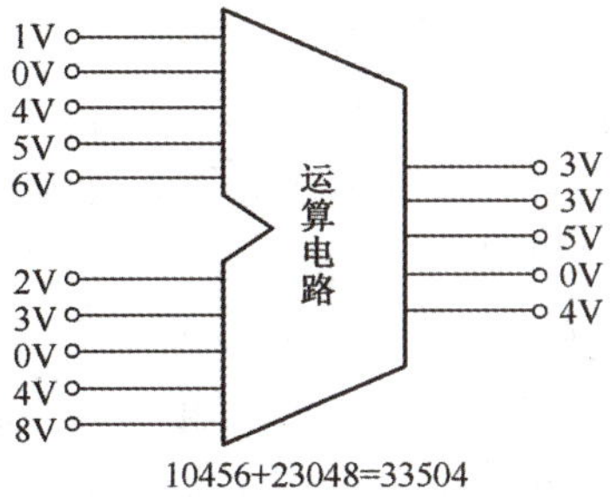

图 1-9　5 位整数加法电路图

如果要表示实数，也可以通过增加小数位表示的信号线数量来实现。比如计算 10456.201+23048.048，可通过设计 8 根信号线，其中 5 根表示整数，3 根表示小数，在不考虑进位情况下，输出也用 8 根信号线，如图 1-10 所示。

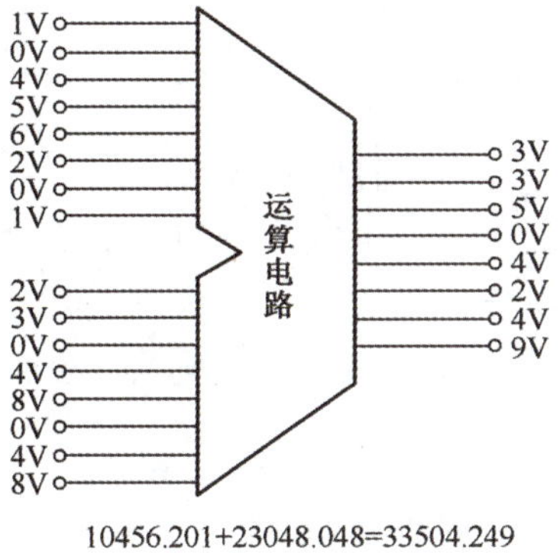

图 1-10　带小数的加法电路图

至此，除了不同大小的数需要不同数量的信号线以外，上述方案似乎已经很完美了，大家甚至会认为，只要具备较好的电子电路基础，就完全可以考虑具体实现了。是的，模拟计算机就是按照这样的思路设计的。事实上，早在 1940 年左右就有了摸拟计算机，甚至被安装在潜艇上，用于计算发射鱼雷时所需要的方向和速度。

但遗憾的是，上述设计思路只适合于特定“计算”，要想设计出通用的计算机器，还有以下问题需要人们设法克服：

（1）位与精度不一样时，运算电路要重新设计。

（2）算术运算中的减法、乘法和关系运算、逻辑运算及各种数学函数等计算要设计专门的运算电路。

（3）每一根输入信号线电压的调节（0 ～ 9）问题，以及输出信号的测量问题。

（4）外界干扰源的干扰问题。

也许还有更多的问题。这些问题不解决，何谈通用计算机器？看来要转变思维方式，否则，这一大堆问题还是无法解决的。

另辟蹊径的解决之道：

让我们回顾前面的“思路”：由于用一根信号线难以表示很大的整数和精度较高的小数，通过采用多根信号线让每根信号线只表示数中的某一位，这样每根信号线的值只在 0 ～ 9 之间。由于范围的压缩，使得数的表示变得容易多了。尽管如此，用一根信号线表示 10 个不同的教字还是很不方便。万一某根信号线上的电压为 5.5，那到底算 5 还是 6 呢？既然如此，我们为何不“一简到底”，索性一根信号线不用表示那么多的“数字”，只表示 0 和 1 两个数字。当信号线有电压时表示 1，没有电压时表示 0，这样就更方便、简单而且还不易出错。

这样一来，要实现 0 和 1 的表示就变得很简单和容易，我们可以用“开关”来实现信号的输入，当开关断开时，电流被切断，没有电压信号，就表示 0；当开关接通时，电路中有电流通过，或者说有电压信号，就表示 1。图 1-11 所示为电器开关实现 0、1 表示的电路。

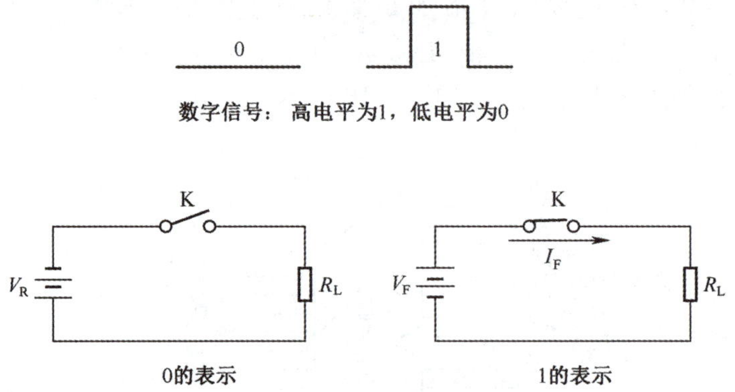

图 1-11　电器开关实现 0、1 表示

你的疑问：怎么表示 2、3、4、5、6、7、8、9 呢？

其实，这是受我们从小的思维习惯所影响，即“十进制”的思维。而数字中只包含 0 和 1，其实就是“二进制”的思维。其实，生活中我们还经常用到其他进制，如“八进制”“二十四进制”“十六进制”等。例如：一张桌子坐 8 个人，一天有 24 小时，一年有 12 个月。有了“二进制”的思维，问题就变得容易多了。以计算 12+23 为例，解决办法是：首先把 12 和 23 换算成二进制数 1100 和 10111（也许你很迷惑这是怎么来的，不用着急，目前这不是我们关心的重点，后面会补充进制转换的知识），这样一来就变成 1100+10111，按照前面电路设计的思想，便很容易地得到如图 1-12 所示的设计过程。

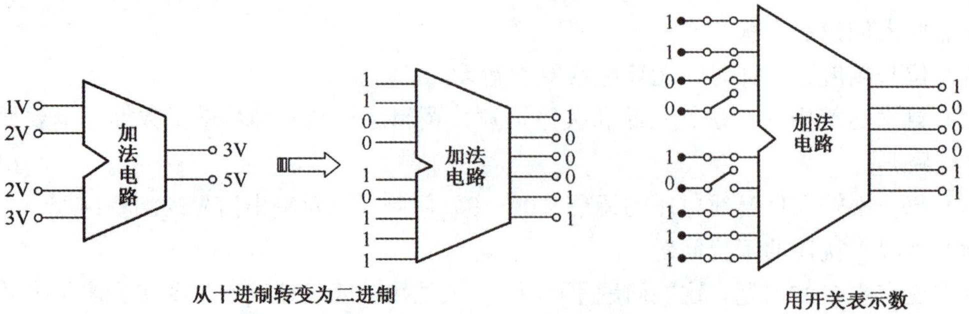

图 1-12　从十进制电路到二进制电路的演变

除此之外，计算结果也很容易表示。由于输出结果也采用了二进制，我们可以在每一根输出信号线上接一个指示灯，以此来显示每根输出信号线输出的到底是 0 还是 1。这个办法特别有意思，使得计算结果能以可视的形式让我们用眼睛来观察。当某根信号线上没有电时，与它相连的灯泡不亮，代表这一位是 0；当灯泡亮时，表明这一位是 1。只要依次记下这些二进制的值并将其换算成十进制，我们就能知道计算结果。你看，连测量都免了，多么方便啊！

即便如此，还有两个问题需要解决：

（1）数的表示，或者数的输入使用的是开关，计算不同的数就要用手拨动相应的开关，总是用手操作的话，计算的“自动化”就难以实现。

（2）输出结果靠人眼来观察，不能“自动”记录和保存。

上述两个问题由于电子技术的进步，出现了新的“开关”元器件，那就是二极管和三级管。它们具有非常好的开关特性，能实现“自动开关”的特性，方便实现数据的“自动”输入和结果输出的“自动”保存，且速度非常快。

下面简单介绍二极管和三极管开关实现 0、1 表示的电路（图 1-13）：

在图 1-13 中，高电平为 1，低电平为 0。二极管（b 图）是一种可表示 0 和 1 的元器件，给二极管施加正向电压则导通，即产生 1；施加反向电压则截止，即产生 0。三极管（c 图）是在二极管基础上增加了一个栅极 b，当 b 极施加一个高电平时，c 极和 e 极连通，即 c 极为低电平 0；否则，当 b 极施加一个低电平时，c 极和 e 极断开，即 c 极为高电平（1），这样就可由 b 极的高电平（1）与低电平（0）控制着三极管的 c 极为低电平（0）或高电平（1）。即当 b 端为 1 则 c 端为 0；即当 b 端为 0 则 c 端为 1，这是一个非常重要的特性，后面我们会用到。

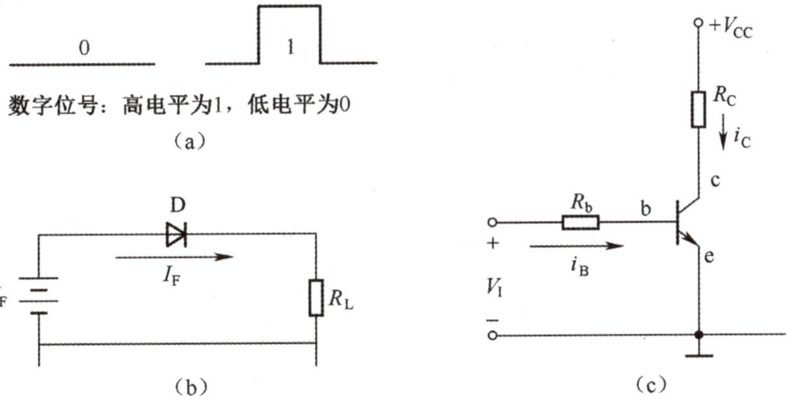

图 1-13　数字电平与二极管、三极管电路示意图

现代电子计算机的基本元器件正是采用了二极管和三极管构造而成，这也正是现代电子计算机为什么选用二进制而不用十进制的重要原因。另外，二极管和三极管从制造工艺上由早期体积庞大、开关速度慢的电子管逐步发展到体积微小、开关速度快的晶体管，使得电子计算机的体积越来越微型化，速度越来越快。图 1-14 是电子管和晶体管对照图。

二极管对照图

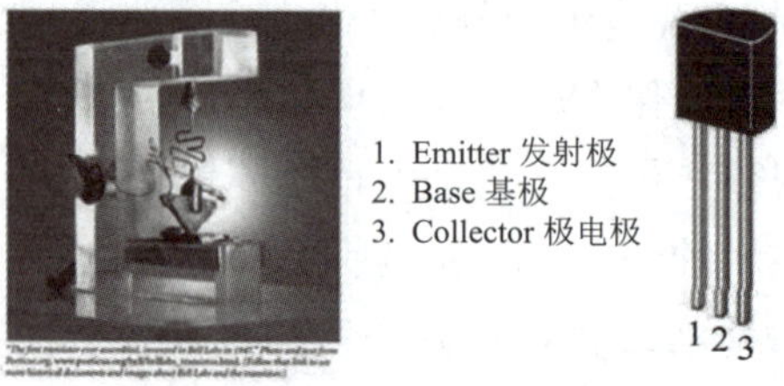

三极管对照图

图 1-14　电子管与晶体管对照图

前面我们知道了数采用二进制的方式来表示，那自然会涉及数制间的转换，下面就让我们来学习最常用和最基本的二进制与十进制的转换，其他进制的转换可以查阅资料进行学习，本书不再阐述。

基础理论：二进制与十进制的转换

1. 十进制转换为二进制

（1）整数部分的转换规则——除 2 取余，逆序排列。

规则描述：用 2 去除十进制整数，可以得到一个商和余数；再用 2 去除商，又会得到一个商和余数，如此进行，直到商为 0 时为止，然后把先得到的余数作为二进制数的低位有效位，后得到的余数作为二进制数的高位有效位，依次排列起来。也叫“倒序取余”。

例：将 35 转换成二进制数：

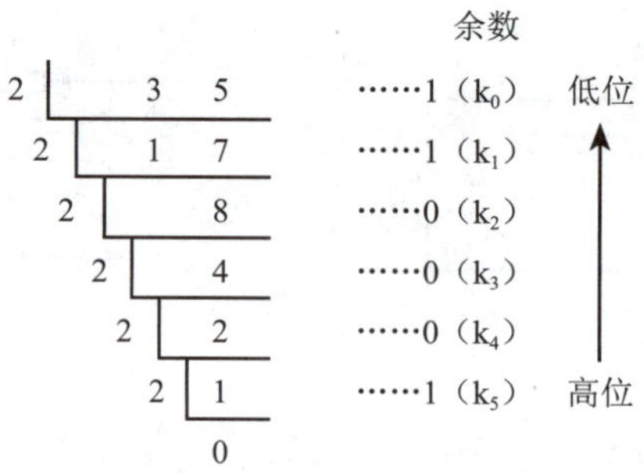

转换结果：$35=(100011)_2$

（2）小数部分的转换规则——乘 2 取整，顺序排列。

规则描述：用 2 乘十进制小数，可以得到积，将积的整数部分取出，再用 2 乘余下的小数部分，又得到一个积，再将积的整数部分取出，如此进行，直到积中的小数部分为 0，此时 0 或 1 为二进制的最后一位。或者达到所要求的精度为止。然后把取出的整数部分按顺序排列起来，先取的整数作为二进制小数的高位有效位，后取的整数作为低位有效位。

例：将 0.625 转换成二进制数：

$0.625\times2=1.25$　　取出整数部分 1

$0.25\times2=0.5$　　取出整数部分 0

$0.5\times2=1$　　取出整数部分 1

转换结果：0.625=(0.101)B

说明：你可能对转换结果的表示会有疑惑，$()_2$ 和 ()B 是怎样一回事？

其实，当我们采用了其他进制表示数的时候，为了区分不同进制数，就要用“显示”的方式说明，常用脚注法 $()_2$ 和字母后缀法 ()B。如 $()_8$ 表示八进制数，更为通用的表示：$()_r$ 表示 r 进制数；()H 表示十六进制数，()O 表示八进制数，()D 表示十进制数。

2. 二进制转换为十进制

规则描述：整数二进制用数值乘以 2 的幂次依次相加，小数二进制用数值乘以 2 的负幂次依次相加。

幂次计算：整数从最后一位开始算，依次列为第 0、1、2... 位，小数从第一位开始计算，依次为 -1、-2、-3… 位。

例如计算：$(11110101.01)_2$

$=1\times2^7+1\times2^6+1\times2^5+1\times2^4+0\times2^3+1\times2^2+0\times2^1+1\times2^0+0\times2^{-1}+1\times2^{-2}$

$=245.25$

问题：前面我们提到 12+23= ？转换成二进制计算的过程，你现在会了吗？

1.3.2 基本逻辑运算与基本的门电路

前面已经解决了加法器设计中的数据表示与输入，但实现“自动”计算的电路我们还不知道。要想了解电路的实现，需要先从基本的逻辑运算和门电路开始。

问题导入：

怎样用 0 和 1 来表示逻辑及逻辑运算？

什么是逻辑？先让我们从生活中的两个例子说起吧。

例 1：某村有一位理发师，有一天他宣布“只给不自己刮胡子的人刮胡子”。那么就产生了一个问题：理发师究竟给不给自己刮胡子？如果他给自己刮胡子，他就是自己刮胡子的人，按照他的原则，他不该给自己刮胡子；如果他不给自己刮胡子，他就是不自己刮胡子的人，按照他的原则，他又应该给自己刮胡子。这就产生了矛盾。看到这样的例子，你肯定觉得可笑。可生活中这样的例子还不少，只是没有如此直白而已。

例 2：大学生们很喜欢“卧谈”，就是晚上熄灯后，同宿舍的同学并不急于睡觉，而是天南地北地闲聊，甚至经常就某些问题进行争论。争论的双方通常都想抓住对方的“逻辑错误”而置对方于“死地”，实在争执不下了，就说对方“逻辑混乱”。

那什么是逻辑呢？逻辑是思维的法则，思维则是各种客观事物变化规律在大脑中的映像。生活中处处体现着逻辑，通常它也是指事物因果之间所遵循的规律，是现实中普适的思维方式。逻辑的基本表现形式是命题与推理。

命题由语句表述，即语句的含义，由一语句表达的内容为“真”或为“假”的一个判断。例如：

命题1：“罗素不是一位小说家”

命题2：“罗素是哲学家”

命题3：“罗素不是一位小说家”并且“罗素是哲学家”

推理即依据简单命题的判断推导得出复杂命题的判断结论的过程。

例如：如果命题1用符号X表示，命题2用符号Y表示，X和Y为两个基本命题，则命题3便是一个复杂的命题，用Z表示。则：

Z=X AND Y

其中，AND为一种逻辑“与”运算。因此，复杂命题的推理可被认为是关于命题的一组逻辑运算的过程。基本的逻辑运算包括“或”运算、“与”运算、“非”运算、“异或”运算等。而每一个命题要么是“真（T）”要么为“假（F）”，则推理演变成“真（T）”与“假（F）”的逻辑运算。如果用1表示“真”，0表示“假”，则推理演变成0和1的逻辑运算。下面分别给出4种常用的逻辑运算法则。

（1）逻辑与。只有结果的条件全部满足时，结果才成立，这种逻辑关系叫作逻辑与。把参与运算的逻辑变量的取值以及逻辑运算的结果以列表的形式给出，就可以得到真值表（true table），见表1-1。

表1-1　逻辑与运算真值表

（a）

A	B	A AND B
F	F	F
F	T	F
T	F	F
T	T	T

（b）

A	B	A AND B
0	0	0
0	1	0
1	0	0
1	1	1

（2）逻辑或。决定结果的条件中只要有任何一个满足要求，结果就成立，这种逻辑关系就叫逻辑或，见表1-2。

表1-2　逻辑或运算真值表

（a）

A	B	A OR B
F	F	F
F	T	T
T	F	T
T	T	T

（b）

A	B	A OR B
0	0	0
0	1	1
1	0	1
1	1	1

（3）逻辑非。逻辑非运算是单目运算，即参与运算的对象只有一个。它的含义很简单，运算结果就是对条件的“否定”，见表1-3。

表 1-3 逻辑非运算真值表

（a）

A	NOT A
F	T
T	F

（b）

A	NOT A
0	1
1	0

（4）逻辑异或。逻辑异或用以表示“两者不可兼得”，见表 1-4。

表 1-4 逻辑异或运算真值表

（a）

A	B	A XOR B
F	F	F
F	T	T
T	F	T
T	T	F

（b）

A	B	A XOR B
0	0	0
0	1	1
1	0	1
1	1	0

基本概念：逻辑表达式

逻辑表达式是由逻辑量（真或假）通过逻辑运算符（非、与、或等）构造而成的一个式子，最终会得到一个逻辑值（真或假）。

问题导入：

怎样用电路实现逻辑运算?

1. 用开关电路实现基本逻辑运算

基本的逻辑运算可以由开关及其电路连接来实现，如图 1-15 所示。

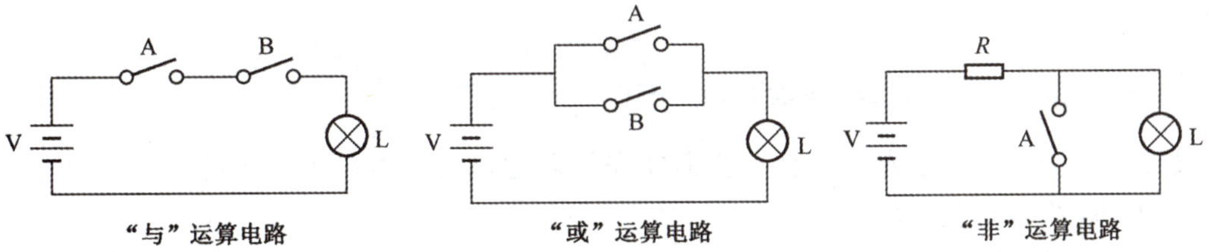

图 1-15 开关电路实现基本逻辑运算示意图

当电路接通为 1，电路断开为 0，则有：

（1）“与”运算可用开关 A 和 B 串联控制灯 L 来实现。显然，仅当两个开关均闭合时，灯才能亮；否则，灯灭。可以看出 L=A AND B。

（2）“或”运算可用开关 A 和 B 并联控制灯 L 来实现。显然，当开关 A、B 中有一个闭合或者两个均闭合时，灯 L 即亮。即 L=A OR B。

（3）“非”运算可用开关与灯并联来实现。显然，仅当开关断开时，灯亮；一旦开关闭合，则灯灭。因此 L= NOT A。

2. 用二极管和三极管构造基本的门电路实现基本逻辑运算

图 1-16 为用二极管和三极管实现的基本集成电路示意图。A、B 点为输入，而 F 点为输出。这些电路被封装成集成电路（芯片），即所谓的门电路。

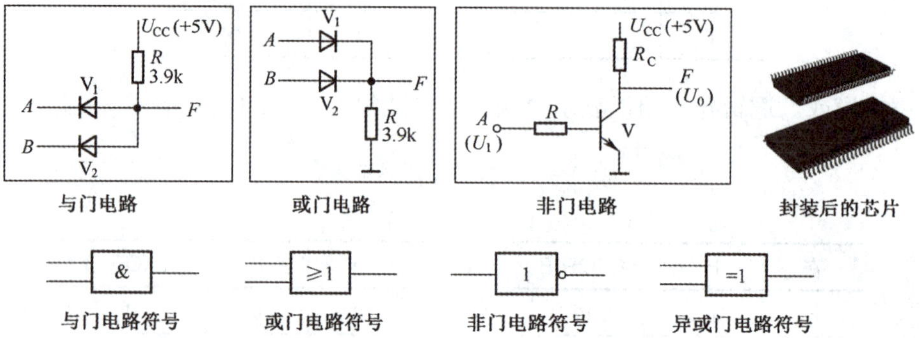

图 1-16　基本门电路示意图

同样，电路功能描述为：

（1）用二极管实现的与门电路。“当 A、B 端均为高电平（1）时，则 F 端为高电平（1）；否则 F 端为低电平（0）”，即相当于 F= A AND B。

（2）用二极管实现的或门电路。“当 A、B 端均为低电平（0）时，则 F 端为低电平（0）；否则 F 端为高电平（1），即相当于 F=A OR B。

（3）用三极管实现的非门电路。“当 A 端为低电平（0）时，则 F 端为高电平（1）；当 A 端为高电平（1）时，F 端为低电平（0），即相当于 F= NOT A。

当有了与门、或门和非门等门电路后，便可利用这些门电路构造更为复杂的电路，例如“与或非门”是将两个与运算、一个或运算和一个非运算组合起来形成的一种门电路。这样，与门、或门、非门、异或门、与或非门等便成为构造计算机或数字电路的基本元器件。为了方便描述门电路的构造关系，需要用符号来表示这些门电路，图 1-16 给出了各种门电路对应的符号表示。

1.3.3　二进制加法运算与逻辑运算的统一

设计一个简单的加法器，为什么我们要先学习逻辑运算呢？在本节我们将看到，基于二进制的加法运算实质上是转换成逻辑运算来实现的。

首先，还是从最基本的加法运算入手，图 1-17 展示了基于二进制的加法运算规则。

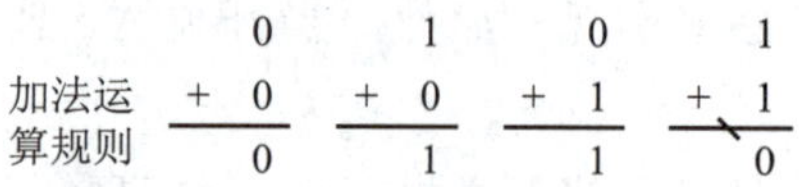

逻辑异或运算真值表

A	B	A XOR B
0	0	0
0	1	1
1	0	1
1	1	0

图 1-17　二进制加法运算规则

按照“逢二进一”的计算规则，很容易理解图 1-17 的计算过程。同时，也可以看到基于二进制的加法计算非常简单。请对比这两张图,你发现了什么？其实,在不考虑进位的情况下，一位加法的确可以用“异或”运算来实现，即同为 0，异为 1。

但实际上在进行一位加法运算的时候，通常还可能产生进位，比如 1+1=10，如果仅仅是用“异或”运算来表示的话，则进位 1 将丢失。为了保留进位，更一般的计算规则如图 1-18 所示。

$$\begin{array}{rr} & A_0 \\ + & B_0 \\ \hline C_0 & S_0 \end{array}$$

图 1-18　一位带进位的加法运算过程

其中，A_0 为加数，B_0 为被加数，C_0 为进位，S_0 为相加结果。把所有可能的运算结果整理成一个真值表，如图 1-19 所示。

A_0	B_0	C_0	S_0
0	0	0	0
0	1	0	1
1	0	0	1
1	1	1	0

图 1-19　半加器真值表

结合图 1-20 所示的逻辑运算真值表，你发现到了什么？通过观察，我们不难发现：

（1）把 A_0、B_0 作为输入，S_0 作为输出，很容易发现 S_0= A_0 XOR B_0

（2）把 A_0、B_0 作为输入，C_0 作为输出，很容易发现 C_0= A_0 AND B_0

A	B	A AND B
0	0	0
0	1	0
1	0	0
1	1	1

逻辑与运算真值表

A	B	A XOR B
0	0	0
0	1	1
1	0	1
1	1	0

逻辑异或运算真值表

图 1-20　逻辑与运算和异或运算对照表

以上就是一个不考虑进位参与的一位加法运算，通常叫作半加器的逻辑运算过程。但在实际运算的过程中，往往会有进位参与计算，考虑进位参与的一位加法运算，通常叫作全加器。其运算过程如图 1-21 所示。

其中，A_i 为加数，B_i 为被加数，C_{i+1} 为进位，S_i 为相加结果。把所有可能的运算结果整理成一个真值表，如图 1-22 所示。

$$\begin{array}{r r} & A_i \\ & B_i \\ + & C_i \\ \hline C_{i+1} & S_i \end{array}$$

图 1-21　一位带进位的加法运算过程

输入			输出	
A_i	B_i	C_i	S_i	C_{i+1}
0	0	0	0	0
0	0	1	1	0
0	1	0	1	0
0	1	1	0	1
1	0	0	1	0
1	0	1	0	1
1	1	0	0	1
1	1	1	1	1

图 1-22　全加器真值表示意图

结合图 1-23 所示的逻辑运算真值表，我们不难发现：

A	B	A AND B
0	0	0
0	1	0
1	0	0
1	1	1

逻辑与运算真值表

A	B	A OR B
0	0	0
0	1	1
1	0	1
1	1	1

逻辑或运算真值表

A	B	A XOR B
0	0	0
0	1	1
1	0	1
1	1	0

逻辑异或运算真值表

图 1-23　与、或、异或运算真值表示意图

（1）把 A_i、B_i 作为输入，S_i 作为输出，可以发现：

$S_i = (A_i \text{ XOR } B_i) \text{ XOR } C_i$

（2）把 A_i、B_i 作为输入，C_{i+1} 作为输出，可以发现：

$C_{i+1} = ((A_i \text{ XOR } B_i) \text{ AND } C_i) \text{ OR } (A_i \text{ AND } B_i)$

看来，一位的加法运算完全可以转换成逻辑运算来实现。而更一般的加法运算实际上是多位加法的运算，让我们看个具体的例子。

假设要计算 10110111+10010010，列算式如下：

```
          1 0 1 1 0 1 1 1
          1 0 0 1 0 0 1 0
+)        .   . .   . .
-----------------------
        1 0 1 0 0 1 0 0 1
```

不难看出二进制的加法，除了加法口诀不一样，其他方面和十进制加法没什么区别。在这里稍加注意的是，低位相加可能向高位进位。如果把进位统筹考虑进来（即有进位加 1，无进位加 0），则上述算式可看成：

```
        1 0 1 1 0 1 1 1
        1 0 0 1 0 0 1 0
+)      0 1 1 0 1 1 0 0   ← 进阶
---------------------
        0 1 0 0 1 0 0 1
```

可以看到，两个用二进制方式表示的数相加要从最低位开始，一位一位地进行计算，每一位计算出来后，整个相加的结果就有了。而结果的每一位都是由 3 个二进制位相加得到的和。因为任何两个用二进制表示的数的相加，其核心的、本质的运算是 3 个二进制位相加。前面，我们已经弄懂了 3 个二进制位相加的过程，其实就是转换成逻辑运算来完成的。而基本的逻辑门电路能够完成基本的逻辑运算，那我们能不能设计出一种逻辑电路，能完成 3 个二进制位的加法运算呢？在下面一节，我们将解开最后一个谜团——全加器是怎样设计与实现的。

1.3.4　加法器的设计

首先，让我们来回顾一下基本的逻辑门电路与其符号表示，如图 1-24 所示。

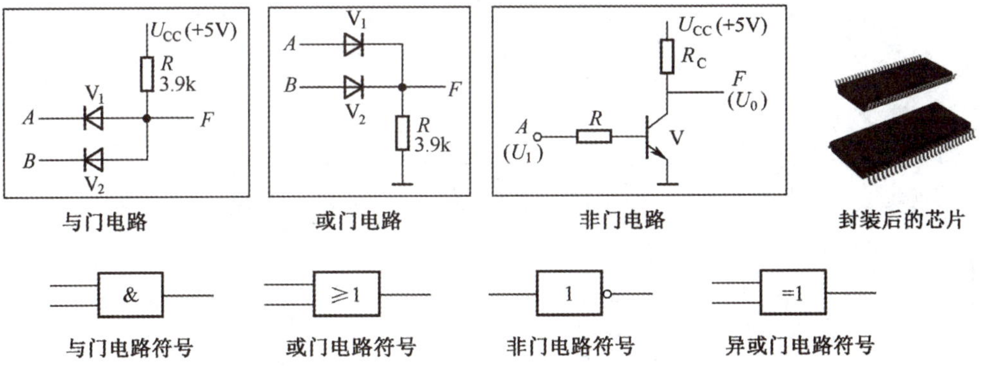

图 1-24　基本门电路内部结构、符号表示及其封装示意

在接下来的设计中，都通过电路符号来描述设计过程，请大家务必要记熟这些门电路符号。

上一节我们已经知道了 3 位二进制的加法的过程及其转换成的逻辑运算如下：

$S_i = (A_i \text{ XOR } B_i) \text{ XOR } C_i$

$C_{i+1} = ((A_i \text{ XOR } B_i) \text{ AND } C_i) \text{ OR } (A_i \text{ AND } B_i)$

根据已知的基本门电路，很容易设计出如图 1-25 所示的逻辑电路图实现如上的逻辑运算，从而完成一位带进位的加法运算。

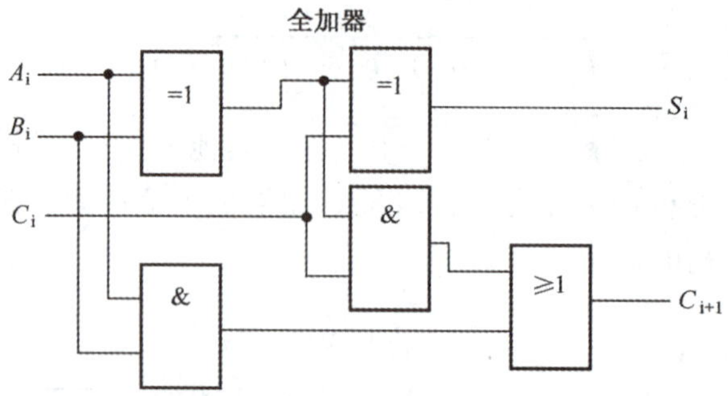

图 1-25　一位带进位加法逻辑电路图

问题导入：

多位加法怎样实现？

设计之前，让我们再简单回顾一下计算过程：

多位相加，实际上是重复每位相加的过程。如完成第 i 位相加后，得到该位计算结果 S_i 和进位 C_{i+1}。接着重复这一过程，完成对应的第 i+1 位的相加，只是参与的是 A_{i+1} 和 B_{i+1} 以及从 i 位计算的进位结果 C_{i+1}，简单说就是把 C_{i+1} 作为下一位计算的输入。于是，很容易得到如图 1-26 所示的逻辑电路图。

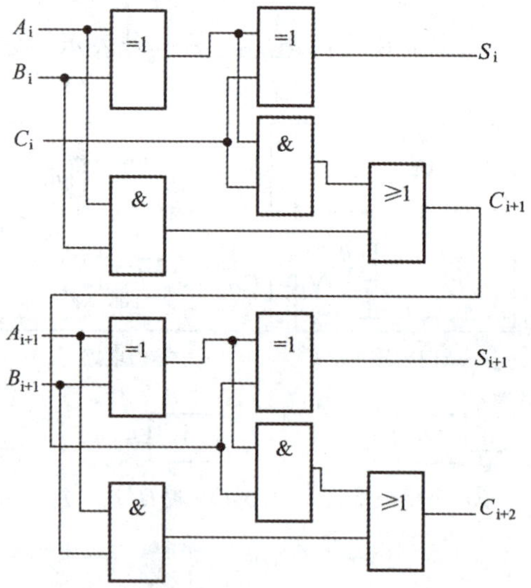

图 1-26　二位带进位加法逻辑电路图

通过这张电路图我们可以清楚地看到相邻两位的计算过程，如果有多位的计算则通过叠加的方式就可以实现，下面以两个 4 位二进制数相加为例（如计算 1011+1001）设计一个 4 位全加器实现自动计算。

为了绘图方便，我们简化一下，将一位加法逻辑电路用一个逻辑符号来表示，如图 1-27 所示。

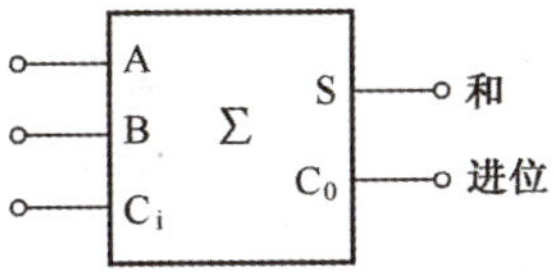

图 1-27　一位带进位加法的逻辑电路符号

则四位二进制加法的逻辑电路图如图 1-28 所示。

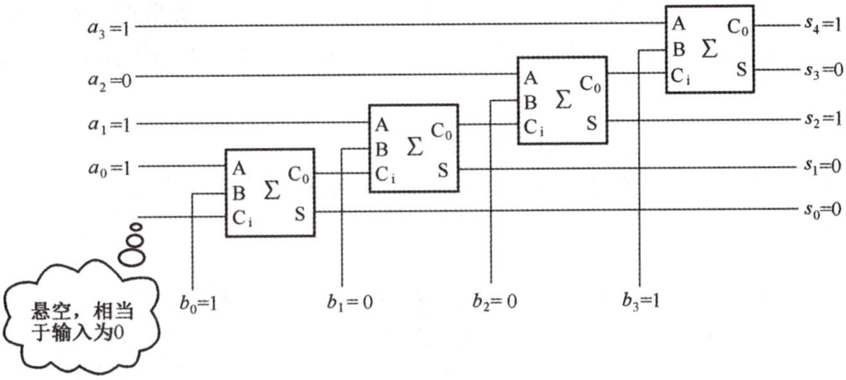

图 1-28　4 位二进制加法逻辑电路图

我们用信号线 $a_3a_2a_1a_0$=1011 表示加数，用信号线 $b_3b_2b_1b_0$=1001 表示被加数，用信号线 $s_4s_3s_2s_1s_0$=10100 表示相加的结果（和）。进一步知道了 4 位二进加法逻辑电路怎么做，完全可以依次类推，设计出 8 位、16 位、32 位、64 位等长度的二进制加法器。显然，有了全加器，设计一个二进制数的加法器已经没有问题了。

1.3.5　“九九归一”的加法运算

目前，我们已经设计出了加法器，能实现加法运算，那减法（–）、乘法（×）和除法（/）又该怎样来实现呢？是不是我们要单独设计减法器、乘法器和除法器呢？又或者有更多的其他运算，是不是都要设计相应的计算器呢？

其实，加法是一切计算的基础，减法、乘法和除法都是通过加法来实现的，而其他的计算又都以加、减、乘、除为基础来完成的。看到这里，你可能首先想到的是减法是怎样用加法器来完成？

下面，我们就一起探寻减法是怎样变成加法来运算的。要想理解这个计算过程，需先学习下面的基础理论。

基础理论：

（1）机器数。一个数以二进制形式保存在计算机内，我们称之为机器数，即这个机器数的真值。机器数有固定的位数，具体是多少位与机器有关，通常是 8 位、16 位或 32 位。机器数把真值的符号位数字化，通常用最高位表示符号，0 表示正，1 表示负。例如，假设机器数为 8 位，最高位是符号位。在定点整数的情况下，00101110 和 10010011 的真值分别为十进制数 +46 和 –19。

（2）原码。一个整数的原码是指：符号位用 0 或 1 表示，0 表示正，1 表示负，数值部分就是该整数的绝对值的二进制表示。例如，假设机器数的位数是 8，那么 $[+17]_{\text{原}}$=00010001，$[-39]_{\text{原}}$=10100111。

（3）反码。在反码的表示中，正数的表示方法与原码相同；负数的反码是把其原码除符号位以外的各位取反（即 0 变 1，1 变 0）。通常，用 $[X]_{\text{反}}$表示 X 的反码。例如，$[+45]_{\text{反}}$=$[+45]_{\text{原}}$=00101101，$[-32]_{\text{原}}$=100000，$[-32]_{\text{反}}$= 11011111。

（4）补码。在补码的表示中，正数的表示方法与原码相同；负数的补码是在其反码的最低位上加 1。用 $[X]_{\text{补}}$表示 X 的补码。例如，$[+14]_{\text{补}}$=00001110，$[-36]_{\text{反}}$=11011011，$[-36]_{\text{补}}$=11011100。

学习完基础理论后，请继续我们的思考。

我的疑问：引入原码、反码和补码这几个概念到底有什么意义？

请看下面三个计算式：

```
(+7) + (+3) = (+10)      (-5) + (-7) = (-12)      (10) + (-3) = (7)
    0 0111                   1 1011                   0 1010
 +) 0 0011                +) 1 1001                +) 1 1101
    0 1010                   1 0100                   0 0111
```

不管是整数的加运算，还是负数的加运算以及减法运算（10-3），都可以统一成补码的加运算。其中，（–5）+（–7）=（–12）的运算，你看懂了吗？你可能认为计算的结果 10100 有问题，但请你别忘了这个结果是（–12）的补码表示。

通过补码运算，不仅可以实现正、负数的加法运算，还可以将减法运算变成加法运算来实现，这是不是一个“聪明”的设计啊，你难道不为前人的伟大创举而由衷感慨吗？

说明：通过补码运算，可以将减法运算变成加法运算，而乘法运算可以用连续加法和移位操作来实现，除法运算可以用连续减法来实现。这样加、减、乘、除就可以简单地统一成用加法来实现了。由于教材定位和篇幅的限制，我们就不再继续展开讲解。

1.3.6 分层构造与集成的设计思想

前面我们已经知道了加法器的设计过程，同时知道加、减、乘、除都可以统一成加法运算，而加法运算是通过转换成逻辑运算来实现的，逻辑门电路可以实现基本的逻辑运算。使用这些基本的门电路，通过分层构造与集成可以构造出运算功能更强大的集成电路，现在的电子计算机就是通过这样的方式实现的。本节只是帮助大家理解这一设计思想，不谈具体的集成电路。

回想一下，设计多位加法器的时候，我们是怎样来构造的呢？请看图 1-29。

大家还记不记得，当时是为了绘图方便，才将一位加法逻辑电路用一个逻辑符号来表示，然后通过重复的使用这个逻辑符号构造出四位的加法器。如果想构造更多位的加法器，只需要在原图的基础上继续叠加就可以了。其实，这一设计思想正是“分层构造与集成”的设计理念。

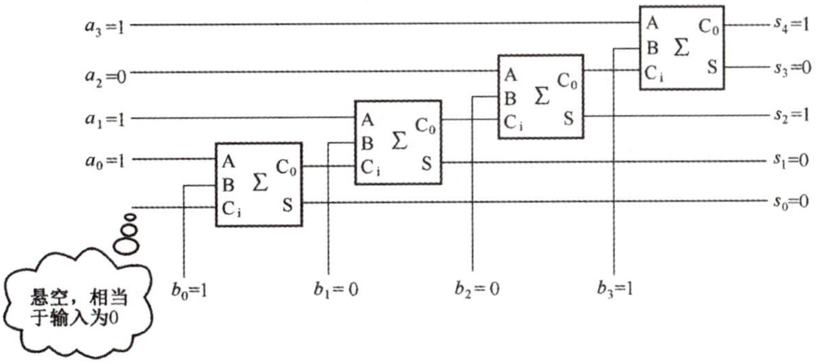

图 1-29　四位二进制加法逻辑电路图

请看图1-30，这是一个由若干基本门电路构造的复杂组合逻辑电路，类似的电路比比皆是，只是其功能不同而已。

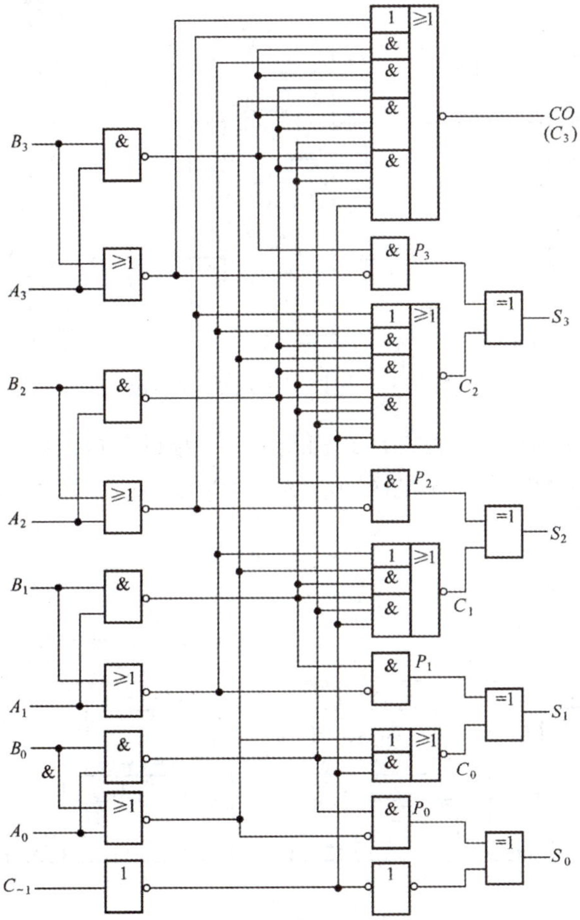

图 1-30　组合构造逻辑电路示意图

下面我们通过回答几个问题的方式来展现集成构造的思想。

问题 1：对已经验证的电路，能不能把它封装集成为一个芯片？

答案是肯定的，请看图 1-31，该图展示了电路被封装、集成的过程。

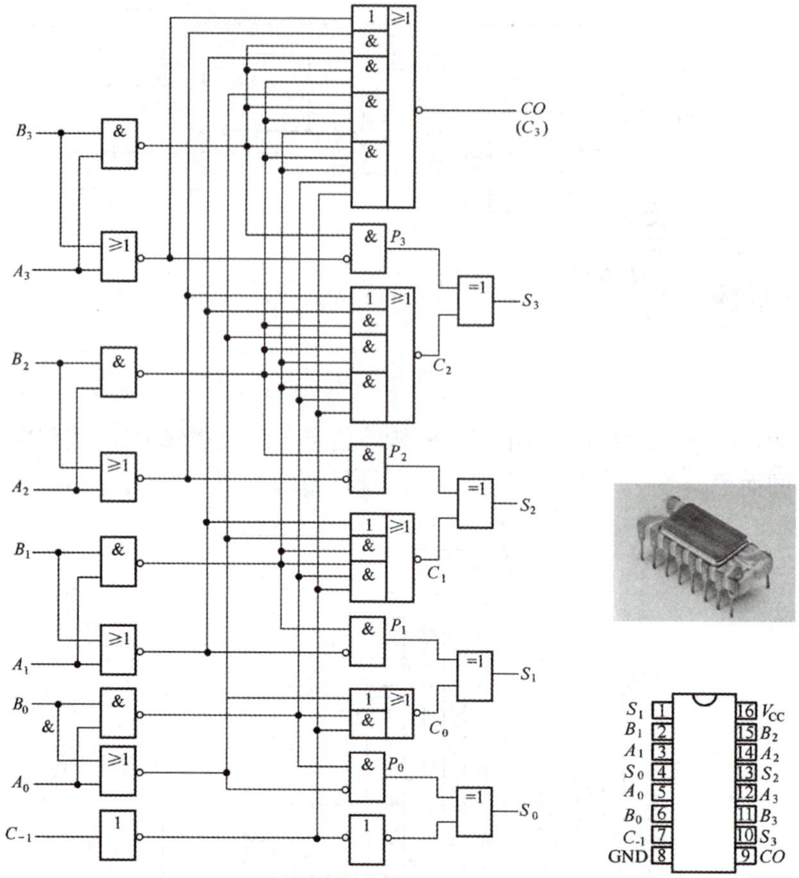

图 1-31 电路封装过程示意图

问题 2：封装集成的芯片可不可以用来构造更大规模的集成电路？

答案是肯定的，请看图 1-32，该图展示了用芯片构造更大规模集成电路的过程。

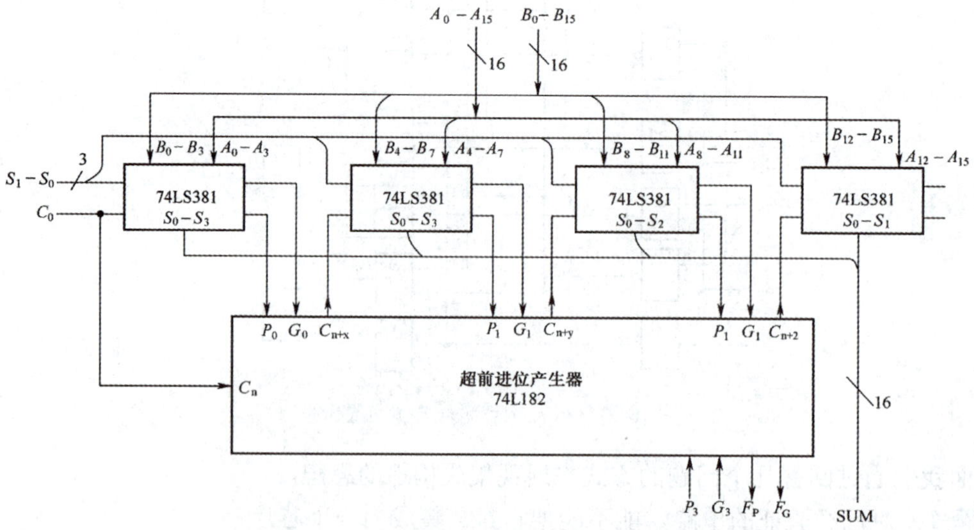

图 1-32 封装芯片构造更大规模电路示意图

问题 3：微处理器是计算机的计算核心，它的集成情况怎样？

图 1-33 展示了微处理器集成情况，微处理器芯片是复杂组合逻辑集成在一块板上并封装而成的电路。

图 1-33　微处理器集成示意图

从 Intel 4004 在 $12mm^2$ 的芯片上集成了 2250 颗晶体管到 Pentium 4 处理器内建了 4200 万颗晶体管，以及采用 0.18μm 的电路再到英特尔的 45nm Core 2 至尊 / 至强四核处理器上装载了 8.2 亿颗晶体管。

总结：低层电路已验证正确，可被封装起来；用已封装的已验证的低层电路可构造更为复杂的高层电路；如此一层层构造，造就了电子计算机功能越来越强大，体积越来越小的发展趋势。

1.4　计算机的构造

前面，我们已经设计出了具有强大计算能力的“加法器”，它不仅能实现逻辑运算还能实现算术运算，我们估且把它叫作“运算器”。但仅仅有运算器就能解决“计算”问题吗？正如，我们只拥有一个强大的计算头脑，没有眼睛、耳朵、记忆等，我们能完成“计算”任务吗？显然，为了解决“计算”问题，除了有“运算器”，还必须有其他部件协调工作。

问题导入：

怎样构造计算机？

先让我们从人类“计算”问题的视角来思考。举个简单的例子，如果你让某人计算 3+2，看看他是怎样来完成的。首先，我们必须以他能理解的方式把问题“提交”给他，具体采用的方式很多，比如用他能理解的语言口述，或者用手写在纸上。同时他会用对应的器官（比如眼睛或耳朵）来“接收”问题，然后会把问题通过大脑皮层进行“保存”，接着他会通过大脑的“思维活动”完成计算，最后再以我们能懂的语言通过某种方式“输出”结果（比如用嘴告诉我们或用手将答案写在纸上）。其实，人类基本上就是采用这样的方式完成“计算”任务。既然我们要设计出一种“计算机器”，那它也应该能像人一样实现这一计算过程。的确，当我们设计出“运算器”后，我们还必须考虑计算机的整体结构。

从 20 世纪初，物理学和电子学科学家们就在争论制造可以进行数值计算的机器应该采用什么样的结构。20 世纪 30 年代中期，匈牙利科学家冯·诺依曼大胆地提出，抛弃十进制，采用二进制作为数字计算机的数制基础。同时，他还说预先编制计算程序，然后由计算机按照人们事前制定的计算顺序来执行数值计算工作。

1945 年 6 月，冯·诺依曼提出了在数字计算机内部的存储器中存放程序的概念（Stored Program Concept），这是所有现代电子计算机的模板，被称为“冯·诺依曼结构”，按这一结构建造的计算机称为存储程序计算机（Stored Program Computer），又称为通用计算机。冯·诺依曼计算机主要由运算器、控制器、存储器和输入 / 输出设备组成。其结构如图 1-34 所示。

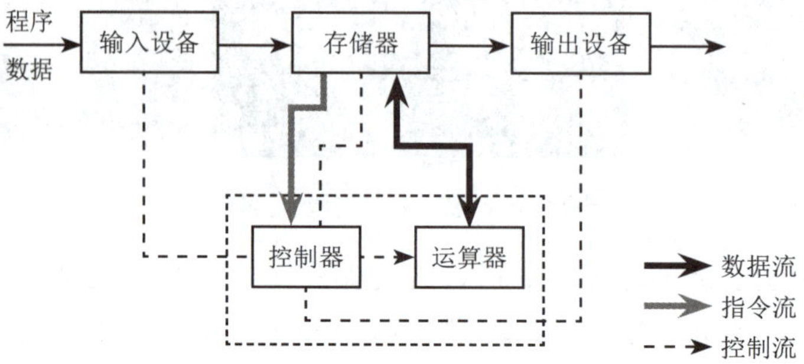

图 1-34　冯·诺依曼型计算机结构图

下面对这五大部件进行简单的介绍。

1. 输入设备

输入设备（Input Device）是人或外部与计算机进行交互的一种装置，用于把原始数据和处理这些数的程序输入到计算机中。计算机能够接收各种各样的数据，既可以是数值型的数据，也可以是各种非数值型的数据，如图形、图像、声音等都可以通过不同类型的输入设备输入到计算机中进行存储、处理和输出。键盘、鼠标、摄像头、扫描仪、光笔、手写输入板、游戏杆、语音输入装置等都属于输入设备。图 1-35 是目前常见的输入设备。

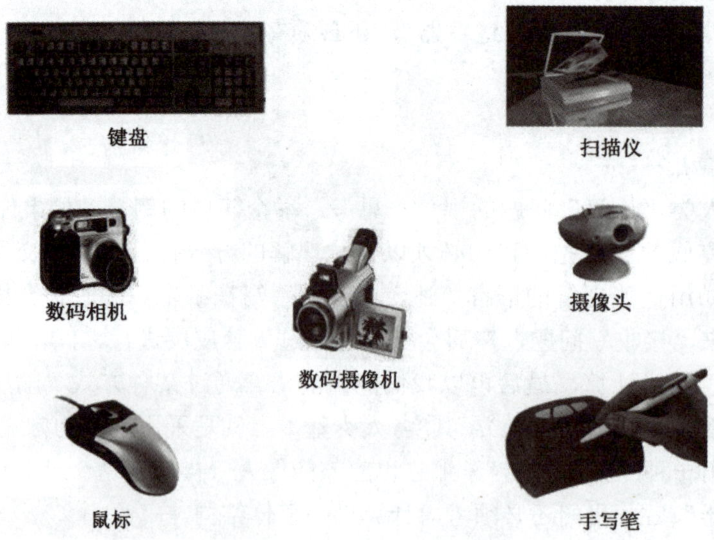

图 1-35　常见输入设备

2. 输出设备

输出设备（Output Device）是计算机硬件系统的终端设备，用于接收计算机数据的输出显示、打印、声音、控制外围设备操作等。也是把各种计算结果数据或信息以数字、字符、图像、声音等形式表现出来。常见的输出设备有显示器、打印机、绘图仪、磁记录设备等。图 1-36 是目前常见的输出设备。

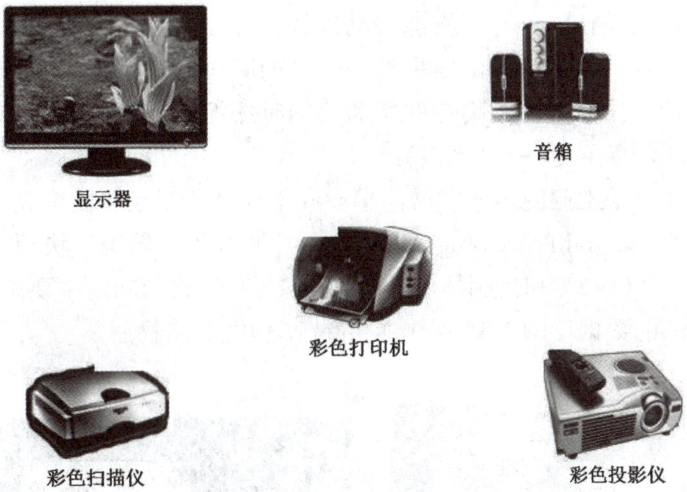

图 1-36　常见输出设备

3. 存储器

存储器（Memory）是现代信息技术中用于保存信息的记忆设备，其概念很广，有很多层次。在数字系统中，只要能保存二进制数据的都可以是存储器；在集成电路中，一个没有实物形式的具有存储功能的电路也叫存储器，如 RAM、FIFO 等；在系统中，具有实物形式的存储设备也叫存储器，如内存条、TF 卡等。计算机中全部信息，包括输入的原始数据、计算机程序、中间运行结果和最终运行结果都保存在存储器中。它根据控制器指定的位置存入和取出信息。有了存储器，计算机才有记忆功能，才能保证正常工作。计算机中的存储器按用途可分为主存储器（内存）和辅助存储器（外存），也有外部存储器和内部存储器的分类方法。外存通常是硬盘、光盘、优盘等，能长期保存信息。内存用来存放当前正在执行的数据和程序，仅用于暂时存放程序和数据，关闭电源或断电，数据会丢失。图 1-37 展示了最常见的内存储器（内存条）和外存储器（硬盘）图片。

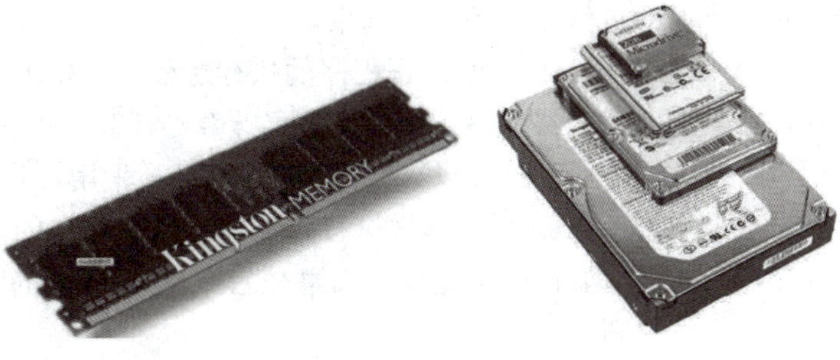

图 1-37　内、外存储器

4. 运算器

运算器（Arithmetic Unit）是计算机中执行各种算术和逻辑运算操作的部件。运算器的基本操作包括加、减、乘、除四则运算，与、或、非、异或等逻辑操作，以及移位、比较和传送等操作，亦称算术逻辑部件（ALU）。前面我们已经详细讨论了运算器的设计过程，本节不再介绍。

5. 控制器

控制器的主要作用是使整个计算机能自动地执行程序，并控制计算机各部件协调一致地工作。执行程序时，控制器先从存储器中按照特定的顺序取出指令，解释该指令并取出相关的数据，然后其他部件发出执行该指令的所需要的时序控制信号，再从存储器中取出下一条指令执行，依次循环，直至程序执行结束。

由于电子学以及电子工业的迅速发展，早已经把控制器和运算器集成在一块集成电路上，通常叫作中央处理器(Central Processing Unit，CPU)。中央处理器是一块超大规模的集成电路，是计算机的运算核心（Core）和控制核心（Control Unit）。它的功能主要是解释计算机指令以及处理计算机软件中的数据。图 1-38 展示了 intel i7 和龙芯实物图。

图 1-38　处理器实物图

介绍完了五大部件，到了该了解其工作过程的时候。结合冯 • 诺依曼计算机结构，下面简单阐述其整个的工作流程。

（1）将处理的数据和程序通过输入设备输入存储器中存储。

（2）从存储器中取出程序指令送入控制器中解释，根据指令的功能形成控制信号，控制相应部件工作。

（3）在控制器的控制下，将存储器中的数据送入运算器并完成相应的运算操作。

（4）在控制器的控制下，将运算结果回存存储器。

（5）在控制器的控制下，通过输出设备输出结果。

说明：本节并没有从指令级程序的角度讲解程序的执行过程，主要考虑到高级语言的程序更贴近我们的生活，在第 3 章我们将从另一视角来解释计算与计算机程序。

前面，我们已经初步了解了计算与计算机，并知道计算机是采用二进制设计的。因此，在计算机内部的任何的信息都是以二进制的形式进行传输、存储和处理的。那你肯定要问字符、声音、图像、视频以及其他需要计算机处理的信息是怎样变成 0、1 的呢？如果你想了解的话，请继续阅读下面的阅读材料。

1.5 阅读材料——信息编码与信息单位

1. 计算机中信息的编码

在计算机中，所有的数据在存储和运算时都要使用二进制数表示（因为计算机用高电平和低电平分别表示 1 和 0），例如，像 a、b、c、d 这样的 52 个字母（包括大写），0、1 等数字，常用的符号（如 *、#、@ 等）以及图形、声音、动画和视频等各种信息，都是以 0 和 1 组成的二进制代码在计算机中存储、传输和使用。而具体用哪些二进制数字表示哪个符号，每个人都可以约定自己的一套（这就叫编码），而大家如果要想互相通信而不造成混乱，那么就必须使用相同的编码规则，根据不同的信息类型采用不同的编码标准。美国有关的标准化组织就出台了 ASCII 编码，统一规定了常用西文符号用哪些二进制数来表示，我国制定了汉字国家编码标准。下面仅仅介绍字符的编码知识，帮助大家理解现实生活中信息 0、1 化的思想，了解信息单位的知识。要想掌握更多类型数据的编码，读者可以通过“百度”获取。

（1）ASCII 码（英文，包括字母、数字、标点、运算符等编码）。

字符的编码采用国际通用的 ASCII 码（American Standard Code for Information Interchange，美国信息交换标准代码），如图 1-39 所示。

$b_6b_5b_4$ / $b_3b_2b_1b_0$	000	001	010	011	100	101	110	111
0000	NUL	DLE	SP	0	@	P	`	p
0001	SOH	DC1	!	1	A	Q	a	q
0010	STX	DC2	″	2	B	R	b	r
0011	ETX	DC3	#	3	C	S	c	s
0100	EOT	DC4	$	4	D	T	d	t
0101	ENQ	NAK	%	5	E	U	e	u
0110	ACK	SYN	&	6	F	V	f	v
0111	BEL	ETB	′	7	G	W	g	w
1000	BS	CAN	(	8	H	X	h	x
1001	HT	EM	)	9	I	Y	i	y
1010	LF	SUB	*	:	J	Z	j	z
1011	VT	ESC	+	;	K	[	k	{
1100	FF	FS	,	<	L	\	l	|
1101	CR	GS	–	=	M	]	m	}
1110	SO	RS	.	>	N	^	n	~
1111	SI	US	/	?	O	_	o	DEL

图 1-39 ASCII 码表

每个 ASCII 码以 1 个字节（Byte）存储，从数字 0 到 127 代表不同的常用符号，例如大写 A 的 ASCII 码是 65，小写 a 则是 97。由于 ASCII 码只用了字节的七个位，最高位并不使用，所以后来又将最高的一个位也编入这套编码中，成为八个位的延伸 ASCII（Extended ASCII）

码，这套内码加上了许多外文和表格等特殊符号，成为目前常用的编码。基本的 ASCII 字符集共有 128 个字符，其中有 96 个可打印字符，包括常用的字母、数字、标点符号等，另外还有 32 个控制字符。标准 ASCII 码使用 7 个二进制位对字符进行编码，对应的 ISO 标准为 ISO 646 标准。字母和数字的 ASCII 码的记忆是非常简单的。我们只要记住了一个字母或数字的 ASCII 码（例如记住 A 为 65，0 的 ASCII 码为 48），知道相应的大小写字母之间差 32，就可以推算出其余字母、数字的 ASCII 码。

虽然标准 ASCII 码是 7 位编码，但由于计算机基本处理单位为字节（1Byte = 8bit），所以一般仍以一个字节来存放一个 ASCII 字符。每一个字节中多余出来的一位（最高位）在计算机内部通常保持为 0（在数据传输时可用作奇偶校验位）。由于标准 ASCII 字符集字符数目有限，在实际应用中往往无法满足要求。为此，国际标准化组织又制定了 ISO 2022 标准，它规定了在保持与 ISO 646 兼容的前提下将 ASCII 字符集扩充为 8 位代码的统一方法。ISO 陆续制定了一批适用于不同地区的扩充 ASCII 字符集，每种扩充 ASCII 字符集分别可以扩充 128 个字符，这些扩充字符的编码均为高位为 1 的 8 位代码（即十进制数 128 ～ 255），称为扩展 ASCII 码。

（2）Unicode（统一码、万国码、单一码）是一种在计算机上使用的字符编码。

随着计算机发展到世界各地，于是各个国家和地区各自为政，制定了很多既兼容 ASCII 但又互相不兼容的各种编码方案。这样一来，同一个二进制编码就有可能被解释成不同的字符，导致不同的字符集在交换数据时带来极大的不便。因此，要想打开一个文本文件，就必须首先知道它所采用的编码方案，否则用错误的编码方案进行解码会出现乱码。为什么电子邮件常常出现乱码？就是因为发信人和收信人使用的编码方案不一样。想象一下，如果有一种统一的编码方案，将世界上所有语言字符都纳入其中，每一个字符都给予一个全球独一无二的编码，那么乱码问题就会消失。于是，全球所有国家和民族使用的所有语言字符的统一编码方案诞生了。

最初，由多语言软件制造商组成了统一码联盟（The Unicode Consortium），然后于 1991 年发布了 The Unicode Standard（统一码标准），定义了一个全球统一的通用字符集，习惯简称为 Unicode 字符集。Unicode 字符集的目标是涵盖目前人类使用的所有字符，并为每个字符分配唯一的字符编号（即码点编号、码点值），一一对应于编号空间（Code Space 代码空间、码空间、码点空间）里的码点（Code Point 代码点）。Unicode 字符集将所有字符按照使用上的频繁度划分为 17 个平面（Plane 层面），每个平面上的编号空间有 2^{16}=65536 个码点。其中第 0 个平面 BMP（Basic Multilingual Plane，基本多语言平面、基本多文种平面、基本平面、平面 0）基本涵盖了当今世界上正在使用中的常用字符。我们平常用到的 Unicode 字符一般都是位于 BMP 平面上的。BMP 平面以外其他的增补平面（也称为辅助平面）要么用来表示一些非常特殊的字符（比如不常用的象形文字、远古时期的文字等），且多半只有专家在历史和科学领域里才会用到它们，要么被留作扩展之用。目前 Unicode 字符集中尚有大量编号空间未被使用。

2. 计算机中信息单位

构成英文信息的最小单位是英文字符，而每个英文字符是 8 位二进制编码，也就是说 8

位二进制才能表示一个英文字符，所以规定 8 位二进制表示一个字节（Byte），它是信息的最小单位。如果一篇英文文章由 600 个英文字符构成（包括标点符号和空格），那它存放在计算机中的大小就是 600Byte。实际上，计算机处理的信息量非常庞大，如果仅仅用字节来表示大小，就正如用毫米来记录宇宙中两个星系之间的距离一般，于是就有了相应的计量单位，具体如下：

1 Byte = 8 bit

1 KB = 1024 Byte

1 MB = 1024 KB

1 GB = 1024 MB

1 TB=1024 GB

1 PB=1024 TB

1 EB=1024 PB

本章总结

本章以 π 的计算故事入手，告诉读者计算机的出现极大地提升了人类的计算能力，阐述了计算技术的演变过程。通过探寻电子计算机的设计过程，启发读者思考为什么计算机要采用二进制设计，为什么算术运算能用逻辑运算来实现，为什么小小的二极管和三级管就能构造出如此强大的计算机器。最后，简单介绍了冯·诺依曼型计算机的体系结构，让读者在整体上对电子计算机有个初步的认识。

课后习题

1. 用二进制的思想解决问题

问题描述：周老师要过 26 岁的生日，你买了一个蛋糕，但由于疏忽，只买了 5 根蜡烛，现在，你怎样用这 5 根蜡烛来表示他 26 岁的生日？

2. 如果你和朋友约定如下的字母表：

1	2	3	4	5	6	7	8	9	10	11	12	13
a	b	c	d	e	f	g	h	i	j	k	l	m
14	15	16	17	18	19	20	21	22	23	24	25	26
n	o	p	q	r	s	t	u	v	w	x	y	z

有一天你突然收到他一条短信，内容是：01000 00101 01100 01100 01111，你知道是什么意思吗？

3. 计算机可以用一个表格来描述一张图片，每个格子表示一点。如果该点有颜色，表示为 1，如果没有颜色，表示为 0，如图 1-40（a）所示。请根据图 1-40（b）右边的数字还原图像。

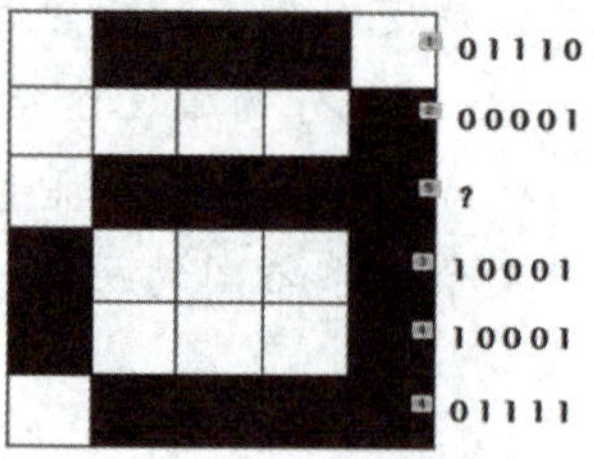

（a）

请根据右边的信号解码出图像

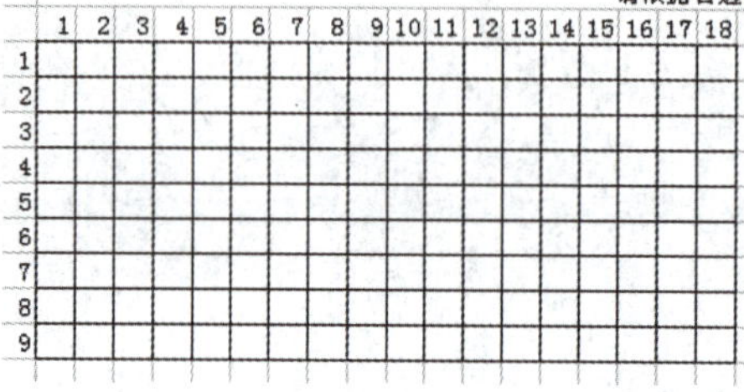

0	0	0	0	1	1	1	1	1	1	1	1	1	1	1	0	0	0
0	0	0	0	1	1	1	1	1	1	1	1	1	0	0	1	0	0
0	0	0	0	1	1	1	1	1	1	1	1	1	0	0	1	0	0
0	0	0	0	1	1	1	1	1	1	1	1	1	1	1	0	0	0
0	0	0	0	1	1	1	1	1	1	1	1	1	0	0	0	0	0
0	0	0	0	1	1	1	1	1	1	1	1	1	0	0	0	0	0
0	0	0	0	0	1	1	1	1	1	1	1	0	0	0	0	0	0
1	1	1	1	1	1	1	1	1	1	1	1	1	1	1	1	1	0
0	1	1	1	1	1	1	1	1	1	1	1	1	1	1	1	0	0

（b）

图 1-40　题 3 图

4．用基本的门电路设计一个 3 位带进位的加法电路。

5．阐述冯·诺依曼计算机的工作原理。

6．查阅资料，看看有哪些计算方法和工具可以提升 π 的计算精度。

第 2 章 计算、程序与常用计算方法

引 言

在开始本章之前，我们先简单回顾下计算机硬件如何实现一位加法的运算，具体如图 2-1 所示。从第 1 章的内容中我们知道加法运算实际上是由逻辑运算来实现的。

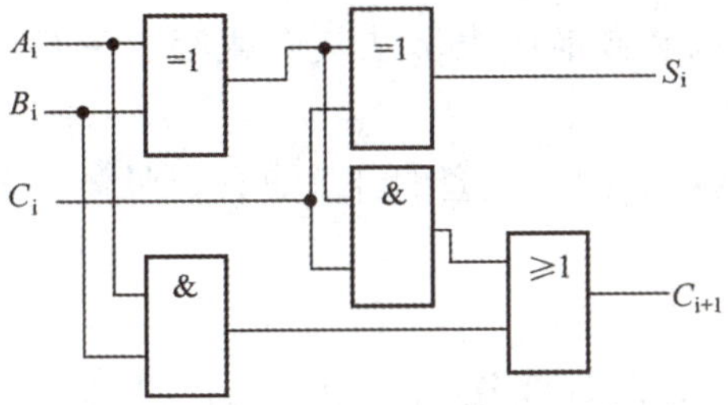

图 2-1 一位带进位加法逻辑电路图

同样的，其他的计算都是使用逻辑计算来完成。而在实际的计算过程中我们并不需要使用者掌握复杂的逻辑计算，而是直接使用 +、–、*、/ 计算，这实际就是一种抽象。利用这种抽象的加法计算，再与数字结合就可以组合成等式，如 1+1=2。如果使用更多的运算符号我们可以组合构造出更为复杂的计算过程，如 2–3+1。从这里我们可以大概推测出程序的基本构造方法：将基本计算过程抽象，然后组合构建出更为复杂的计算过程。由此得到程序的定义。

程序：是为了得到某种结果而可以由计算机等具有信息处理能力的装置执行的代码化指令序列。

2.1 简单计算与运算组合式

2.1.1 前缀表示法构造运算组合式

问题导入：

在前面章节中阐述了计算机构造复杂计算过程的基本流程，那么计算机是如何实现由 +、–、*、/ 构成的四则混合运算？

首先让我们尝试用基本的表达形式来构造简单加、减法运算：

(+ 137 349)

486

(-1000 334)

666

以上的表达式称之为组合式，其构成方式就是用一对括号括起的表达式。表达式最左边的元素称为运算符，其他的元素称为运算对象。这种将表达式放在所有运算对象左边的形式称为前缀表示。此种方法的优势在于将数据和计算方法剥离，这中剥离的优势会在后面章节详述。

接着，用组合式实现连加与连乘的计算过程：

(+ 21 35 12 7)

75

(* 25 4 12)

1200

通过上面的计算过程可以看到前缀表示法具有适应于带有任意多个数参与同一计算的优点。

最后，可以通过使用括号构造组合嵌套的计算过程，具体如下：

(+(* 3 5)(-10 6))

19

通过上面的计算过程可以看出前缀表示法可以通过使用括号的方式构造更为复杂的组合计算过程。

2.1.2 运用运算组合式构造程序实现简单计算

上一节中通过前缀组合式可以构造出复杂的计算式，但参与整个计算的数是直接给出的。在实际计算过程中我们还会经常用到名字符号和函数，比如 R 和 sin()。

问题导入：

怎样将命名符号和函数参与构造计算机组合式?

对于一些常用的名字符号或者计算方法我们可以通过 define 的方式来命名，比如经常用的 π 值，可以命名如下：

```
(define pi 3.14)
```

如果再命名半径：

```
(define radius 10)
```

那么圆的面积可以通过如下的运算组合式来计算：

```
(*pi (* radius radius))
(*pi 100)
314
```

这里的 pi 和 radius 就是对实际数据的一种抽象。在以后的计算过程中我们可以使用抽象之后的命名来替代实际的数据。

另外一方面，可以将计算方法通过此方法来抽象，例如圆周长的计算可以命名为：

```
(define circumference (* 2 pi radius))
```

直接调用此命名即得到 62.8。

define 是我们使用到的最简单的抽象方法，它允许用一个简单的名字去引用一个组合运算的结果。在实际的计算机计算过程中，计算的对象完全可以具有非常复杂的结构，如果每次使用它们，都必须记住并重复地写出它们的细节是极其不方便的事情。这需要通过将一些复杂的对象或者计算方法抽象，然后逐步构造出更为复杂的计算对象。

2.1.3　分段函数计算与带条件的运算组合式

问题导入：

如何构造如下形式的运算组合式？

$$\mathrm{sgn}(x)=\begin{cases}1 & x>0\\ 0 & x=0\\ -1 & x<0\end{cases}$$

上述函数实际上是个符号函数，根据 x 的取值得出是正数、负数或者 0 的结果。

如果仅仅用前面的知识很难构造出这个计算过程，看来我们不得不引入新的内容，那就是借助于 cond 结构来表示。

cond 的语法是：

```
(cond  (test1 action1)
      (test2  action2)
      ...
    (testn actionn))
```

在 cond 语句中每个子句包含一个条件测试（test）及要执行的动作（action）。

如果第一次测试 test1 被评估为 true，那么相关动作的一部分 action1 执行，返回它的值，及本子句的其余部分被跳过。

其中条件 test1、test2 可以由比较运算式来构造。比如 (>95) 就是一个比较运算式，表示 9>5 是否成立，显然其结果为真。同样的我们可以使用表 2-1 中的比较运算符来构造比较运算式。

表 2-1　比较运算符

运算符	描述	示例
=	检查操作数的值相等与否，如果是则条件为真	(= A B)=true
!=	检查操作数的值是否相等，如果值不相等，则条件为真	(!= A B) =true
>	检查操作数的值是否单调递减，如果是则条件检查为真	(> A B) !=true
<	检查操作数的值是否单调递增，如果是则条件检查为真	(< A B) =true
>=	左操作数的值大于或等于其右操作数的值，如果是则条件检查为真	(>= A B) !=true
<=	左操作数的值小于或等于其右操作数的值，如果是则条件检查为真	(<= A B) =true

如果 test1 的计算结果是 false，则控制移动到第二个子句，而不执行 action1，接着用相同的流程进行后续处理。

如果所有条件测试结果都不为真，那么 cond 语句返回 nil（空）。

根据上述的知识可以构造出问题运算组合式：

```
(define (sgn x))
    (cond  ((> x 0) 1)
        ((= x 0) 0)
        ((<x 0) -1))
```

2.1.4 应用举例

分段函数在实际生活中应用比较广泛，以某小区水费收费 Excel 表为例，其基本表格内容如图 2-2 所示。

	A	B	C	D	E	F
1	序号	户号	起数	止数	数量	金额
2	1	JK001	104	200	96	
3	2	JK002	100	124	24	
4	3	JK003	20	45	25	

图 2-2 某小区水费收费表

我们需要通过自动计算实现水费金额计算。小区水费实行阶梯收费，其收费标准为：10 吨以下，每吨 4.5 元；10 ～ 30 吨，每吨 6 元；超出 30 吨部分，每吨 10 元。

根据该收费标准可以列出数学计算公式如下：

$$y=\begin{cases} x\times 4.5\ (x<10) \\ 45+(x-10)\times 6\ (10\leqslant x\leqslant 30) \\ 165+(x-30)\times 10\ (x>30) \end{cases}$$

这样我们应该可以很快得出如下的运算组合式：

```
(define (waterfee x))
    (cond  ((< x 10) x*4.5)
        ((<= x 30) 45+(x-10)*6)
        ((> x 30) 165+(x-30)*10))
```

这里需要说明的是，运算组合式中 (<= x 30) 的部分实际上已经隐含了大于 10 的情况，否则在执行过程中就会执行第一个条件。

为了让读者能够实现这个计算，我们可以借助 Excel 软件中的 IF 函数。

IF 函数：如果指定条件的计算结果为 TRUE，IF 函数将返回某个值；如果该条件的计算结果为 FALSE，则返回另一个值。

IF 函数语法：IF(logical_test, [value_if_true], [value_if_false])

IF 函数语法具有下列参数：

logical_test 必需。计算结果可能为 TRUE 或 FALSE 的任意值或表达式。

value_if_true 可选。logical_test 参数的计算结果为 TRUE 时所要返回的值。

value_if_false 可选。logical_test 参数的计算结果为 FALSE 时所要返回的值。

根据此基本语法可以写出具体的函数表达式：

=IF(E2<10,E2*4.5,IF(E2>=10,45+(E2-10)*6,IF(E2>30,165+(E2-30)*10, "")))

最后计算实现的效果如图 2-3 所示。

	A	B	C	D	E	F
1	序号	户号	起数	止数	数量	金额（元）
2	1	JK001	104	200	96	561
3	2	JK002	100	124	24	129
4	3	JK003	20	45	25	135

图 2-3　计算结果

2.2　递归与迭代

2.2.1　使用迭代来构造程序

问题导入：

如何计算 1+2+3+…+10?

综合之前所学内容得知，可以按照如下的方式来构建运算组合式：

(+ 1 2 3 4 5 6 7 8 9 10)

如果我们将数据的范围扩大到 1 ～ 100，那么写出的运算组合式为：

(+ 1 2 3 4 … 100)

注意：… 表示省略了很多数据项。

很显然这样构造出来的运算组合式需要人工手动输入，更何况省略号是一种书面的表述形式，而一个实际的计算过程是不能有省略号的，那么又该怎样来构造这样的计算过程呢？这里我们需要引入迭代的概念。

累加函数的数学定义为：

sum(n)=1+2+…+n　n ≥ 1

累加计算的每一个操作可以归纳为：

```
sum ← sum+counter
counter ← counter+1  (count<=100)
```

其中 counter 是每一次的累加值，sum 为每次累加之后的结果，而 counter 应该小于或等于 100。

据此我们构造出如下的程序：

```
(define (Sum-iter sum counter max-count))
    (cond ((>counter max-count) sum)
((<=counter max-count)
(Sum-iter (+ counter sum ) (+ counter 1) max-count))))
```

分别带入数据 sum=0，counter=1，max-count=6 进入程序计算，其展开之后的计算过程如下：

```
(Sum-iter 0 1 6)
→ (Sum-iter (+1 0) (+11) 6) → (Sum-iter 1 2 6)
→ (Sum-iter (+21) (+2 1) 6) → (Sum-iter 23 6)
→ (Sum-iter (+33) (+3 1) 6) → (Sum-iter 64 6)
```

→ (Sum-iter (+46) (+4 1) 6) → (Sum-iter 105 6)
→ (Sum-iter (+510) (+5 1) 6) → (Sum-iter 156 6)
→ (Sum-iter (+615) (+6 1) 6) → (Sum-iter 217 6)

最终的结果输出为21。

迭代是重复反馈过程的活动，其目的通常是为了逼近所需目标或结果。每一次对过程的重复称为一次“迭代”，而每一次迭代得到的结果会作为下一次迭代的初始值。

2.2.2 使用递归来构造程序

针对数字累加问题，在上节中使用迭代的方法来实现累加，但是如果把累加的数学定义修改为如下的形式：

sum(n)=n+sum(n–1) n ≥ 1

根据这个公式可以构造出这样的程序：

```
(define (Sum n)
cond((= n 1) 1)
((> n 1) ( + n Sum(n-1)))))
```

其计算过程为：

```
(Sum 6)
(+6 (Sum (5)))
(+6(+5(Sum (4))))
(+6(+5(+4 Sum(3))))
(+6(+5(+4 (+3 Sum(2)))))
(+6(+5(+4 (+3 (+2 1)))))
(+6(+5(+4 (+3 (3)))))
…
```

最终的结果也为21。这样的计算过程称之为递归。通过迭代和递归两种方法对比，我们可以发现，两者之间有如下的一些区别：

（1）迭代是从低阶计算到高阶，而递归则是将高阶逐步展开。

（2）代码实现上递归比迭代更为简洁。

那么什么是递归？如何构建递归？接下来解释这个问题。

程序调用自身的编程技巧称为递归（recursion）。递归作为一种算法在程序设计语言中广泛应用。一个过程或函数在其定义或说明中有直接或间接调用自身的一种方法，它通常把一个大型复杂的问题层层转化为一个与原问题相似的规模较小的问题来求解，递归策略只需少量的程序就可描述出解题过程所需要的多次重复计算，大大地减少了程序的代码量。递归的能力在于用有限的语句来定义对象的无限集合。一般来说，递归需要有边界条件、递归前进段和递归返回段。当边界条件不满足时，递归前进；当边界条件满足时，递归返回。

（1）找到自身调用自身的通项公式。如上述例子中的 sum(n)=n+sum(n–1)。

（2）确定结束条件。如当 n=1 时，sum=1。

了解更多：

递归和迭代的关系

在分别了解了递归和迭代后用一个例子来谈谈两者之间的关系。

例：分别用递归和迭代的方法来求解斐波那契数列 1，1，2，3，5，8，13…

解：斐波那契数列的数学公式可以归纳为如下：

（1）Fib(0) = Fib(1) = 1

（2）Fin(n) = Fib(n-1) + Fib(n-2)

但是直译过来的形式为：

```
(define fib (n)
cond((= n 1) 1)
   ((= n 1) 1)
  ((> n 2) (+ (fib (- n 1))
   (fib (- n 2)))))
```

假设 n=5 带入到计算工程中：

```
(fib(5))
 (+fib(4)  fib(3))
 (+ (+fib(3) fib(2)) (+fib(2) fib(1)))
 (+(+ (+fib(2) fib(1)) 1 ))( + 1 1))
(+(+2 1) 2)
```

结果计算为 5。

确实没有效率。同样的计算一次又一次地被重复。如果你计算 (fib 10)，那么函数就会计算 (fib 9) 和 (fib 8)。但是计算 (fib 9)，它必须又一次计算 (fib 8)……

这里有一个迭代版本的函数，它和上面的函数产生同样的结果：

```
(define (fib n)(fib-iter 1 0 n))
(define (fib-iter a b count)
     (cond ((==count 0) b)
((> count 0) (fib-iter (+ a b) a (- count a))))
```

迭代版本并不那么清晰，但是更加有效率。在实践中这种事情发生的可能性多大呢？很少见，这就是为什么所有的教科书都使用相同的例子，但是这是我们应该了解的。

迭代程序都可以转换为与之等价的递归程序，反之，则不然。就效率而言，递归程序的实现要比迭代程序的实现消耗更多的时间和空间。所以在具体的实现中，都希望将递归程序转化为等价的迭代程序。

本章总结

本章由简单运算、带条件运算及累加运算式的构建逐步向读者展示使用前缀表达式构建复杂运算的方式和方法。通过这样实例的讲解让读者能够理解组合、抽象和构造方法如何表现在计算机程序中，为后期高级程序语言的学习做好铺垫。

课后习题

1. 计算下列组合式的值：

   (*(*3(+(*24) (+3 5)))(+ (- 10 7) 6))

2. 请使用本章所学知识构建实现如下的公式程序：

$$y=\begin{cases}1\ (x>0)\\0\ (x=0)\\-1\ (x<0)\end{cases}$$

3. 使用迭代方法构建阶乘计算 $n!=1\times2\times3\times\ldots\times n$。
4. 使用递归的方法构建阶乘计算程序 $n!=1\times2\times3\times\ldots\times n$。

第 3 章　计算与计算机程序

引　言

人类每天都会面对许许多多问题的计算，有简单的，也有复杂的。简单的计算如 1+1= ？的问题，圆面积及圆周长的计算问题，通常我们认为这些计算可以用一个“计算式”就能表达。复杂的计算如旅行商问题、获取网络数据（爬虫）问题、无人驾驶问题等，为了让读者有个比较直观的印象，下面列举两个例子做一个简单的描述。

【实例 3.1】旅行商问题。

旅行商问题（Traveling Salesman Problem，TSP）是威廉·哈密尔顿爵士和英国数学家克曼（T.P.Kirkman）于 19 世纪初提出的一个经典的数学问题。

问题描述为：有若干个城市，城市之间的距离都是已知的，现有一旅行商从某城市出发到每个城市旅行，途中只能在每个城市逗留一次，最后回到出发点。如何事先确定好一条最短的路线使其旅行的费用最少。

【实例 3.2】统计《三国演义》人物出场的次数。

问题描述为：《三国演义》是我国古代四大名著之一，相信很多读者都读过，那你能否告诉我，每个人物出场的次数，从而知道哪些人物更重要。

其实，对于上述两个实例，很难用一个“计算式”来表达，通常我们把这类问题叫做“复杂问题”的计算。不管是“简单”的计算还是“复杂”的计算，都必须把计算的过程详细地表述出来。对于“简单”的计算通常用一个数学公式来表达，而“复杂”的计算就需要把整个的计算过程分解成若干个步骤，而每一个计算的步骤就要用我们熟悉的语言形式进行表述。

那怎样用计算机来表述“简单”和“复杂”的计算呢？下面就让我们一起来理解计算与计算机程序。

3.1　简单计算与计算表达式

问题导入：

怎样表示圆面积的计算?

对于这样的简单计算完全可以由一个计算式来实现，如果用数学公式来表示是非常容易的，即 πr^2。那怎样用计算机来完成这个计算呢？能不能直接把数学公式输入计算机呢？其实，当我们使用某种计算机语言来表达计算式的时候，会发现很多情况是无法“直接”表达的。比如乘法（×）、除法（÷）、不等于（≠）等运算符号，除了用一些特殊的软件能实现输入外（如 Word），通常是无法输入的。那怎么办呢？“替代”是一种有效的表示方法。用计算机实现计算式的时候，通常把数学公式采用“替代”方式来表示，也就是我们说的“表达式”。不同的计算机高级语言（如 Python、C、Java、C++ 等）的描述大同小异。计算机高级语言基本上都包含下面几节将要介绍的概念，如果理解这些，简单计算的表示就都迎刃而解了。下面结合本例简单阐述这几个概念。

3.1.1 常量与变量

对于计算圆面积，当固定 π 的精度后（如 3.14），π 值就不再变化，不管半径 r 是多少，π 值不变。在这个计算中 π 就是常量，r 就是变量。不同的 r 就会得到不同的计算结果。

根据上述描述可简单给出常量与变量的定义：

常量——程序运行过程中，值不会发生变化的量。

变量——程序运行过程中，值可以发生变化的量。

关于变量，在计算机程序设计中是一个很重要的概念，我们需要进一步加以理解。在描述之前，先让我们来思考一个生活中的问题。

问题：如果你想收纳物品，你会怎样做？

通常，大家会按如下的方式进行思考：

（1）根据物品的大小，选取相应大小的箱子（不能把大象装入粉笔盒里）。

（2）为了防止出错，把不同的箱子标上“名称”。

（3）将物品按“名称”放入对应的箱子。

（4）按“名称”提取箱子中的物品。

事实上，程序中的变量有类似的含义：

（1）变量有唯一的一个名字（当然名字有命名的规则，就正如你的名字一样是遵循某种规则而命名的）。

（2）变量就是个“容器”（内存中的一段存储空间），里面可以存放相应的数据。

（3）变量具有特定的类型，里面只能存放与变量类型相匹配的数据值，它就是变量的值。

（4）可以根据需要改变变量的值（通常用赋值语句来实现）。

（5）可以用变量的值参与运算（只能是类型匹配的运算）。

（6）变量的值可以根据需要随时发生变化，但它只能记住当前的值。

（7）变量有生命周期和作用域（这个暂不讲解，在今后高级语言的学习过程中自然就会明白）。

按照以上描述，我们可以认为半径 r 就是使用某段存储空间作为“箱子”，并通过名字 r 来使用这段存储区存放的值。也就是在某段存储区“贴”上了 r 标签，通过标签 r 访问这段存储区，使用存储的数据。存储区中的数据可以根据操作的需要随时变化，表现出来就是 r 在变，所以 r 是变量。

理解了变量的概念，今后我们在学习高级语言的时候就不难理解 $x=x+1$ 这样的赋值语言。从数学式的角度看肯定会觉得非常“迷惑”，但如果这样描述这条语言：将变量 x 对应的存储区中保存的值取出来加上 1 后得到的新值再放回变量 x 对应的存储区。你还会“迷惑”吗？这个描述虽然说明了整个计算的实质过程，但你是不是感觉描述有些过于烦琐，能不能简单明了点？就正如生活中经常问“吃了吗？”，如果要去深究这句话，你会提出很多的疑问，但当一切都变成“约定俗成”后，你会觉得这是一个不错的表述。因此，简化后的描述为：变量 x 的值加 1 后赋给 x（实际就是实现变量 x 的值加 1）。

赋值语句是计算机高级语言中最常使用的一种语句，通常是用来给变量赋值，理解了变量就很容易规避一些常见的错误，如 $x+1=x$、$3=x$ 等类似的错误表示。当然，为了简化表示，在一些高级语言（如 Python、C++，Java 等）中会有 $x+=1$ 的表示形式，今后在具体语言的学习过程中再加以熟悉。

3.1.2　数据的类型

问题导入：

前面提到的类型是什么？

在实际的运算中，我们会经常用到各种数据，其表现形式通常就是常量和变量，但数据还有类型之分，比如 3、3.14、"ABC"、" 中国 "、TRUE、FALSE。初学者翻开计算机类书籍，特别是计算机语言类书籍，如 C/C++、Pascal、Java、Python 等，都会发现一个概念——数据类型。我们不禁要问数据为什么有类型？

分类是科学研究的基本方法和途径，是我们认识世界和改造世界的锐利武器。分类其实是对处理对象的一种分解，而分解是一个具有深刻哲学意义的概念和方法，在计算学科中属于一种典型方法。众所周知，计算机是用来对数据进行计算或处理的一种自动装置，而这些被用于计算或处理的数据来源于我们对客观世界各个领域处理对象的一种认知基础上的观察和抽象，这些数据也必然是以分类的形式出现。在引入了分类的方法之后，我们观察和抽象所获得的数据的一个基本的特征就是它的类型。将分类的思想引入到程序设计语言中，便产生了“数据类型（Data Type）”的概念。其基本思想就是把一个语言所处理的对象按其属性不同分为不同的子集，对不同的子集规定不同的运算操作。最早使用类型的高级程序设计语言是诞生于 1954 年的 FORTRAN 语言，而 Algol 60 则是第一个明确提出“数据类型”概念的高级程序设计语言。

典型地，C 语言中就有丰富的数据类型（其他强类型语言也都有类似的数据类型，如 C++、Pascal、Java 等），如图 3-1 所示。

这里说的整型和实型与我们经常在数学中描述的类似。其中整型和实型又划分出不同的类型，其实，这样划分主要是为了更精确地划分出数据表示的范围。数据类型是一个非常重要的概念，特别对于强类型语言（如 C/C++、Pascal 等）来说更是如此。学习这些语言，必须对数据类型有一个非常清晰的理解。

为了帮助大家今后学习程序设计语言，下面来看看数据类型的本质到底是什么。

（1）类型确定了值的范围。不同类型有不同的取值范围，如整型（int）的取值范围是 -32768 ～ +32767，长整型（long）的取值范围是 -2147483638 ～ 2147483637。如果在使用过程中超出了指定的范围，计算就会出问题（溢出）。这是与日常生活或者说数学上的重大区别，也是初学者最容易出错的地方。

- 数据类型
  - 基本类型
    - 数值类型
      - 整型
        - 短整型（short）
        - 整型（int）
        - 长整型（long）
      - 实型
        - 单精度（float）
        - 双精度（double）
    - 字符类型（char）
    - 枚举类型（enum）
  - 构造类型
    - 数组（array）
    - 结构（struct）
    - 联合（union）
    - 文件（file）
  - 指针类型（pointer）
  - 空类型（void）

图 3-1　数据类型

（2）类型确定了值的操作，不同类型有不同的操作。例如，整型有取余运算（%），而实型没有。即便是同一种操作也有不同的计算过程。一个非常典型的例子就是求 1+2、1+2.0 的和。其中，1+2 很简单，那就是两个同类型（整型）量的相加，肯定没问题。而 1+2.0 是不同类型，其中 1 是整型数，而 2.0 是实型数，整型和实型是两个完全不一样的“东西”，那怎么计算呢？方法就是把 1 转换成 1.0 再与 2.0 相加，这个是可以计算的。但 1+"abc"，就有问题了，这是两个完全不同类型的量，很难把它们统一成一种类型，就不能计算了。

（3）类型确定了值的存储空间的大小。任何一个数据只要输入到计算机之中，就要被保存起来，保存就需要相应大小的存储空间。不同类型数据所占用的存储空间大小是不一样的，比如整型（int）数据通常占用 2 个字节，字符型（char）数据占用 1 个字节，双精度（double）占用 8 个字节。具体的定义，会在相应的高级程序设计语言中有详细的描述，在这里我们只需要了解这个思想即可。

数据类型是一个非常基础和重要的概念，在高级程序设计语言中都有详细的介绍，要想理清这部分知识，需要花费很多的时间。为了后续内容连续性，下面简单介绍 Python 语言中常见的基本数据类型。

1. 数字

数字数据类型存储数字值，包括 int（整数）、float（实型）、complex（复数），如图 3-2 所示的实例，其中 j 代表虚数。

int	float	complex
100	15.20	45.j

图 3-2　数字数据类型表示

2. 字符串

Python 中的字符串被标识为在引号中表示的连续字符集。Python 允许使用单引号或双引号来标识。如 'hello' 就是一个字符串的常见形式，可以使用切片运算符（[] 和 [:]）来获取字符串的子集（子字符串），其索引从字符串开始处的索引 0 开始，并且用 -1 表示字符串中的最后一个字符。

例如：c='hello'，则 c[0] 的结果是 'h'，而 c[0:3] 的结果是 'hel'。

3. 列表

列表包含用逗号分隔并括在方括号中的项目。列表的基本形式如 [1,3,6,10] 或者 ['yes','no',12]，Python 列表的所有项可以是不同的数据类型。存储在列表中的值可以使用切片运算符 ([] 和 [:]) 来访问，索引从列表开头的 0 开始，并且以 -1 表示列表中的最后一个项目。

例如：L=['yes','no',12]，则 L[1] 的结果就是 ['no']，而 L[1:3] 的结果就是 ['no',12]。

4. 元组

元组与列表非常类似，包含用逗号分隔并括在圆括号中的项目。元组的基本形式如 (1,3,6,10) 或者 ('yes','no','OK')。元组同样可以使用切片运算符 ([] 和 [:]) 来访问，索引从列表开头的 0 开始，并且用 -1 表示列表中的最后一个项目。列表和元组之间的主要区别是：列表中的元素和大小可以更改，而元组却不可以。

例如：L=['yes','no',12]　T=('yes','no',12)，其中 L 是一个列表变量，而 T 是一个元组变量，如果有这样的操作：L[1]="OK"，则 L 中的第 2 项 'no' 会被修改为 "OK"，如果用同样的形式操作元组 T[1]="OK"，则不能，原因是元组不能被修改。

5. 字典

字典可以看成是一个无序的容器，这是一个“键－值”映射的结构，它的基本形式如 D={7:'seven',8:'eight',9:'nine'}，其中 7、8、9 就是键，'seven'、'eight'、'nine' 是值，每对键值用“:”分隔。字典通过键来访问其中的元素，但不能使用切片运算。

例如：D={7:'seven',8:'eight',9:'nine'}，则 D[8] 的结果为 'eight'。

上面简单介绍了 Python 中的数据类型及其简单的操作，为理解后续教程内容奠定基础，要想了解更多可以系统学习 Python 程序设计语言。

3.1.3 运算符与表达式

现在到了解决计算式怎样用计算机语言表述的时候了，在高级语言程序设计中就是用“表达式”来实现的。在讲解之前，先看看圆面积计算式 πr^2 在程序设计语言中对应的表达式有 π*r*r、π*r^2、π*r**2，是不是觉得这些表达形式很奇怪？可能你会想为什么不用 πr^2 的形式，这个看起来简单又熟悉。为了“破解”初学者的迷惑，我们就按照常规的思路往下思考，先提出两个问题：

（1）r^2 怎样通过键盘直接输入？

（2）πr 是表示常量 π 乘 r 呢，还是表示一个名字为 πr 的变量呢？

为了解决这些问题，我们可以通过引入特殊的运算符号，采用“替代”的方式加以解决，比如在 C 语言中用 ^、在 Python 语言中用 ** 表示指数（幂）运算。同时，两个量相乘不能省略乘号（*）来避免混淆。可能你又会问为什么不用 × 号呢，这其实也是替代的思想，你能告诉我 ××× 表示什么吗？其实，当我们理解这个思想后，在今后的高级程序设计语言的学习过程中看到的那些“奇奇怪怪”的运算符就会豁然开朗。

提示：在程序编辑环境中 π 也是无法输入的，请参考第 2 章的解决办法。

表达式可以简单理解为是由量（常量或变量）与量（常量或变量）通过运算符连接组合而成的式子，不管式子有多么复杂，最终会运算出一个结果（当然，前提是这个表达式是正确的）。前面介绍了数据类型的概念，对于不同类型的数据都会有专门的运算符，比如：数值类型的运算符通常有加、减、乘、除、乘方、求余等；字符类型的运算符通常有连接、取子串（取部分）、大小写转换等；逻辑类型的运算通常有与、或、非等；还有其他类型的运算符。在不同的高级程序设计语言中都有具体的定义，但都大同小异。为了让大家有个比较直观的认识，也为后续知识的讲解需要，下面介绍 Python 语言中最基本的几种类型的运算符及其运算规则。

1. 算术运算符

假设变量 a 的初值是 10，变量 b 的初值是 21，则有如表 3-1 所示的运算结果。

表 3-1 常用算术运算符及其运算过程

运算符	描述	示例
+	将运算符两边的操作数增加	a + b = 31
–	将运算符左边的操作数减去右边的操作数	a – b = –11
*	将运算符两边的操作数相乘	a * b = 210
/	用右操作数除左操作数	b / a = 2.1
%	用右操作数除左操作数并返回余数	b % a = 1
**	对运算符进行指数（幂）计算	a ** b，表示 10 的 21 次幂

2. 关系运算符

关系（比较）运算符用于比较运算符两边的值，并确定它们之间的大小关系。假设变量 a 的初值 10，变量 b 的初值 20，则有如表 3-2 所示的运算结果。

表 3-2 常用关系运算符及其运算过程

运算符	描述	示例
==	相等，则条件为真	(a == b) 求值结果为 false
!=	不相等，则条件为真	(a != b) 求值结果为 true
>	如果左大于右的值，则条件为真	(a > b) 求值结果为 false
<	如果左小于右的值，则条件为真	(a < b) 求值结果为 true
>=	如果左大于或等于右的值，则条件为真	(a >= b) 求值结果为 false
<=	如果左小于或等于右的值，则条件为真	(a <= b) 求值结果为 true

3. 逻辑运算符

假设变量 a 的初值为 true，变量 b 的初值为 false，则有表 3-3 所示的运算结果。

4. 成员运算符

Python 成员运算符测试给定值是否为序列中的成员，如字符串、列表或元组。有两个成员运算符，见表 3-4。

表 3-3　常用逻辑运算符及其运算过程

运算符	描述	示例
and	如果两个操作数都为真，则条件成立	(a and b) 的结果为 false
or	如果两个操作数中的任何一个非零，则条件成为真	(a or b) 的结果为 true
not	用于反转操作数的逻辑状态	not(a and b) 的结果为 true

表 3-4　成员运算符

运算符	描述
in	如果在指定序列中找到一个变量的值，则返回 true，否则返回 false
not in	如果在指定序列中找不到变量的值，则返回 true，否则返回 false

其实，不管是哪种高级程序设计语言都会提供一系列的运算符，通过这些运算符利用组合思想就能实现我们想要的各类计算式的表示，从而实现用计算机完成简单计算的功能。

疑问：在数学公式中经常会用到各种函数，那这些函数能不能直接被计算机理解和计算呢？

先让我们回顾一下在第 2 章曾经用这样的方式定义了圆周长的计算：

define circumference (* 2 pi radius)

通过这种方式可以构造出一种新的“运算符”，那就是函数。从某种意义上说，函数就是一种“运算符”。既然如此，那函数就可以像运算符一样参与表达式的构造，但前提是该函数已经被构造出来，简单地说就是高级程序设计语言中已经提供了该函数。的确，在各种高级语言中通常都提供了各类丰富的函数，表 3-5 是 Python 语言所提供的部分算术运算类函数。

表 3-5　Python 语言提供的部分算术运算类函数

函数	描述
abs(x)	求绝对值 （1）参数可以是整型，也可以是复数 （2）若参数是复数，则返回复数的模
float([x])	将一个字符串或数转换为浮点数。如果无参数将返回 0.0
int([x])	将一个数换为 int 类型
long([x])	将一个数转换为 long 类型
pow(x, y)	返回 x 的 y 次幂
range([start], stop[, step])	产生一个序列，默认从 0 开始
round(x[, n])	四舍五入

说明：这里并不需要读者掌握具体函数的使用，而是要理解函数作为特殊“运算符”参与构造运算表达式的思想。显然，系统提供的函数越丰富，就越能简化计算式的构造过程。当然，我们就能实现更多的计算，且变得更容易。学习和使用函数是在高级程序设计语言中必须掌握的技能。

疑问：如果系统没有提供函数实现想要的某种计算，那该怎么利用已有的运算符进行构造？

其实，在第 2 章中已经抽象地说明了函数构造的思想，在具体的语言环境中，有专门的语法来实现用户函数的自定义。为了阐述的一致性，同样用 Python 的语法来定义一个圆周长计算的函数。具体定义如下：

```
def circumference(radius):
  pi=3.14
  c=2*pi*radius
  return c
```

有了上述定义，如果要计算半径为 3 的圆周长，就简化为 circumference(3)。

而更为通用的函数定义形式为：

```
def functionname( parameters ):
  "function_docstring"
  function_suite
  return [expression]
```

下面让我们来理解该定义式的含义：

- 函数块以关键字 def 开头，后跟函数名和圆括号。
- 任何输入的参数或参数应放置在这些圆括号中，也可以在这些圆括号内定义参数。
- 每个函数中的代码块以冒号（:）开始，并缩进。
- 函数内的第一个语句可以是可选语句—函数的文档或 docstring 字符串。
- 语句 return [expression] 用于退出一个函数，可选地将一个表达式传回给调用者。如果没有使用参数的 return 语句，则它与 return None 相同。

下面到了检验大家的时候，已知半径为 r=2.6，构造 Python 表达式为：

```
pow(int(r),2)+ circumference(int(r))*3
```

你能计算出这个表达式的值吗？

通过构造表达式的方式能够完成很多的计算，那通过表达式就能实现所有的计算吗？其实不然。理论上讲，凡是能把问题的求解变成一个计算式，我们都能通过表达式的方式完成运算，但有些问题的计算就很难用一个表达式来实现，在下面内容中将继续介绍。

3.2 复杂问题求解与程序设计

问题导入：

怎样利用如下的莱布尼茨公式计算圆周率？

$$\frac{\pi}{4}=1-\frac{1}{3}+\frac{1}{5}-\frac{1}{7}+\frac{1}{9}-\cdots$$

简单问题的计算可以通过构造一个表达式的方式来实现，但还有很多的计算并不是通过一个表达式就能实现的（或者说构造的表达式难以表述和实现）。为了解决这类问题，仅仅有前面的知识是不够的，我们还需引入新的概念——语句。其实，在各种高级程序设计语言中都会讲解各类语句，比如输入 / 输出语句、分支语句、循环语句等。正如，在生活中，我们经常会用书面语言的方式来描述问题一样。可以说，语句是描述问题最基本的形式。有的问题通过一句话就能阐述清楚，而有的问题过于复杂，需要大量的语句才能阐述清楚。要想利用计算机解决复杂问题的计算，就必须至少学会一门程序设计语言。然后再按照这门语言的语法规则，以语句为单位阐述问题。这一过程与语文的学习过程非常类似，从字词开始，然后是句子，接着是段落，最后是文章。“程序设计”，初一听会觉得很“高深”。其实，当我们用中文把整个“故事”描述成一篇文章，这就是在用“中文”进行“程序设计”。“程序设计”可以理解为用某种计算机语言来描述某个复杂问题的求解过程，而最终的结果，通常我们把它叫作“程序文件”。

那什么是计算机语言呢？简单说是指计算机语言，它是一种人类可以理解的，用于向计算机发出指令或者编写程序的语言。实际上计算机是很笨的，它无法理解任何一种人类的语言，而只能理解由 0 和 1 组成的二进制或者说机器语言。因此，有了编程语言的帮助，我们就能轻松地用计算机做想做的事。学会一种高级程序设计语言是实现复杂问题求解过程描述的前提。然而，当我们查阅资料就会发现计算机语言何其多，有 C、C++、Java、C#、Python、Ruby、R、BASIC、PASCAL、FORTRAN 等等。于是乎，我们开始纠结于“哪种语言好，我到底学习哪种语言”的问题。其实，每种语言都有其适用性，都有其流行的时期，而且新的语言还会层出不穷。

2017 年 7 月，IEEE Spectrum 发布了第四届顶级编程语言交互排行榜。因为有各种不同语言的排行，所以 IEEE Spectrum 依据不同的变量对流行度进行了排行。据 IEEE Spectrum 介绍，依据数据记者 Nick Diakopoulos 提供的数据，结合 10 个线上数据源的两个标准，对 48 种语言进行了排行。根据 Spectrum 读者的需求，IEEE Spectrum 给出的编程语言排行榜如图 3-3 所示。

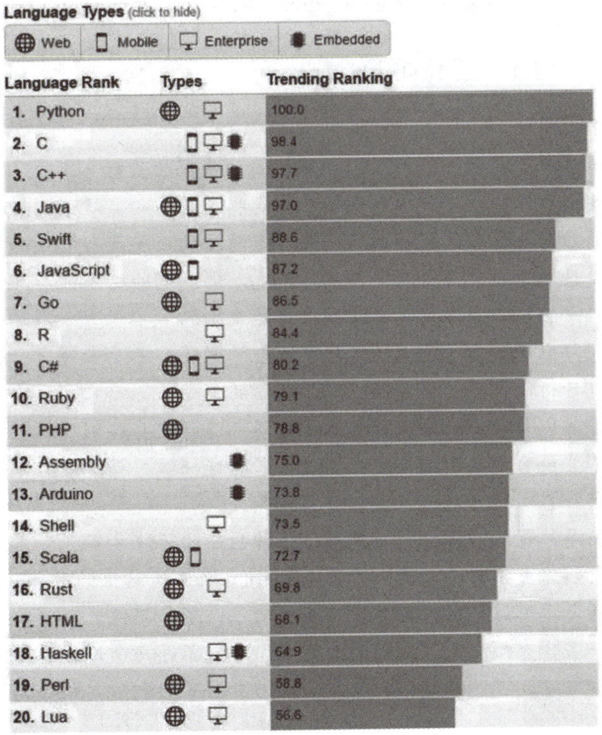

图 3-3　编程语言排行榜

其中，Python 的排名借助人工智能持续上升，成为了第一名，紧跟其后的 C、Java 和 C++ 都拥有广大的用户群体，并且它们的用户总量也十分相近。

凡是用过 Python 的人基本上都知道，在交互式解释器中输入 import this 就会显示 Tim Peters 的 The Zen of Python，这就是“Python 之禅”。下面给出原文及翻译。

原文如下：

The Zen of Python, by Tim Peters
Beautiful is better than ugly.
Explicit is better than implicit.
Simple is better than complex.
Complex is better than complicated.
Flat is better than nested.
Sparse is better than dense.
Readability counts.
Special cases aren't special enough to break the rules.
Although practicality beats purity.
Errors should never pass silently.
Unless explicitly silenced.
In the face of ambiguity, refuse the temptation to guess.
There should be one-- and preferably only one --obvious way to do it.
Although that way may not be obvious at first unless you're Dutch.
Now is better than never.
Although never is often better than *right* now.
If the implementation is hard to explain, it's a bad idea.
If the implementation is easy to explain, it may be a good idea.
Namespaces are one honking great idea -- let's do more of those!

翻译和解释如下：

Python 之禅 by Tim Peters
优美胜于丑陋（Python 以编写优美的代码为目标）
明了胜于晦涩（优美的代码应当是明了的，命名规范，风格相似）
简洁胜于复杂（优美的代码应当是简洁的，不要有复杂的内部实现）
复杂胜于凌乱（如果复杂不可避免，那代码间也不能有难懂的关系，要保持接口简洁）
扁平胜于嵌套（优美的代码应当是扁平的，不能有太多的嵌套）
间隔胜于紧凑（优美的代码有适当的间隔，不要奢望一行代码解决问题）
可读性很重要（优美的代码是可读的）
即便假借特例的实用性之名，也不可违背这些规则（这些规则至高无上）
不要包容所有错误，除非你确定需要这样做（精准地捕获异常，不写 except:pass 风格的代码）
当存在多种可能，不要尝试去猜测
而是尽量找一种，最好是唯一一种明显的解决方案（如果不确定，就用穷举法）
虽然这并不容易，因为你不是 Python 之父（这里的 Dutch 是指 Guido ）
做也许好过不做，但不假思索就动手还不如不做（动手之前要细思量）
如果你无法向人描述你的方案，那肯定不是一个好方案；反之亦然（方案测评标准）
命名空间是一种绝妙的理念，我们应当多加利用（倡导与号召）

这也是本书选择 Python 语言阐述问题的原因。其实，目前比较流行的高级程序设计语言，通常都包含接下来介绍的基础知识。理解这些知识，有助于学习计算机编程，不管你选择哪种编程语言，其语言符号的表示形式都大同小异（除个别专门的程序设计语言）。

3.2.1　程序控制结构

在日常生活中,我们用自然语言（如汉语或英语）描述问题,语句之间通常都有先后顺序,前后逻辑的说法。对于表达混乱的，经常用“语无伦次”或“逻辑混乱”来描述。同样，在程序设计时需要提供一定的控制结构实现问题描述的“有序”。通常程序有三种基本结构：顺序结构、分支结构和循环结构。任何程序都可以由这 3 种基本结构组合而成。为了直观展示程序结构，这里采用流程图方式描述。

基础理论：

1. 程序流程图

程序流程图用一系列图形、流程线和文字说明描述程序的基本操作和控制流程，它是程序分析和过程描述的最基本方式。流程图的基本元素包括 7 种，如图 3-4 所示。

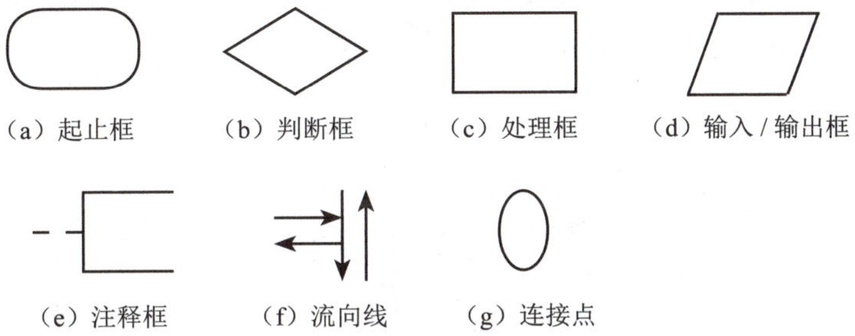

图 3-4　流程图的基本元素符号

其中，起止框表示一个程序的开始和结束；判断框用于判断一个条件是否成立，并根据判断结果选择不同的执行路径；处理框表示一组处理过程；输入 / 输出框表示数据输入或结果输出；注释框用于增加程序的解释；流向线以带箭头直线或曲线形式指示程序的执行路径；连接点将多个流程图连接到一起，常用于将一个较大流程图分隔为若干部分。图 3-5 所示为一个流程图示例，为了便于描述，采用连接点 A 将流程图分成两个部分。

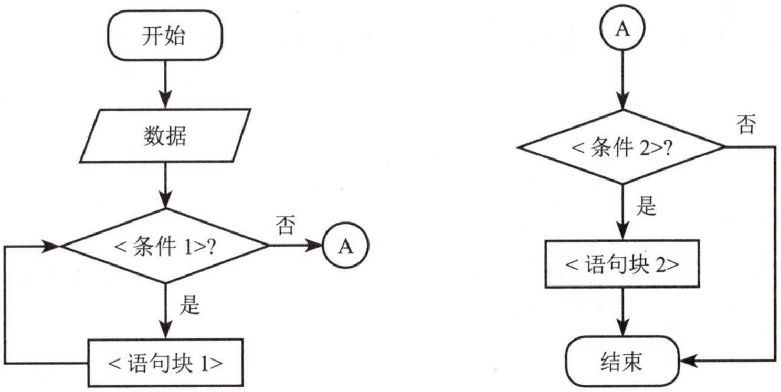

图 3-5　流程图示例

本示例描述了这样一个事实：

（1）程序开始。

（2）输入数据。

（3）判断是否满足“条件 1”，是的话执行“语句块 1”，否则继续执行第（5）步的判断。

（4）执行“语句块 1”，然后转回第（3）步执行。

（5）判断是否满足“条件 2”，是的话继续执行“语句块 2”，否则结束程序。

（6）执行“语句块 2”的操作。

（7）结束程序。

2. 三种结构的流程图

（1）顺序结构是程序按照线性顺序依次执行的一种运行方式，如图 3-6 所示，其中“语句块 1”和“语句块 2”表示一条或多条语句。

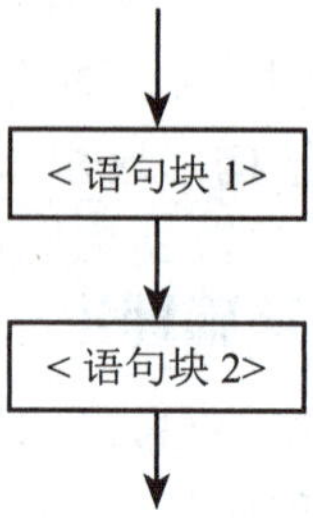

图 3-6　顺序结构

（2）分支结构是程序根据条件判断结果而选择不同执行路径的一种运行方式，如图 3-7 所示，根据分支路径上的完备性，分支结构包括单分支结构和二分支结构，用二分支结构组合可形成多分支结构。

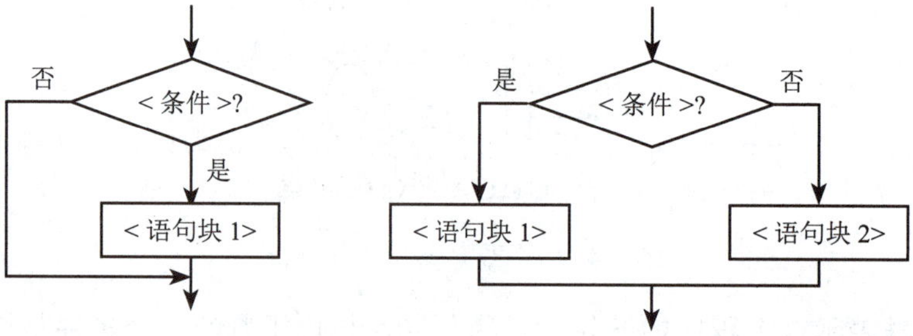

（a）单分支结构　　（b）二分支结构

图 3-7　分支结构

在 Python 程序设计语言中通常用 if 语句实现上述分支结构，基本形式有：

1）if 判断条件：

　　语句块 1

语句描述为：如果“判断条件”成立，则执行“语句块 1”。

2）if 判断条件：

　　语句块 1

　else:

　　语句块 2

语句描述为：如果“判断条件”成立，则执行“语句块 1”，否则执行“语句块 2”。

下面用一个例子展示该语句的使用：

```
name = 'zhouyong'
if name == 'python':
    print 'welcome boss'
else:
    print "your are teacher"
```

该段程序语句描述为：

①给变量 name 赋值为 zhouyong。

②判断 name 是不是 python，是则输出 welcome boss，不是则输出 your are teacher。

3）if 判断条件 1:

```
if 判断条件 1:
    语句块 1
elif 判断条件 2:
    语句块 2
elif 判断条件 3:
    语句块 3
else:
    语句块 4
```

语句描述为：首先测试“判断条件 1”是否成立，成立则执行“语句块 1”，然后结束本语句执行；如果“判断条件 1”不成立则接着测试“判断条件 2”是否成立，成立则执行“语句块 2”，然后结束本语句执行；如果“判断条件 2”也不成立则继续测试“判断条件 3”是否成立，成立则执行“语句块 3”，然后结束本语句执行；如果“判断条件 3”还是不成立，则执行“语句块 4”。

有了这些知识，到了该解决运算组合式计算的时候了。

在第 2 章提出了关于运算组合式构造的思想，下面就以 Python 语言的方式来描述其求解的程序。

例：编写程序求解如下运算组合式：

$$\mathrm{sgn}(x)=\begin{cases}1 & x>0\\ 0 & x=0\\ -1 & x<0\end{cases}$$

程序编写如下：

```
x=input(" 输入变量 x")
if x >0:
   y= 1
elif x==0:
   y=0
else:
   y=-1
print  y
```

程序语句描述为：

1）输入变量 x。

2）判断 x 的取值，对应计算出 y 值。

3）输出结果 y。

其中第 2）句是一个三分支结构的语句，其执行过程请读者分析。

（3）循环结构是程序根据条件判断结果向后反复执行的一种运行方式，如图 3-8 所示。根据循环体触发条件不同，Python 语言中的循环结构包括条件循环和遍历循环。

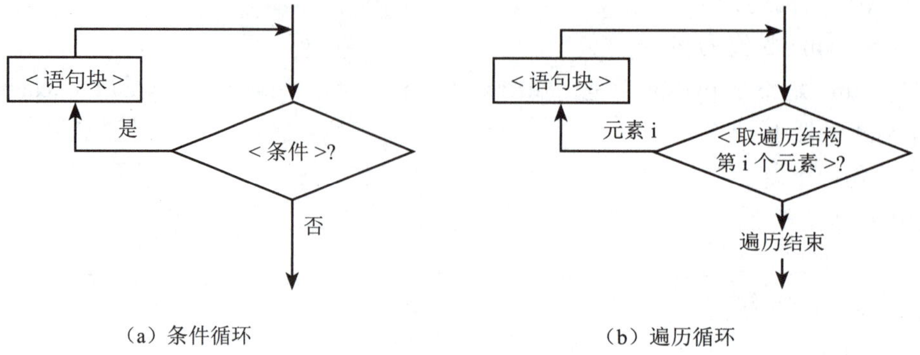

图 3-8　循环结构

在 Python 程序设计语言中通常用 while 循环语句和 for 循环语句实现上述循环结构。

1）while 循环语句。

语句形式为：

```
while 判断条件 :
  循环体
```

语句描述为：当“判断条件”成立的时候，则第 1 次执行循环体（一条或多条语句），然后回到开始继续测试“判断条件”是否成立，是的话第 2 次执行循环体，然后又继续测试“判断条件”是否成立，如果条件一直成立，循环体会被多次执行。只有在某次测试“判断条件”不成立的时候才会结束该语句。

为了帮助读者理解本语句，请看下例：

```
n=3
counter=0
while n>0:
  counter=counter+1
  print " 执行第 " + str(counter) +" 次循环 "
  n=n-1
print " 结束 while 循环 "
```

说明：函数 str() 的功能是实现将数值转换成字符，如 str(1)，结果为 '1'。

程序执行结果为：

```
执行第 1 次循环
执行第 2 次循环
执行第 3 次循环
结束 while 循环
```

2）for 语句。

语句形式为：

```
for iterating_var in sequence:
  statements
```

Python for 循环可以遍历任何序列的项目，如一个列表、元组、字典、字符串。

语句描述为：依次从 sequence（序列）中取出每一项（元素）放到变量 iterating 中，接着执行 statements（循环体），直到取出所有的元素。为了帮助大家理解，请看下面两个例子：

例 3.1：

```
for letter in 'Python':
    print '当前字母 :', letter
```

例 3.1 运行结果是：

当前字母 : P
当前字母 : y
当前字母 : t
当前字母 : h
当前字母 : o
当前字母 : n

例 3.2：

```
fruits = ['banana', 'apple',  'mango']
for fruit in fruits:
    print '当前水果 :', fruit
print "Good bye!"
```

例 3.2 运行结果是：

当前水果 : banana
当前水果 : apple
当前水果 : mango
Good bye!

理解了循环结构，熟悉了 Python 的循环语句后，我们就具备解决 $\frac{\pi}{4}=1-\frac{1}{3}+\frac{1}{5}-\frac{1}{7}+\frac{1}{9}-\cdots$ 计算问题的能力，具体程序的设计将在后面内容详细讲解。

3. 控制结构的组合与嵌套

当计算问题变得比较复杂的时候，我们会发现单纯用顺序、分支和循环结构很难描述问题的求解过程。在实际的问题求解过程中往往包含多种结构的组合与嵌套：顺序中有分支，顺序中有循环，分支中有循环，循环中有分支，循环中有循环，分支中有分支。往往都是“你中有我、我中有你”，问题越复杂，结构就越复杂，如图 3-9 所示。

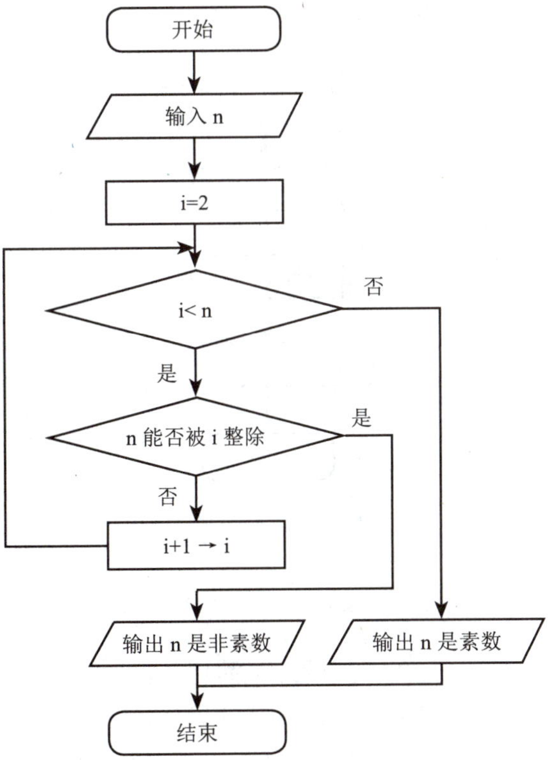

图 3-9　控制结构组合与嵌套示例

问题：你能阐述图 3-9 的工作流程吗？

4. IPO 程序编写方法

每个计算机程序都用来解决特定计算问题，较大规模的程序提供丰富的功能解决完整的计算问题。例如，控制航天飞机运行的程序、自动驾驶程序；小型程序或程序片段可以为其他程序提供特定计算支持，作为解决更大计算问题的组成部分。无论程序规模如何，每个程序都有统一的运算模式：输入数据、处理数据和输出数据。这种朴素运算模式形成了基本的程序编写方法 IPO（Input Process Output）方法。

输入（Input）是一个程序的开始。程序要处理的数据有多种来源，因此形成了多种输入方式，包括文件输入、网络输入、控制台输入、交互界面输入、随机数据输入、内部参数输入等。

处理（Process）是程序对输入数据进行计算产生输出结果的过程。计算问题的处理方法统称为“算法”，它是程序最重要的组成部分。可以说，算法是一个程序的灵魂。

输出（Output）是程序展示运算结果的方式。程序的输出方式包括控制台输出、图形输出、文件输出、网络输出、操作系统内部变量输出等。

IPO 不仅是程序设计的基本方法，也是描述计算问题的方式。下面以圆面积计算为例，其 IPO 描述如下。

输入：圆半径 r。

处理：计算圆面积 S =π*r*r。

输出：圆面积 S。

可以看到，问题的 IPO 描述实际上是对一个计算问题输入、输出和求解方式的自然然语言描述，用流程图的方式描述如图 3-10 所示。

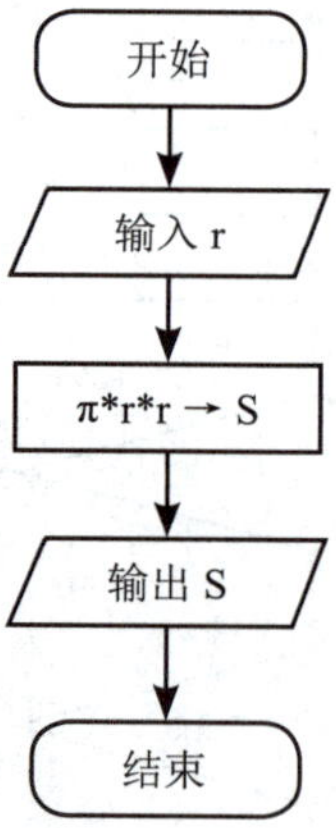

图 3-10 圆面积计算流程图

3.2.2 面向对象程序设计的基本思想

早期的高级程序设计语言（比如 C）的出现简化了描述问题（编程）的难度，让我们能够以类似自然语言的方式，而不是以二进制形式的机器语言与计算机交流。从而，使计算机编程逐渐流行起来，也使计算机的应用得到了飞速的发展，逐步扩展到各行各业。但随着问题规模的增加，传统的面向过程的程序设计方法就不能适应新的需要，从而出现了面向对象的程序设计语言（比如 C++）。

其实，现实世界是由各种各样具有自己的运动规律和内部状态的对象所组成的，不同对象之间的相互作用和通信构成了完整的现实世界。因此，人们应当按照现实世界的本来面貌来理解世界，直接通过对象及其相互关系来反映世界。这样建立起来的系统才能符合现实世界的本来面目。面向对象的方法是面向对象的世界观在开发方法中的直接运用。它强调系统的结构应该直接与现实世界的结构相对应，应该围绕现实世界中的对象来构造系统，而不是围绕功能来构造系统。从程序设计的角度来看，面向对象的程序设计语言必须有描述对象及其相互之间关系的语言成分。这些程序设计语言可以归纳为：系统中一切皆对象；对象是属性及其操作的封装体；对象可按其性质划分为类，对象成为类的实例；实例关系和继承关系是对象之间的静态关系；消息传递是对象之间动态联系的唯一形式，也是计算的唯一形式。

学习面向对象程序设计，我们需要理解下面的概念。

1. 理解两个重要的概念——类和对象

世界万物，皆可分类；世界万物，皆为对象。只要是对象，就肯定属于某种品类；只要是对象，就肯定有属性。

现实生活中就是这个样子的，面向对象是利用“类”和“对象”来创建各种模型实现对真实世界的描述。

类（Class）即一类相同属性的对象的抽象、蓝图、原型。

对象（Object）即类的实例，对象有特征（也称属性）也有方法（也可以是行为能力）。

2. 理解面向对象的三大特性

封装：在类中对数据的赋值、内部调用对外部用户是不透明的，这使类变成了一个胶囊或容器，里面包含着类的数据和方法。比如人的消化系统、心脏等。

继承：一个类可以派生出子类，在这个父类里定义的属性、方法自动被子类继承。

多态：是面向对象的重要特性，简单点即“一个接口，多种实现”，提供统一接口。

上面的内容是不是感觉很深奥？下面通过一个例子帮助大家理解。

现实场景描述：开学了，大家汇聚到大学校园，有学生也有老师，大家见面时做自我介绍，并相互问好。

问题分析：在现实场景中可能有“张三”“李四”和“王五”等学生，也有“周老师”“谢老师”和“王老师”等老师。他们都是现实世界中实实在在存在的，也就是我们说的“对象”，他们都有具体的姓名、年龄、性别等特征，也有各种行为能力，比如自我介绍、唱歌、上课、打球等。

其实，在描述对象的时候，我们已经把这些人进行了分类，学生和老师就是类，它不代表一个具体的人，而是对一类对象的抽象描述。那怎样区分学生和老师呢，其实是通过他们的特征（比如学生有学号，老师有工号）和行为能力（学生听课，老师授课）来区分的，所以不管是哪类，都需要描述其属性（特征）和方法（行为能力）。因此，在具体语言环境中定义类，通常都会涉及属性和方法。

如果我们继续询问，学生和老师是什么？你可能会说都是学校成员，其实这句话就阐述了一个子类与父类的概念。学生和老师“是”学校成员，所以学生和老师是学校成员的子类。学生和老师具备学校成员的所有特征和行为能力（子类继承父类），但也有自己“专属”特征和行为能力。

程序模拟实现：

（1）首先，定义 3 个类 UniversityMember、Student 和 Teacher 分别代表学校成员、学生和老师。其中，Student 和 Teacher 都属于 UniversityMember。

Python 语句定义如下：

```
# 定义 UniversityMember 类
class UniversityMember:
    def __init__(self,name,age,sex):
        self.name = name
        self.age = age
        self.sex=sex
    def introduction(self):
        print " 我的姓名： " ,self.name
        print " 我的年龄：",self.age
        print " 我的性别：",self.sex
```

说明：上述语言定义了一个 UniversityMember 类，其中 name、age、sex 是属性，分别表示姓名、年龄和性别；introduction 为方法（实质上是函数），功能是做自我介绍（姓名、年龄和性别）。

__init__ 也是方法（构造函数），功能是在对象创建时做初始化，是一个特殊的方法。

描述：大学里面的成员，有姓名、年龄和性别，能做自我介绍的能力。

```
# 定义 Student 类
class Student(UniversityMember):
    def __init__(self,name,age,sex,sno,mark):
UniversityMember.__init__(self,name,age,sex)
self.sno = sno
self.mark = mark
self.sex=sex
    def introduction(self):
        print " 我是一名学生 "
UniversityMember.introduction(self)
        print " 我的学号是：",self.sno
        print " 我高考分数：",self.mark
    def getname(self):
        return self.name
```

说明：上述语言定义了一个 Student 类，它是 UniversityMember 的一个子类，用 Student(UniversityMember) 的形式表示；name、age、sex、sno、mark 是属性，分别表示姓名、年龄、性别、学号和成绩，其中 name、age、sex 继承于父类 UniversityMember；introduction 是方法，其功能是做自我介绍，在具体实现的时候，继承了父类的 introduction 方法，实现基本情况的介绍，具体形式为 UniversityMember.introduction(self)，然后再介绍自我特殊的情况——学号和高考分数。getname(self) 是自己专用的方法，功能是获取自己的学号。

```
# 定义 Teacher 类
class Teacher(UniversityMember):
    def __init__(self,name,age,sex,tno,salary):
```

```
        UniversityMember.__init__(self,name,age,sex)
        self.tno = tno
        self.salary = salary
    def introduction(self):
        UniversityMember.introduction(self)
        print " 我是一名教师 "
        print " 我的工号是：",self.tno
        print " 我的工资是：",self.salary
    def getname(self):
        return self.name
```

说明：上述语言定义了一个 Teacher 类，它是 UniversityMember 的一个子类，用 Teacher(UniversityMember) 的形式表示；name、age、sex、tno、salary 是属性，分别表示姓名、年龄、性别、工号和工资，其中 name、age、sex 继承于父类 UniversityMember；introduction 是方法，其中功能是做自我介绍，在具体实现的时候继承了父类的 introduction 方法，实现基本情况的介绍，具体形式为 UniversityMember.introduction(self)，然后再介绍自我特殊的情况——工号和工资。gettno(self) 是自己专用的方法，功能是获取自己的工号。

（2）创建具体的人物（对象）：

```
zhangs=Student(" 张三 ",18," 男 ","2017000123",560)
lis=Student(" 李四 ",17," 女 ","2017000124",580)
wangw=Student(" 王五 ",19," 男 ","2017000125",585)
zhous=Teacher(" 周师 ",45," 男 ","1027899",4200)
xies=Teacher(" 谢师 ",35," 男 ","1027899",4800)
wangs=Teacher(" 王师 ",38," 女 ","1027899",4500)
```

说明：创建对象的过程其实就是实例化类的过程，以学生“张三”和教师“周师”为例具体为：

```
zhangs=Student(" 张三 ",18," 男 ","2017000123",560)
zhous=Teacher(" 周师 ",45," 男 ","1027899",4200)
```

描述：创建一个 Student 类对象 zhangs，其基本属性有“(" 张三 ",18," 男 ","2017000123",560)”，拥有 Student 类所有的方法。创建一个 Teacher 类对象 zhous，其基本属性有“(" 周师 ",45," 男 ","1027899",4200)”，拥有 Teacher 类所有的方法。

当然，要想创建更多的学生和老师，方法相同，你会创建了吗？

（3）模拟相互介绍：

```
print "hello",lis.getName()
zhangs.introduction()
print "hello",zhangs.getName()
lis.introduction()
print " 各位同学好！ "
zhous.introduction()
print zhous.getName()," 我们都很爱你！ "
```

程序运行结果：

```
hello 李四
我是一名学生
```

```
我的姓名： 张三
我的年龄： 18
我的性别： 男
我的学号是： 2017000123
我高考分数： 560
hello 张三
我是一名学生
我的姓名： 李四
我的年龄： 17
我的性别： 女
我的学号是： 2017000124
我高考分数： 580
各位同学好！
我是一名教师
我的姓名： 周师
我的年龄： 45
我的性别： 男
我的工号是： 1027899
我的工资是： 4200
周师 我们都很爱你！
```

3. 关于多态的理解

学生和老师在做自我介绍的时候，其实是不一样的。就“自我介绍”而言是同一事件，但不同类型对象有不同的反应，这其实就是多态的概念。实现多态有两种方式：覆盖、重载。覆盖，是指子类重新定义父类的虚函数的做法，如在本例中 introduction() 函数在两个子类（Student 类和 Teacher 类）中都对父类该函数做了重新定义。重载，是指允许存在多个同名函数，而这些函数的参数表不同（或许参数个数不同，或许参数类型不同，或许两者都不同）。

说明：面向对象程序设计涉及的内容很多，本教程通过一个生活中的例子简单展示面向对象程序设计的思想，帮助大家理解。要想真正掌握面向对象程序设计，只有当我们完整学会一门面向对象程序设计的语言，参与程序设计项目后才能做到。本部分只是起到抛砖引玉的作用，让我们对面向对象程序设计思想有所认识。

3.2.3 使用第三方库

牛顿曾谦虚地说：“如果说我比别人看得更远些，那是因为我站在了巨人的肩膀上。”前面我们已经知道一个事实：基于已有的运算通过自定义函数可以构造新的运算；同时，在上一节我们也知道，通过分类和抽象思维可以将现实世界映射到计算机世界，通过定义各种类进行封装（有点类似于各个加工厂），根据实际的需要实例化对象（向工厂定制产品）。有了这些基础，我们在构建复杂系统的时候就变得容易多了，这个过程与我们搭积木相似。实际上，许多程序设计语言都支持第三方库（实际就是函数库和类库），通过引入第三方库，可以大大简化编程难度，这不就是站在巨人肩膀上做事情吗？

如果说强大的标准库奠定了 Python 发展的基石，丰富的第三方库则是 Python 不断发展的保证。随着 Python 的发展，一些稳定的第三库被加入到了标准库里面，表 3-6 展示了一些常用的第三方库。

表 3-6 常用 Python 第三方库

分类	库名称	库用途
Web 框架	Django	开源 Web 开发框架，它鼓励快速开发，并遵循 MVC 设计
	ActiveGrid	企业级的 Web 2.0 解决方案
Web 框架	Karrigell	简单的 Web 框架，自身包含了 Web 服务、Python 脚本引擎和纯 Python 的数据库 PyDBLite
	webpy	一个小巧灵活的 Web 框架，虽然简单但是功能强大
	CherryPy	基于 Python 的 Web 应用程序开发框架
	Pylons	基于 Python 的一个极其高效和可靠的 Web 开发框架
	Zope	开源的 Web 应用服务器
	TurboGears	基于 Python 的 MVC 风格的 Web 应用程序框架
	Twisted	流行的网络编程库，大型 Web 框架
	Quixote	Web 开发框架
科学计算	Matplotlib	用 Python 实现的类 MATLAB 的第三方库，用以绘制一些高质量的数学二维图形
	SciPy	基于 Python 的 MATLAB 实现，旨在实现 MATLAB 的所有功能
	NumPy	基于 Python 的科学计算第三方库，提供了矩阵、线性代数、傅立叶变换等的解决方案
GUI	PyGtk	基于 Python 的 GUI 程序开发 GTK+ 库
	PyQt	用于 Python 的 QT 开发库
	WxPython	Python 下的 GUI 编程框架，与 MFC 的架构相似
	Tkinter	Python 下标准的界面编程包
其他	BeautifulSoup	基于 Python 的 HTML/XML 解析器，简单易用
	PIL	基于 Python 的图像处理库，功能强大，对图形文件的格式支持广泛
	MySQLdb	用于连接 MySQL 数据库
	cElementTree	高性能 XML 解析库

下面通过一个例子说明引入第三方库可简化问题求解的难度。

例：编写程序实现将一篇中文文章进行分词，如有这样一句中文“中国是一个伟大的国家”，分词后的结果为“中国”“是”“一个”“伟大”“的”“国家”这样一系列的词语。

分词是很多更复杂问题求解的基础，比如统计《三国演义》人物出场的次数。但怎样实现分词？如果没有第三方库，自己要实现难度是不是很大呢？下面给出一个简单的分词程序：

```
import jieba
jieba.lcut( “中国是一个伟大的国家 ")
```

本段程序描述的是，引入第三方库 jieba，通过调用库的函数 lcut() 很容易就实现了分词操作，你是不是觉得很神奇呢？

问题导入：

怎样使用第三方库?

Python 是一门优雅的语言，拥有简洁的语法和强大的功能。当然丰富的第三方库更能提高开发速度。那么问题来了，如何安装和使用第三方库（包）呢？

1. 安装第三方库

（1）源码安装。很多第三方库都是开源的，几乎都可以在 Github 或者 PyPI 上找到源码。找到的源码大概都是 zip、tar.zip、tar.bz2 格式的压缩包。解压这些包后通常会看见一个 setup.py 的文件。打开命令行，进入该文件夹。运行 python setup.py install 命令，就能把这个第三方库安装到系统里，Windows 系统大部分是在 C:\Python2.7\Lib\site-packages 中。

（2）包管理器（pip 和 easy_install）。现在很多编程语言都带有包管理器，例如 Ruby 的 gem，nodejs 的 npm。Python 当然也不例外，拥有大名鼎鼎的 pip 和 easy_install。

前面说到的 PyPI 就是 Python 的一些第三方库所在的源，使用 pip 或者 easy_install 安装模块，会搜索这个源，然后自动下载安装。比如我们需要安装 flask 框架具体命令为“pip install flask”或者“easy_install flask”。简单吧，一个简单的命令就搞定。

2. 引用模块

在 Python 中用关键字 import 来引入某个模块，比如要引用模块 math，就可以在文件最开始的地方用 import math 来引入。在调用 math 模块中的函数时，必须用“模块名 . 函数名”这种格式引用。为什么必须加上模块名？因为可能存在这样一种情况：在多个模块中含有相同名称的函数，此时如果只是通过函数名来调用，解释器无法知道到底要调用哪个函数。所以如果像上述这样引入模块的时候，调用函数必须加上模块名。

有时候只需要用到模块中的某个函数，此时可以通过语句“from 模块名 import 函数名 1, 函数名 2....”来实现。通过这种方式引入的时候，调用函数时只能给出函数名，不能给出模块名，但是当两个模块中含有相同名称函数的时候，后面一次引入会覆盖前一次引入。也就是说假如模块 A 中有函数 function()，在模块 B 中也有函数 function()，如果引入 A 中的 function 在先，B 中的 function 在后，那么当调用 function 函数的时候，是去执行模块 B 中的 function 函数。如果想一次性引入 math 中所有的内容，还可以通过 from math import * 来实现，但是不建议这么做。

本章总结

本章从解决“简单”计算和“复杂”计算问题入手，系统地阐述了计算机程序设计中用到的基本要素——常量、变量、函数、表达式和语句；讲解了结构化程序设计的思想和面向对象程序设计的思想；介绍了关于使用第三方库的理念。通过本章的学习，为读者开启了用计算机程序解决计算问题的大门。

课后习题

1. 描述图 3-9 所示流程图的工作过程，并从程序设计的角度理解本流程图。

2. 根据已知条件及组合构造的思想计算 Python 表达式的值。

已知条件：

（1）系统提供函数及部分运算符如下：

函数	功能
int(x)	将一个数换为 int 类型
pow(x, y)	返回 x 的 y 次幂
range([start], stop[, step])	产生一个序列，默认从 0 开始
round(x[, n])	四舍五入

运算符	功能	示例
%	求余数	5%2=1
**	指数（幂）计算	2**3=8

（2）用户自定义函数如下：

```
def Circ(r):
    pi=3.14
    s=2*pi*r
    return s
```

```
def Add(x,y):
    z=x+y
    return z
```

（3）已知变量 a 的初值为 3，b 的初值为 6。

结合教程内容和上面提供的条件，计算下列表达式的值：

① (b**a+1) % 5

② round(b/(a+2),1)

③ (a<b) and not (pow(a,3) !=a)

④ 3 in range(1,15,2) or (b==a**2)

⑤ int(round(Circ(b-b /a),1))

⑥ Add(int(Circ(b-b /a)),6)

3. 程序填空

（1）阅读下面的 Python 程序并填空。

```
n=3
counter=0
step=1
while n>1:
    counter=counter+step*2
    n=n-1
```

```
step=step+1
print "counter=",counter
```

程序运行后 counter 的值是 ________。

（2）阅读下面的 Python 程序并填空。

```
n=3
fruits = ['banana', 'apple',  'mango','pear']
for fruit in fruits:
   n=n+1
   if n %3==0:
      print（'我爱吃的水果是 :', fruit）
print （"Good bye!"）
```

程序运行后，输出我爱吃的水果有 ________。

4．下载并安装 Python 2.7，输入本章 3.2.2 节面向对象程序设计用例，调试并运行程序，理解面向对象程序设计的思想和方法。

第 4 章　计算问题求解的思想和方法

引　言

上一章我们已经具备了用计算机程序解决计算问题的思想和基础知识，理解了结构化程序设计和面向对象程序设计的思想和方法。本章将从问题本身出发探讨计算问题的求解思想和方法，了解数据结构与算法的概念，理解算法优化与问题求解过程。

4.1　计算问题求解范例

4.1.1　数据查询范例

问题导入：

一个数列有 10 个元素，分别为 2，4，1，5，7，9，8，6，0，3，要从中找出 9 并输出其在该数列中的位置。（以下称之为“问题 1”）

总体思路：在没有系统学习程序设计之前，我们要解决该问题，需要将以上数列的 10 个数字及欲查找的数字 9 存储到内存中，然后再将查找数字与数列中的每一项进行逐一比较。

Step1：数据存储。

根据上一章的内容得知，可以通过声明变量的方式来存储这些数字。于是可以得到如下的一段存储数字的伪代码，即

```
a0 ← 2
a1 ← 4
a2 ← 1
a3 ← 5
a4 ← 7
a5 ← 9
a6 ← 8
a7 ← 6
a8 ← 0
a9 ← 3
key ← 9 // 查找的数字
```

其中 a0 到 a9 为存储数列中的每一项，key 变量存储查找的数字。

这样的一个过程我们给它一个术语叫建立数据结构。

Step2：数据比对。

把数字存入到内存后，再使用选择结构语句来逐一比较。

如下面的语句：

```
if a0=b
c=0
  if a1=b
c=1
…
```

其中，变量 c 代表了如果查找成功则返回查找的数字在数列中的位置。

以上的过程称之为建立算法的控制结构，这里运用了两种控制结构，即顺序结构和选择结构。

综上可以将算法描述如下（算法 1）：

Start of the algorithm

1）声明变量 a0 ～ a9 并赋值；

2）声明 b 变量并赋值为 9；

3）将变量 b 与 a0 ～ a9 的每个变量进行比较，如果相等则将位置数据赋值给变量 c；

4）如果所有的比较均不相等，则将变量 c 赋值为 -1, 表示在该数列中不存在该数据。

End of the algorithm

以上的这种算法描述方法称之为步骤描述法。

其算法的具体伪代码如下：

```
a0 ← 2
a1 ← 4
a2 ← 1
a3 ← 5
a4 ← 7
a5 ← 9
a6 ← 8
a7 ← 6
a8 ← 0
a9 ← 3
c ← 9

if a0=b
c=0
if a1=b
c=1
…
```

4.1.2 基本优化

前面已经使用了算法来解决，但是如果将数列的长度扩展到 100 个，大家可以试一试用以上的算法 1 来书写代码。

很明显，数据结构建立的过程需要 100 个变量，数据控制结构需要 100 句代码，如果将数据规模扩大到 100 万，程序代码量更是无法想象。那么有没有办法对以上的算法进行优化？

算法优化：

（1）引入顺序存储结构，减少变量声明代码量；

（2）引入循环结构，减少控制结构代码量。

顺序存储结构是存储结构类型中的一种，该结构是把逻辑上相邻的节点存储在物理位置上相邻的存储单元中，节点之间的逻辑关系由存储单元的邻接关系来体现。常用的顺序存储结构是数组。数组的基本结构如下所示。

2	4	1	5	7	9	8	6	0	3

结构中的每一个位置即代表了内存中的一个地址，可以用 a[0] 代表第一个数字 2，a[1] 代表第二个数字 4，依次类推。

步骤 1：建立数据结构。

这也就意味着问题 1 中声明 10 个变量的代码可以直接缩减为如下的代码：

```
a=[2,4,1,5,7,9,8,6,0,3]
```

数组中的每一个数字称之为数组元素。

步骤 2：建立控制结构：

```
length = len(a)
for i in range(length):
if a[i] == b:
   return i
else:
   return false
```

综上可以将算法描述如下（算法 2）：

Start of the algorithm

1）声明数组并赋值；

2）声明变量 b 并赋值；

3）设定 i 的初值为 1，终值为 9；

4）如果 i<=9, 则执行第 5）步，否则执行第 9）步；

5）比较 a[i] 和 b 是否相等，相等则执行第 6 步，否则执行第 7）步；

6）将 i 赋值给 c，执行第 9）步；

7）计算 i+1，并赋值给 i；

8）返回到第 4 步继续执行；

9）输出结果。

End of the algorithm

以上的步骤描述法还可以以流程图的方式来描述，如图 4-1 所示。

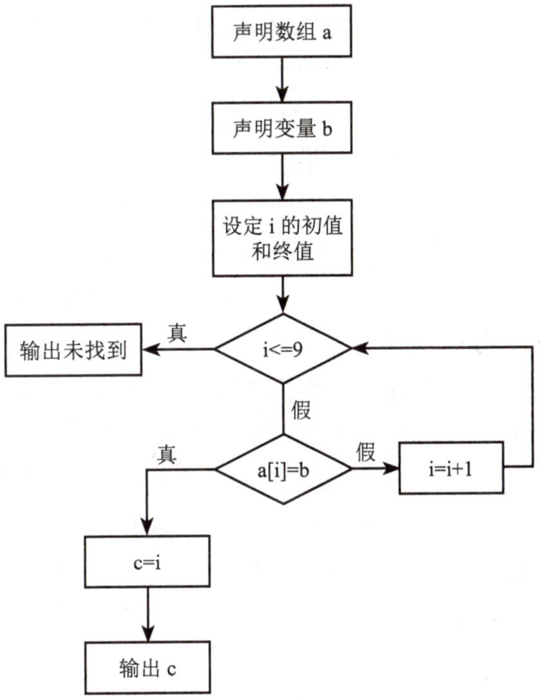

图 4-1　程序流程图

4.2 算法的定义

算法就是一个有穷规则的集合，其中规定了解决某一特定类型问题的一个运算序列。通俗地讲，算法规定了任务执行 / 问题求解的一系列步骤。

分析算法 1、算法 2 可以得到算法的几个重要特性：

（1）可行性。可行性是指算法中的每一个步骤必须是能实现的，并且能够达到预期的目的。

（2）确定性。确定性是指算法中的每一个步骤必须有明确的含义，不能产生二义性，对于相同的输入只能得出相同的输出结果。

（3）有穷性。有穷性是指算法必须在有限的时间内做完，即算法必须在执行有限个步骤之后终止。

（4）输入。一个算法有零个或多个输入，是算法开始前的初值。

（5）输出。一个算法有一个或多个输出，这是算法在执行若干个步骤之后得到的结果。

4.3 问题求解的过程

从以上采用算法 1 和算法 2 来解决问题的过程可以总结出问题求解的过程：

（1）建立问题的数学模型；

（2）选择算法策略；

（3）设计算法的数据结构；

（4）设计算法的控制结构；

（5）使用算法描述法或者程序流程图来描述算法。

下面使用问题求解的过程方法来回顾一下算法 2 的设计。

STEP1：确定数据搜索问题的数学模型。假定有 n 个数据，记为 $D=\{d_1,d_2,\ldots,d_n\}$，搜索的数据为 k，如果 k 存在 D 中，则返回 k 所在位置，否则返回 -1。

STEP2：选择算法策略。这里在算法 1 的基础上使用了循环和数组优化算法，得到算法 2，并据此修改了算法中的数据结构和控制结构。

STEP3：设计算法的数据结构。采用了数组存储方式来实现数据的存储。

STEP4：设计算法的控制结构。采用遍历数组每一个元素的方式来实现控制结构，并且在必要的位置控制程序的退出。

根据以上的步骤基本可以用算法描述方法或程序流程图来完成算法的具体实现设计。

4.4 算法复杂度

以上的内容使用算法 1 和算法 2 来实现了数据查询功能。从代码量上看可以得出算法 2 优于算法 1，毕竟算法 2 的代码量远远低于算法 1。但是实际的结论并没有那么简单。接下来使用更为科学的方法来判断算法 1 和算法 2 的优劣。这也就是算法复杂度的问题。

算法的复杂度主要包括时间复杂度和空间复杂度。

4.4.1　算法的时间复杂度

所谓算法的时间复杂度，是指执行算法所需要的计算工作量。

在度量一个算法的工作量时，与所使用的计算机、程序设计语言、程序设计者及算法实现过程中的许多细节无关。可以用算法在执行过程中所需基本运算的执行次数来度量算法的工作量。基本运算反映了算法运算的主要特征，因此，用基本运算的次数来度量算法工作量是客观的也是实际可行的，有利于比较同一问题的几种算法的优劣。例如，在考虑两个矩阵相乘时，可以将两个实数之间的乘法运算作为基本运算，而对于所用的加法（或减法）运算忽略不计。又如，当需要在一个表中进行查找时，可以将两个元素之间的比较作为基本运算。

4.4.2　算法时间复杂度的计算

一个算法执行所耗费的时间，从理论上是不能算出来的，必须上机运行测试才能知道。但不可能也没有必要对每个算法都上机测试，只需知道哪个算法花费的时间多，哪个算法花费的时间少就可以了。并且一个算法花费的时间与算法中语句的执行次数成正比例，哪个算法中语句执行次数多，它花费时间就多。

一个算法中的语句执行次数称为语句频度或时间频度，记为 $T(n)$。

一般情况下，算法的基本操作重复执行的次数是模块 n 的某一个函数 $f(n)$，因此，算法的时间复杂度记作 $T(n)=O(f(n))$。随着模块 n 的增大，算法执行的时间的增长率和 $f(n)$ 的增长率成正比，所以 $f(n)$ 越小，算法的时间复杂度越低，算法的效率越高。

按数量级递增排列，常见的时间复杂度见表 4-1。

表 4-1　常见的时间复杂度

名称	复杂度函数
常数阶	$O(1)$
对数阶	$O(\log_2 n)$
线性阶	$O(n)$
线性对数阶	$O(n\log_2 n)$
平方阶	$O(n^2)$
立方阶	$O(n^3)$
指数阶	$O(2^n)$

分析非递归算法的算法时间复杂度的通用方案是：

（1）决定用哪个参数表示输入的规模。

（2）找出算法的基本操作（作为一个一般性规律，它总是位于算法的最内层循环中）。

（3）检查基本操作的执行次数是否只依赖于输入规模。如果它还依赖于一些其他的特性，则使用最差效率、平均效率、最优效率来分别研究。

（4）建立一个算法基本操作执行次数的求和表达式。

（5）确定它符合的基本时间复杂度类型。

例 4.1：

```
UniqueElements(A[0…n-1])
For i ← 0 to n-2 do
  For j ← i+1 to n-1 do
    If A[i]=A[j] return false
Return true
```

按照算法时间复杂度的通用方案计算例 4.1 的时间复杂度：

（1）数组的大小 n 决定了数据输入规模。

（2）算法的基本操作是 If A[i]=A[j] return false。

（3）由于基本操作中如果发生相等的情况，则可能退出，故而此处应该计算最差效率。

（4）计算公式为

$$T_{\text{worst}}(n)=\sum_{i=0}^{n-2}\sum_{j=i+1}^{n-1}1=(n-1)\sum_{i=0}^{n-2}1-\frac{(n-2)(n-1)}{2}=\frac{(n-1)n}{2}$$

由此大概可知算法的最差时间复杂度为 $O(n^2)$。

接下来，请各位读者使用该计算方法来计算算法 1 和算法 2 的时间复杂度。

4.4.3 算法的空间复杂度

一个算法的空间复杂度一般是指执行这个算法所需要的内存空间。

一个算法所占用的存储空间包括算法程序所占的空间、输入的初始数据所占的存储空间以及算法执行过程中所需要的额外空间。其中额外空间包括算法程序执行过程中的工作单元以及某种数据结构所需要的附加存储空间（例如，在链式结构中除了要存储数据本身外，还需要存储链接信息）。如果额外空间量相对于问题规模来说是常数，则称该算法是原地工作的。在许多实际问题中，为了减少算法所占的存储空间，通常采用压缩存储技术，以便尽量减少不必要的额外空间。

4.5 二分查找

问题导入：

由算法 1 和算法 2 的算法时间复杂度分析可知，两种算法在时间复杂度上并没有优化，如果将问题 1 进一步扩展，假定问题 1 中的数列不变，我们是否有方法降低其时间复杂度?

于是在问题 1 的基础上扩展出问题 2。

问题 2：假定一个有序数列有 10 个元素，分别为 0，1，2，3，4，5，6，7，8，9，要从中找出 2 并输出其在该数列中的位置。

根据问题求解的过程来分析该问题，问题的数学模型没有变化，由于该数列是固定不变的，算法 1、算法 2 采用了遍历所有数据的方法来查找数据，而很多比较是无效的。由于数列改为有序数列，我们可以借助二分查找的方法来提高算法时间复杂度。

二分查找的基本查找原理可以使用图形的方法来介绍，如图 4-2 所示。

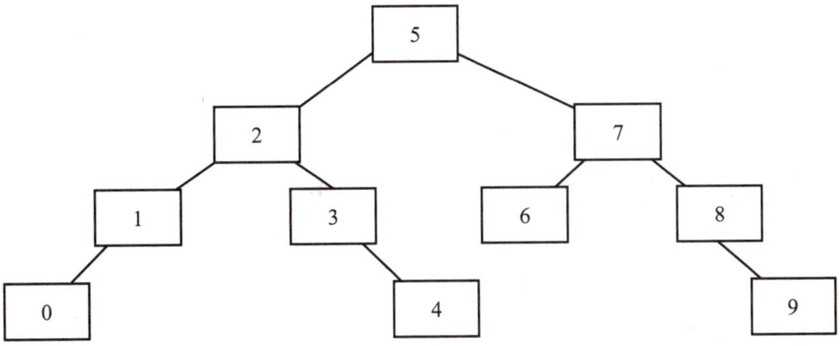

图 4-2　二分查找

如果我们要查找数字 c 为 2，则

（1）将 c 与整个数组中间值 5 进行比较，如果大于 5 则在数组的后半部分查找，如果小于 5 则在数组的前半部分查找；由于 c 小于 5，则在前半部分查找。

（2）将 c 和前半部分的中间值 2 进行比较，此时相等则退出程序。

从这里可以看出采用二分法大大降低了比较次数，如果数据规模进一步扩大，则优势更为明显。

其算法的描述如下：

Start of the algorithm
1）声明数组 list1 并赋值。
2）声明变量 find 并赋值。
3）确定查找范围 low=0，high=len(list1)-1，计算中项 mid=(low+high)/2。
4）若 a[mid]=find 或 low>=high，则结束查找；否则，向下继续。
5）若 a[mid]<find, 说明待查找的元素值只可能在比中项元素大的范围内，则把 mid+1 的值赋给 low，并重新计算 mid，转去执行步骤 4）。
6）若 a[mid]>find，说明待查找的元素值只可能在比中项元素小的范围内，则把 mid-1 的值赋给 high，并重新计算 mid，转去执行步骤 4）。
7）输出结果。
End of the algorithm

了解更多：

上述算法的 Python 代码如下：

算法 3（非递归实现）

```
def binary_search(find, list1):
 low = 0
 high = len(list1)
 while low <= high :
  mid = (low + high) / 2
  if list1[mid] == find :
   return mid
  # 左半边
```

```
        elif list1[mid] > find :
            high = mid -1
          # 右半边
          else :
            low = mid + 1
      # 未找到返回 -1
      return -1
# 主函数部分
list1 = [0,1,2,3,4,5,6,7,8,9]
print " 原有序列表为 :",list1
try :
  find = int(raw_input(" 请输入要查找的数 :"))
except :
  print " 请输入正整数 !"
  exit()

result = binary_search(find, list1)
if result != -1 :
  print " 要找的元素 %d 的序号为：%d" %(find,result)
else :
  print " 未找到！ "
```

算法 3（递归实现）

```
BinarySearch(a[0…n-1],l,r,key)
m=(l+r)/2;
if(l>r):
   return -1
if(a[m]=key):
   return m
elseif(a[m]>b):
   BinarySearch (a,l,m-1,key)
elseif(a[m]<key):
   BinarySearch (a,m+1,r,key)
```

根据 4.4 节的算法时间复杂度计算方法可以得出，算法 3 的时间复杂度为 log(n)，空间复杂度都是需要借助于数组来实现故而没有太大变化。

4.6 词频统计

问题导入：

前面的章节提出了如何解决数据查找的问题，借助以上问题的求解方法，我们如何统计中文文档中词汇出现的次数，即如何进行词频统计?

4.6.1 数字统计

在介绍词频统计之前按照由浅入深的原则先来看一个数字个数统计的例子。

例 4.2：现有列表 [6, 7, 5, 9, 4, 1, 8, 6, 2, 9]，统计各个元素出现的次数，输出的结果为 {6:2, 7:1...}，即 { 某个元素 : 出现的次数 ...}。

利用前面所学的知识可以得到如下的一个算法：

Start of the algorithm
1）建立一个列表 m；
2）建立初值为空的字典 d；
3）遍历列表，如果列表中的数字出现一次则对应的字典键加 1。
End of the algorithm

Python 代码如下：

```
m = [6, 7, 5, 9, 4, 1, 8, 6, 2, 9]
d = dict.fromkeys(l, 0)
for x in m:
    d[x] += 1
```

输出结果：

```
{1: 1, 2: 1, 4: 1, 5: 1, 6: 2, 7: 1, 8: 1, 9: 2}
```

从例 4.2 可以看出，如果将数字换成中文是否就可以实现中文的词频统计？在回答这个问题之前先来看一段中文：

2010 年底部队友谊篮球赛结束

人工分解的时候，可以将此段文字分解为“2010 年底 / 部队 / 友谊 / 篮球赛 / 结束”。

但是如果由计算机来进行分解可能出现“2010 年 / 底部 / 队友 / 谊 / 篮球赛 / 结束”的情况。

其中“底部 / 队友”这样的分词方式时看起来是没有问题，但是整段话就让人云里雾里了。造成这一结果的原因在于数字或者英文单词都是以空格或者其他符号的方式来进行分隔的，而中文没有分隔符号。这就造成了不同的组合方式构成了不同的解释。那么在进行中文词频统计之前需要对中文语句进行分词。

4.6.2　中文分词

中文词频统计的问题核心实际上是中文如何分词。最常用的解决中文分词的办法是使用 Python 中的 jieba 工具来处理。下面通过一段代码了解 jieba 工具的中文分词实现。

```
# encoding=utf-8
import jieba
seg_list = jieba.cut(" 我来到北京清华大学 ", cut_all=True)
print("Full Mode: " + "/ ".join(seg_list)) # 全模式
seg_list = jieba.cut(" 我来到北京清华大学 ", cut_all=False)
print("Default Mode: " + "/ ".join(seg_list)) # 精确模式
seg_list = jieba.cut(" 他来到了网易杭研大厦 ") # 默认是精确模式
print(", ".join(seg_list))
```

输出的结果：

```
【全模式】: 我 / 来到 / 北京 / 清华 / 清华大学 / 华大 / 大学
【精确模式】: 我 / 来到 / 北京 / 清华大学
【新词识别】：他 , 来到 , 了 , 网易 , 杭研 , 大厦
```

注意：“杭研”并没有在词典中，但是也被 Viterbi 算法识别出来了。

了解更多：

下面中文分词的原理。

jieba 中文分词基本过程为：

（1）加载 jieba 工具中 dict.txt 的词典，词典中已经包含了工具预放入的中文词汇，里面有 2 万多条词，包含了词条出现的次数（这个次数是作者自己基于《人民日报》等资源训练得出来的）和词性。

（2）载入后词典后，生成 Trie 树。Trie 树又称单词查找树，是一种树型结构，主要用于统计、排序和保存大量的字符串（但不仅限于字符串），所以经常被搜索引擎系统用于文本词频统计，图 4-3 为 Trie 树的结构。

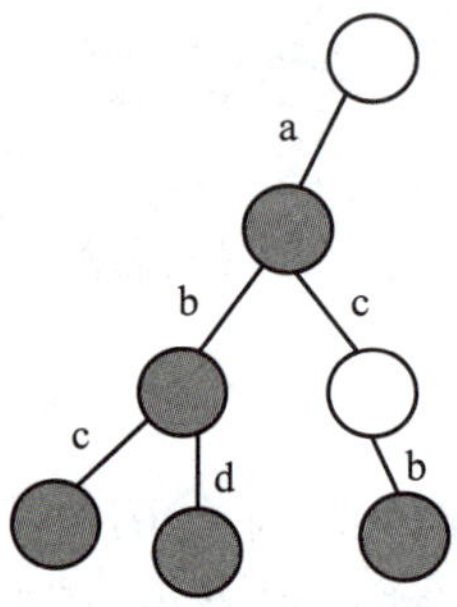

图 4-3 Trie 树的结构

根据 Trie 树结构实现高效的词图扫描，生成句子中汉字所有可能成词情况所构成的有向无环图（DAG）。上面为 Trie 树的 Python 实现示例，Trie 树结构的词图扫描说的就是把这 2 万多条词语放到一个 Trie 树中。而 Trie 树是有名的前缀树，也就是说某些词语的前面几个字一样，就表示它们具有相同的前缀，就可以使用 Trie 树来存储，具有查找速度快的优势。

如果把词典中所有的词汇删除，然后再试试 jieba 能不能分词，结果会发现 jieba 依然能够分词，不过分出来的词大部分的长度为 2。这就是基于 HMM 的预测分词。

（3）基于 HMM 的预测分词。中文词汇按照 BEMS 四个状态来标记，B 是开始（Begin）位置，E 是 End，是结束位置，M 是 Middle，是中间位置，S 是 Single，单独成词的位置，没有前，也没有后。也就是说采用了 (B,E,M,S) 这四种状态来标记中文词语，比如北京可以标注为 BE，即“北 /B 京 /E”，表示北是开始位置，京是结束位置，中华民族可以标注为 BMME，就是“开始，中间，中间，结束”。

经过对大量语料（即语言材料）的训练，得到要统计的主要有三个概率表：

1）位置转换概率，即 B（开头）、M（中间）、E（结尾）、S（独立成词）四种状态的转移概率。

```
{'B': {'E': 0.8518218565181658, 'M': 0.14817814348183422},
'E': {'B': 0.5544853051164425, 'S': 0.44551469488355755},
'M': {'E': 0.7164487459986911, 'M': 0.2835512540013088},
'S': {'B': 0.48617017333894563, 'S': 0.5138298266610544}}
```

$P(E|B) = 0.851$，$P(M|B) = 0.149$，说明当处于一个词的开头时，下一个字是结尾的概率要

远高于下一个字是中间字的概率，符合我们的直觉，因为两个字的词比多个字的词更常见。

2）位置到单字的发射概率，比如 P（“和”|M）表示一个词的中间出现“和”这个字的概率。

3）词语以某种状态开头的概率，其实只有两种，要么是 B，要么是 S。这个就是起始向量，是 HMM 系统的最初模型状态。

实际上，BEMS 之间的转换类似于二元模型，即 2 个词之间的转移。

二元模型考虑一个单词后出现另外一个单词的概率，是 N 元模型中的一种。

例如：一般来说，“中国”之后出现“北京”的概率大于“中国”之后出现“北海”的概率，即“中国北京”比“中国北海”出现的概率大些，更有可能是一个中文词语。

理解到中文分词的过程后，我们可以导入文字，然后进行中文分词，最后实现词频统计。本章 4.8 节阅读材料中有对水浒传的词频统计，有兴趣的同学可以尝试用 Python 查看具体的词频统计效果。

4.7　近似计算

问题导入：

圆周率计算问题是一个无法得到精确值的计算，我们经常使用近似值 3.1415926 来参与圆周计算，实际上圆周率已经可以用计算机计算到数百万位，那么计算机怎么来实现这种计算?

这里将用到近似计算方法，近似方法（approximate method）是一种重要的计算方法，指以近似数为计算对象的数学计算方法。近似地表示某一个量的真正值的数（准确数），称为近似数。在实际问题中所遇到的数多半是近似数，因此，近似计算方法是极其重要的。近似数与其真正值的差别称为“误差”。近似数的截取方法有去尾法（舍弃要求的第几位后面的所有数字）、收尾法（对要求写出 n 位的数从第 n+1 位起舍去，在第 n 位加上一单位）和四舍五入法，近似数的精确度通常用“绝对误差”和“相对误差”及相应的误差“界”来描述。通常用“有效数字”和“可靠数字”来表述精确度。

在进行近似计算时，误差问题是基本的问题。在数学教学中，首先要求弄清并遵守下面的数字计算法则：

（1）在近似数相加（加数不超过 10 个）或者相减的时候，小数位数较多的近似数，一般只要比小数位数最少的那个加数多保留一位，其余都舍去；计算结果应保留的小数位数和原来近似数里小数位数最少的那个相同。

（2）在两个近似数相乘或相除时，有效数字较多的近似数一般只要比另一数多保留一个有效数字，其余的都舍去；在计算结果里从第一个不是零的数字起应保留的数字的个数和原来近似数里有效数字较少的那个相同。

（3）在计算近似数乘方或者开方时，计算结果里从第一个不是零的数字起应该保留的数字和原来近似数的有效数字的个数相同。

在近似方法教学中，主要应使学生理解学习近似计算的实际意义，正确地建立起近似数的概念；同时使学生学会利用上述数字计算法则进行合理的近似计算。

下面用伪代码设计出马青计算公式：

$$\frac{\pi}{4}=4\arctan\frac{1}{5}-\arctan\frac{1}{239}$$

其中 $\arctan x=x-\frac{x^3}{3}+\frac{x^5}{5}-\frac{x^7}{7}+\cdots$

马青计算公式的 Python 算法代码如下：

```
# -*- coding: utf-8 -*-
from __future__ import division

#################### 导入时间模块
import time
############### 计算当前时间
time1=time.time()
################ 算法根据马青公式计算圆周率 ####################
number = int(raw_input(' 请输入想要计算到小数点后的位数 n:'))
# 多计算 10 位，防止尾数取舍的影响
number1 = number+10
# 算到小数点后 number1 位
b = 10**number1
# 求含 4/5 的首项
x1 = b*4//5
# 求含 1/239 的首项
x2 = b// -239
# 求第一大项
he = x1+x2
# 设置下面循环的终点，即共计算 n 项
number *= 2
# 循环初值 =3，末值 2n，步长 =2
foriinxrange(3,number,2):
# 求每个含 1/5 的项及符号
  x1 //= -25
# 求每个含 1/239 的项及符号
  x2 //= -57121
# 求两项之和
  x = (x1+x2) // i
# 求总和
  he += x
# 求出 π
pai = he*4
# 舍掉后十位
pai //= 10**10
############ 输出圆周率 π 的值
paistring=str(pai)
result=paistring[0]+str('.')+paistring[1:len(paistring)]
print result
```

```
time2=time.time()
print u' 总共耗时：' + str(time2 - time1) + 's'
```

4.8　阅读材料——二分查找与词频统计的 Python 实现

1. 用 Python 实现二分查找

```
Defbin_search(data_list,val):
low=0# 最小数下标
high=len(data_list)-1                  # 最大数下标
whilelow<=high:
mid=(low+high)//2                      # 中间数下标
ifdata_list[mid]==val:                 # 如果中间数下标等于 val，返回 mid
  returnmid
    elifdata_list[mid]>val:            # 如果 val 在中间数左边，移动 high
      high=mid-1
    else:                              # 如果 val 在中间数右边，移动 low 下标
      low=mid+1
    return                             #val 不存在，返回 None
  ret=bin_search(list(range(1,10)),3)
print(ret)
```

2. 用 Python 实现词频统计

文本分词的代码：

```
Importsys
reload(sys)
sys.setdefaultencoding("utf-8")
importjieba
importjieba.analyse
wf=open('clean_title.txt','w+')
forlineinopen('/root/clean_data/clean_data.csv'):
item=line.strip('\n\r').split('\t')          // 制表格切分
#printitem[1]
tags=jieba.analyse.extract_tags(item[1])     //jieba 分词
tagsw=",".join(tags)                         // 逗号连接切分的词
wf.write(tagsw)
wf.close()
```

词频统计代码：

```
#!/usr/bin/python
#_*_coding:utf-8_*_
word_lst=[]
word_dict={}
withopen('/root/clean_data/clean_title.txt') as wf,open("word.txt",'w')as wf2:
                                                   // 打开文件
Forwordinwf:
word_lst.append(word.split(','))                   // 使用逗号进行切分
foriteminword_lst:
  foritem2initem:
```

```
ifitem2notinword_dict:                    // 统计数量
    word_dict[item2]=1
else:
    word_dict[item2]+=1
forkeyinword_dict:
    printkey,word_dict[key]
        wf2.write(key+''+str(word_dict[key])+'\n')    // 写入文档
```

本章总结

本章通过从数据查询实例展开，利用原始方法、循环迭代法、二分法对数据查询问题的不同解决办法，以逐步递进的方式向读者讲述算法的演进过程，同时贯穿了算法的基本概念、算法构建方法以及算法评价方法。在数据查询实例的基础上引入中文词频统计，通过该实例向学生详细讲解如何借助于 Python 的 jieba 模块解决复杂问题的方法。最后通过圆周率的实例详细讲解计算机进行近似计算的基本方法。

课后习题

1．使用 Python 语言写出判定数组中是否有重复数据的算法，并指出其算法效率。

2．使用 Python 语言写出计算前 n 个立方的和：$s(n)=1^3+2^3+3^3+\cdots+n^3$ 。

3．使用 Python 语言写出正弦函数的近似计算算法：

$$\sin x = x-\frac{x^3}{3!}+\frac{x^5}{5!}+\cdots+(-1)^n\frac{x^{2n+1}}{(2n+1)!}$$

第 5 章　了解与使用网络

引　言

一根网线或者 Wi-Fi 就能把我们带入神奇的因特网：通过百度查阅资料、学习知识；疲惫的时候可以看看优酷的视频；快乐的时候可以通过微信分享至朋友圈；饿了又不想出门的时候可以找美团选选喜欢的食物；想出门旅游又不知道怎么走的时候就可以打开百度地图或高德地图；想唱歌的时候可以找全民 K 歌；足不出户可以把世界掌握在手中；这就是因特网带给我们的生活。我们已离不开网络，而且必须了解和使用网络。

5.1　因特网概述

5.1.1　因特网的产生

因特网的英文 Internet，是当前世界上最大的信息网，人们通过它发送电子邮件、看电影、听歌、用微信聊天、买东西。它使我们的生活变得越来越方便。

问题导入：

网络是怎么产生的呢?

20 世纪 60 年代后期世界上产生了最早的网络叫 ARPANet（Advanced Research Projects Agency Net），也叫高级研究计划署网络，俗称“阿帕网”，它是世界上第一个计算机网络，整个项目由美国国防部资助。它是冷战的产物，1969 年，ARPANet 第一个节点在加利福利亚大学洛杉矶分校安装，最终发展成为今天的 Internet。1987 年 9 月下旬，钱天白教授发出我国第一封电子邮件“越过长城，通向世界”，揭开了中国人使用 Internet 的序幕。

因特网被誉为第三次产业革命。如同所有的产业革命一样，因特网的发展过程同样跌宕起伏。有时狂热地失去理性，有时又直上云霄，有时又如坠落的星辰。

5.1.2　计算机网络的通信过程

每天我们都在使用网络进行通信，但它是如何实现的呢？全世界几十亿台计算机连接在一起，两两通信。从北京的某台计算机或者手机发出的信息，地球另一端的纽约的另一台计算机居然能够收到，但是通信的双方其实并不知道对方的物理位置，这是不是一件很神奇的事情呢？

问题导入：

计算机网络怎么实现通信的呢?

讲解之前，先来看看生活中的一个例子，假设 A 公司老总要寄快递给 B 公司老总。你怎么来设计一个系统完成这个任务呢？下面是一个参考的过程。

（1）A 公司老总告诉秘书，把这个快递给 B 公司老总。

（2）秘书拿到快递后，首先查找 B 公司的地址，然后选取了一家快递公司，把文件装到了快递公司的信封里，填好快递单，交给快递员。

（3）而快递公司则把近期收到的快递装成了一个集装箱，然后找到运输公司把箱子运到 C 市的集散点去。

（4）这件快递送到了 B 公司老总的秘书处，秘书拆开快递，把文件递给了 B 公司老总。

在这个过程中你会发现：

（1）A 公司老总在把快递交给秘书时，并不关心秘书是怎样找快递公司的，也不关心秘书是怎么把快递给寄出去的，他关心 B 公司老总能收到就行。

（2）秘书则既不关心快递公司采用哪种运输方式把文件运到 C 市的，也不关心这份文件的具体内容，只关心这份快递能够按时送到 B 公司。

（3）快递公司只关心装着快递的集装箱能够被司机运往 C 市集散点，却不关心司机究竟走哪条路，也不关心信封里装的是什么。

（4）司机只关心怎么把集装箱按时运到 C 市，并不会关心集装箱里面装的是什么。

如果再把这个过程抽象成模型，你会发现什么呢？实际上就是生活中常用的物流系统。我们可以把它画成模型图，如图 5-1 所示。

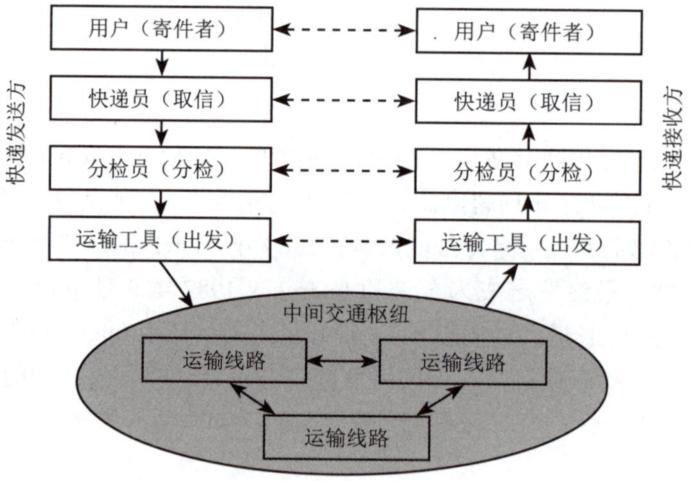

图 5-1 物流系统层次功能的分布式实现

从图 5-1 中可以看出，整个系统被分成了用户、快递员、分检员、运输工具 4 个角色，而且每个角色都有他们的具体工作，用户是寄件人或者收件人，快递员主要完成取信和送信的工作，分检员负责信件或者快递的分检，运输工具完成货物的运输。

根据图 5-2 可以看出每层实现一种特定的服务，而且自己内部需要完成的功能同时依赖自己的下层提供的服务。

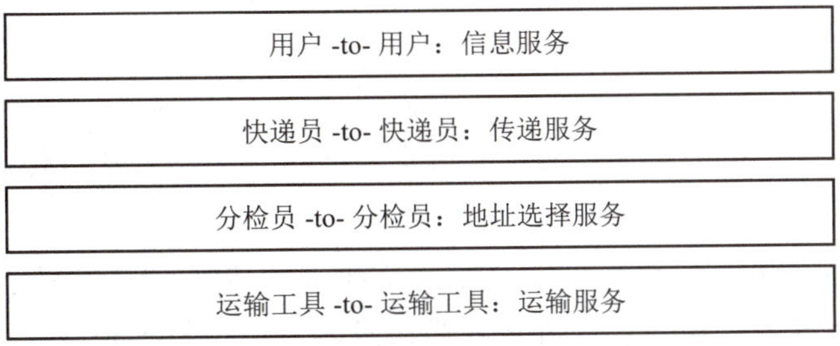

图 5-2　分层的物流系统组织

5.1.3　网络的分层思想

上节谈到了物流系统中运输信件的过程和方法，把信件的运输分成了几个环节，与计算机网络传输数据有很多的相似性。计算机网络是一个非常复杂的系统，计算机之间的通信需要解决的问题也有很多：

（1）本机与哪台主机通信（本机地址与目标地址）？

（2）通过哪条路径将信息传送到对方（地址选择）？

（3）对方开机了吗（通信确认）？

（4）信号采用什么介质来传输（无线、双绞线或光纤）？

（5）通信双方如何在时钟上保持一致（同步）？

问题导入：

计算机网络会采用什么方法来解决这些问题呢?

在 ARPANet 设计时，科学家们就提出了“分层”的思想，这样可以将庞大而复杂的问题划分为若干包含很多较小的且容易处理的局部问题。同时，为每一个局部问题设计一个相应的协议。这样一来，每个协议的设计、分析、实现和测试就比较容易了。它有以下优点：

（1）各层之间互相独立，某一层可以使用其下一层提供的服务，同时不需知道服务是如何实现的。

（2）当某一层发生变化时，只要其接口关系不变，则这层以上或以下的各层均不受影响，这样增加了系统的灵活性。

（3）结构上可以分割开，各层可以采用最合适的技术来实现。

（4）易于实现和维护，因为它可实现分层次调试，快捷方便。

（5）能促进标准化工作，创建更好的互联环境。

网络发展初期，每个公司都设计了自己的网络体系结构，这样可以把自己公司生产的各种设备互联成网络。但是，随着社会的发展，不同网络体系结构的用户的互相连接成为困难。为了使不同体系结构的计算机网络都能互相连接，1977 年，国际标准化组织成立专门机构解决这个问题。1978 年，国际标准化组织提出了“异种机连网标准”的框架结构——开放系统互联基本参考模型（Open Systems Interconnection Reference Modle，OSI/RM），简称为 OSI。

有兴趣的同学可以阅读下面的OSI模型的详细介绍。

了解更多：

OSI 模型

OSI模型包含7层，从上至下分别是应用层、表示层、会话层、传输层、网络层、数据链路层和物理层。

（1）应用层：OSI参考模型的最高层，它是计算机用户及各种应用程序和网络之间的接口，其功能是直接向用户提供服务，完成用户希望在网络上完成的各种工作。它在其他6层工作的基础上，负责完成网络中应用程序与网络操作系统之间的联系，建立与结束使用者之间的联系，并完成网络用户提出的各种网络服务及应用所需的监督、管理和服务等各种协议。

（2）表示层：OSI模型的第6层，它对来自应用层的命令和数据进行解释，对各种语法赋予相应的含义，并按照一定的格式传送给会话层。其主要功能是"处理用户信息的表示问题，如编码、数据格式转换和加密解密等"。

（3）会话层：是OSI模型的第5层，是用户应用程序和网络之间的接口，主要任务是：向两个实体的表示层提供建立和使用连接的方法。将不同实体之间的表示层的连接称为会话。因此会话层的任务就是组织和协调两个会话进程之间的通信，并对数据交换进行管理。用户可以按照半双工、单工和全双工的方式建立会话。

（4）传输层：OSI下3层的主要任务是数据通信，上3层的任务是数据处理。而传输层是OSI模型的第4层。因此该层是通信子网和资源子网的接口和桥梁，起到承上启下的作用。

（5）网络层：是OSI模型的第3层，它是OSI参考模型中最复杂的一层，也是通信子网的最高一层。它在下两层的基础上向资源子网提供服务。其主要任务是：通过路由选择算法，为报文或分组通过通信子网选择最适当的路径。该层控制数据链路层与传输层之间的信息转发，建立、维持和终止网络的连接。

（6）数据链路层：是OSI模型的第2层，负责建立和管理节点间的链路。该层的主要功能是：通过各种控制协议，将有差错的物理信道变为无差错的、能可靠传输数据帧的数据链路。

（7）物理层：实现机械、电子、定时接口通信信道上的原始比特流传输，包括网卡、网线、集线器、中继器、调制解调器等。即利用传输介质为数据链路层提供物理连接，实现比特流的透明传输。

国际标准化组织制定的OSI参考模型的设计过于复杂，而且分层太多，实际使用并不方便。技术人员简化了模型，开发出TCP/IP协议栈模型，结果获得了更为广泛的应用。现在的因特网就是使用的TCP/IP参考模型。TCP/IP参考模型把OSI模型的物理层和数据链路层合并成网络接口层；把应用层、表示层和会话层合并成应用层。这样TCP/IP参考模型简化成4层。TCP/IP协议栈模型结构如图5-3所示。

OSI的7层模型与TCP/IP参考模型都采用分层的思想，都是下层为上层提供传输服务，下层并不关心上层传输的是什么内容，而上层也不关心下层用什么方式传输，只要信息能安全可靠地发送到通信另一端的相应层次上就行。

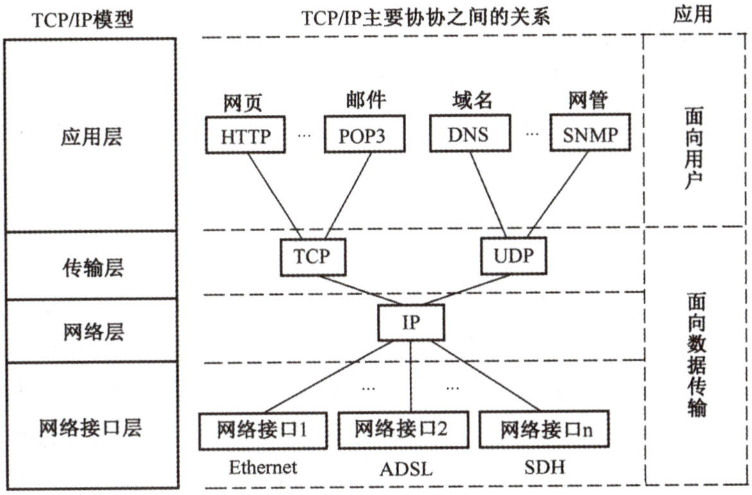

图 5-3 TCP/IP 四层模型

5.1.4 因特网的数据传输

某时期两国对抗。一国国防部觉得，如果只采用一个集中的军事指挥中心，万一另一国使用核武器摧毁这个指挥中心，全国的军事指挥必然将瘫痪，其后果不堪设想。那怎么来解决这个问题呢？

问题导入：

因特网怎么高效传输数据呢？

针对上面的问题，科学家们把集中的指挥中心设计成了一个个分散的指挥点，当其中一些指挥点遭到摧毁，其他的指挥点仍能保持正常工作，而这些分散的指挥点还能通过某种方式的网络完成通信。这种思想就是分组交换思想，现代因特网就是在分组交换思想下建立起来的。

因特网中通常使用路由器将不同的计算机网络连接起来，拓扑结构中不同的网络被抽象成“云”。如图 5-4 所示，“云”隐藏了网络中的细节，我们不了解这朵云中的网络拓扑结构。我们甚至可以将整个互联网抽象成一朵更高层次的云。

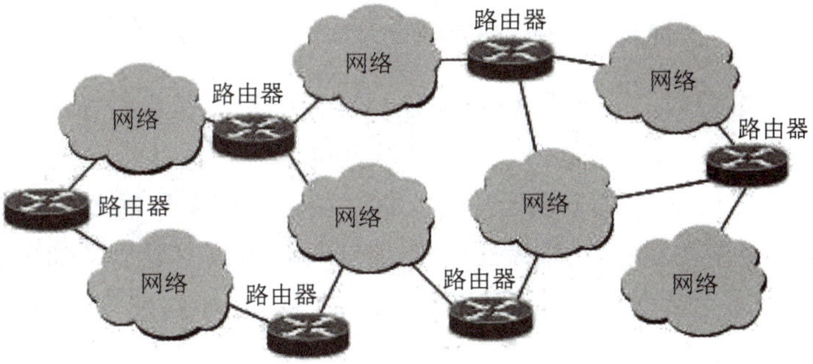

图 5-4 “云”状的互联网

云中，计算机被称为“节点（node）”，即拓扑结构中的点；节点之间的连接被称为“链接（link）”，即拓扑结构中的线。链接一定是在直接相连的两个节点之间，不相邻的节点之间通信需要跨越多个链接，被称为“路径（path）”。

前面说到，ARPANet 的两大贡献之一是分组交换，我们现在使用的网络都是分组交换网。那么，什么是分组交换呢？

网络是分布式的，在整个通信的过程中，分布式网络并不关心从哪一条线路传输数据，它只关心数据能不能到达目的地。分组交换就能完成这样的工作。

分组交换有什么神奇的地方呢？我们来看一看分组交换的基本思想：首先它把用户要传送的信息分成若干个长度较短且格式统一的小的数据块，我们把它叫作分组（packet），而且每个分组有一个分组首部，它包含了用于控制和选路的相关信息。这些分组以“存储－转发”的方式在网内传输，即每个交换节点先暂时存储收到的分组，然后通过分析分组首部的相关选路信息进行路由选择，并在选择的路由上排队，等到有空闲信道时再转发给下一个交换节点或者用户终端。分组交换的过程又是怎样进行的呢？分组交换的过程如下：

（1）在发送端把要发送的报文分隔为较短的数据块。

（2）每个块增加带有控制信息的首部构成分组（包）。

（3）依次把各分组发送到接收端。

（4）接收端剥去首部，抽出数据部分，还原成报文。

整个执行过程如图 5-5 所示。

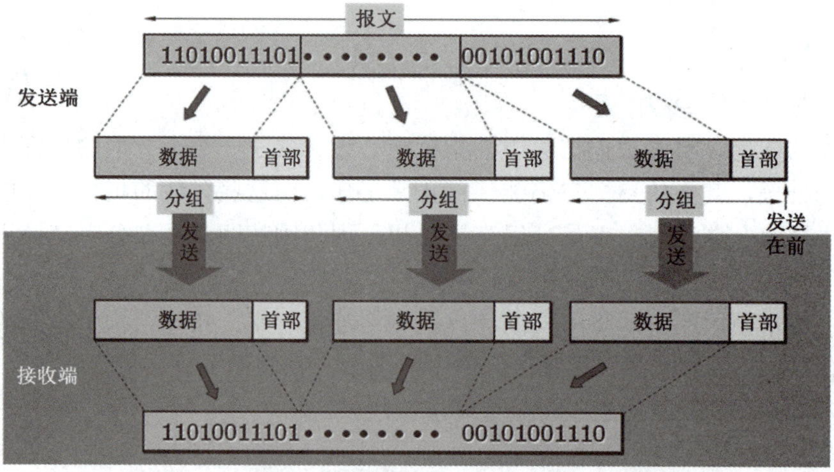

图 5-5　分组交换发送端和接收端工作原理图

读者们可能会产生疑问，为什么要使用分组交换呢？把数据分成小的数据包发送出去，然后在接收端再合并起来，这不是多此一举吗？直接发过去不就行了吗？早期的电路交换就是这样来完成通信的。试想一下，两部电话机要互相连接起来只需要用一对电线能完成这项任务；如果 5 部电话机两两相连，需要 10 对电线就可以解决问题；N 部电话机两两相连，我们很容易得到需要 N(N–1)/2 对电线。电路交换有三个过程：电路建立、数据传输和电路释放。

1. 电路建立

如同打电话先要通过拨号在通话双方间建立起一条通路一样，数据通信的电路交换方式在传输数据之前也要先经过呼叫过程建立一条端到端的电路。它的具体过程如下：

（1）发起方向某个终端站点（响应方站点）发送一个请求，该请求通过中间节点传输至终点。

（2）如果中间节点有空闲的物理线路可以使用，接收请求，分配线路，并将请求传输给下一中间节点。整个过程持续进行，直至终点。如果中间节点没有空闲的物理线路可以使用，整个线路的连接将无法实现。仅当通信的两个站点之间建立起物理线路之后，才允许进入数据传输阶段。

（3）线路一旦被分配，在未释放之前，其他站点将无法使用，即使某一时刻线路上并没有数据传输。

2. 数据传输

电路交换连接建立以后，数据就可以从源节点发送到中间节点，再由中间节点交换到终端节点。当然终端节点也可以经中间节点向源节点发送数据。这种数据传输有最短的传播延迟，并且没有阻塞的问题，除非有意外的线路或节点故障使电路中断。但要求在整个数据传输过程中，建立的电路必须始终保持连接状态，通信双方的信息传输延迟仅取决于电磁信号沿媒体传输的延迟。

3. 电路释放

当站点之间的数据传输完毕，执行释放电路的动作。该动作可以由任一站点发起，释放线路请求通过途经的中间节点送往对方，释放线路资源。被拆除的信道空闲后，就可被其他通信使用。

电路交换是传统电话网建立的基础思想，但是计算机数据具有突发性。每次通信都要建立连接，发送完数据，再断开连接。这导致通信线路的利用率很低，而且费用较高。

假设线路是不可靠的，是可能出错的，那么电路交换就要重新传输所有数据。而分组交换网中的通信方式采用存储转发，中间的连接设备首先将分组接收缓存（暂时存储），然后根据分组首部的地址和控制信息查找转发表，找出到某个目的地址应从哪个端口转发，把分组转发到下一个连接设备，直到到达接收方。分组的存储转发过程如图 5-6 所示。但是当部分节点或链路被摧毁时，电路交换可能要完全中断，但分组交换网中只要还有一条能连通的线路，分组交换仍可保持网络畅通。路由器会自动把这条路径找出来，然后把剩下的分组传出去。

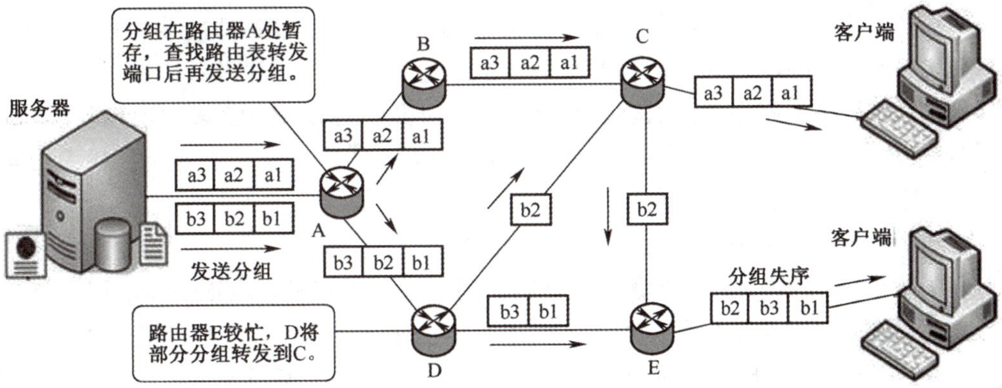

图 5-6　分组的存储转发过程

通过上面的介绍，分组交换的优点比较明显，如下所示：

- 效率高，分组在传输的过程中，系统会动态分配传输带宽。
- 非常灵活，每个节点都设计相应的算法，可根据首部信息灵活地选择最优路径。
- 速度快，每次传送一个小的分组，在每个节点存储转发，网络使用高速链路。
- 可靠性高，采用分布式多路由的通信网络，设计的网络协议保证通信双方的可靠性。

人们使用计算机访问网络往往具有突发性和随机性，当我们敲击键盘聊天和编辑文件时，或者计算机正在进行计算还没得到结果时，通信线路实际上是空闲的，从而造成通信线路资源的极大浪费。据统计，在计算机网络的数据传输中，真正用来传送数据的时间往往不到10%，甚至有时会低到1%。另外，计算机和终端的类型与数据的传输速率标准并不统一，采用电路交换建立计算机网络完成相互通信会变得很困难。

当然，分组交换也有它的缺点，每个分组都要多出一个首部，这样会增加一定的开销，同时分组交换采用存储转发方式，分组在各节点存储转发时需要排队，必然会造成时间上的延迟。但从总体上来考虑，增加的这些损失是值得的。

5.1.5 IP 地址

前面介绍了分组交换的传输过程，它的核心思想是存储转发，然后根据分组头部的地址等控制信息查找转发表，找出到某个目的地址应从哪个端口转发，把分组转发到下一个连接设备，直到到达接收方。

问题导入：

因特网中的计算机怎么找到下一个连接设备呢?

这就不得不介绍路由器了。实际上发送端数据被分成若干个小的分组后，它们通过不同的设备，选择不同的路径最终到达接收端，实际上这些设备就是根据接收端设备的 IP 地址来确定路径，最终到达接收端的。而中间路径的选择是靠路由器来完成转发的，简单地说路由器就是寻找路径的机器，它会根据内置的路由算法自动地帮助分组寻找出最优的路径。路由器转发分组实际上是依靠分组头部的 IP 地址来实现的。IP 地址有那么神奇吗？我们不妨来了解一下它。

在网络中首先要考虑怎么唯一识别每个设备，就好像学生入学后，学校要唯一地识别学生，为学生设计学号一样。IP 地址实现了全世界的每一个网络设备都被唯一标识，全世界那么多设备怎么来识别呢，显然不能用学号设计的十进制，因为计算机只认识二进制，那二进制要多少位呢？早期的网络还没有现在这么发达，计算机也没有那么多，所以科学家们设计的 IP 地址是 32 位二进制，它的寻址空间可以最大达到 2^{32}，也就是最多能寻找大约 40 亿台机器。下面是一个 32 位的 IP 地址：

11001001 00000001 00011001 00000111

IP 地址是一个 32 位的二进制数，计算机识别二进制很容易，也很快速。但 32 位二进制数在人们的日常使用中又带来了困难，人们很难记住它，更习惯于记忆十进制数，于是就把 32 位二进制的 IP 地址分成 4 个部分，每部分一个字节，每个字节 8 位，每 8 位转换成对应的十进制数，每个字节之间用点号分隔开，这种方法被称为点－分十进制记法。上面的 IP 地址可以记为 201.1.25.7。这样是不是觉得好记多了？二进制数怎么转换为十进制数的呢？我们以第一个字节为例：

$11001001=1\times2^7+1\times2^6+0\times2^5+0\times2^4+1\times2^3+0\times2^2+0\times2^1+1\times2^0=128+64+8+1=201$

其他字节也采用相同的计算方法，这样很容易得到计算结果 201.1.25.7。

IP 地址是封装在数据报首部中的，路由器根据首部中的 IP 地址完成路径的选择。一个 IP 地址分为两部分：网络地址码部分和主机地址码部分。结构如图 5-7 所示。为了表达通俗一些，有时也把网络地址叫作网络号，这样的总体划分可以帮助我们尽快找到主机，实际上是先找到主机所在的网络，然后再在网络内找到对应的主机。比如，要在一个学校寻找一个学生，你只知道学号，找到这个学生可能要花一段时间，如果通过他的学号前面部分显示他是哪个学院的学生，然后再在学院内寻找这个学生是不是要快很多？由于 IP 地址很多，所以把 IP 地址做了相应的分类，以管理不同规模主机的网络。

网络地址	主机地址

图 5-7　IP 地址结构图

目前，IP 地址所采用是 IPv4 版本，IPv4 地址分成 5 类：A、B、C、D、E。当初开发 IP 协议时，IP 地址并没有分类，后来为了管理上的需要对 IP 地址进行了分类。

了解更多：

IP 地址的分类

IP 地址的分类如图 5-8 所示。

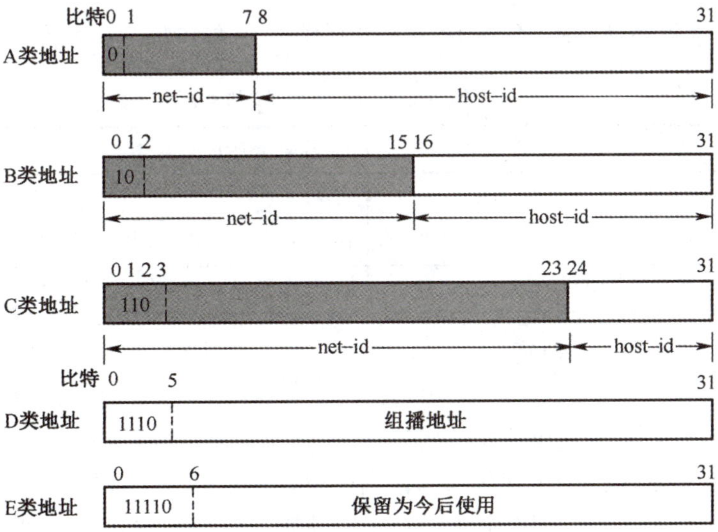

图 5-8　IP 地址的分类

1. A 类 IP 地址

网络地址占用 1 个字节，主机地址占用后 3 字节，网络地址的最高位必须是 0，由此可以很容易计算出A类IP地址的地址范围1.0.0.1～126.255.255.254（二进制表示为：00000001 00000000 00000000 00000001～01111110 11111111 11111111 11111110）。可用的A类网络的网络地址有126个，每个网络可以容纳1600多万个主机。

2. B类IP地址

网络地址占用2个字节，主机地址占用后2字节，网络地址的最高位必须是10，同理可以很容易计算出B类IP地址的地址范围：128.1.0.1～191.254.255.254（二进制表示为10000000 00000001 00000000 00000001～10111111 11111110 11111111 11111110）。可用的B类网络的网络地址有16382个，每个网络能容纳6万多个主机。

3. C类IP地址

网络地址占用3个字节，主机地址占用后1字节，网络地址的最高位必须是110。同理可以很容易计算出C类IP地址的地址范围：192.0.1.1～223.255.254.254（二进制表示为11000000 00000000 00000001 00000001～11011111 11111111 11111110 11111110）。C类网络的网络地址可达209万余个，每个网络能容纳254个主机。

4. D类IP地址

第一个字节以1110开始，它是一个专门保留的地址。并不指向特定的网络，目前这一类地址被用在多点广播（Multicast）中。多点广播地址用来一次寻址一组计算机，它标识共享同一协议的一组计算机。

地址范围为224.0.0.1～239.255.255.254。

5. E类IP地址

以1111开始，为将来使用保留。

全零0.0.0.0的IP地址对应于当前主机。全1的IP地址255.255.255.255作为当前子网的广播地址。

表5-1归纳了常用的A、B、C类IP地址的网络数和主机数，以及网络地址范围。

表5-1　A、B、C类IP地址相关说明

网络类别	最大网络数	第一个可用的网络号	最后一个可用的网络号	每个网络中的最大主机数
A	126（2^7-2）	1	126	16777214
B	16384（2^{14}）	128.0	191.255	65534
C	2097152（2^{21}）	192.0.0	223.255.255	254

问题导入：

网络是怎么通过IP地址找到主机的呢?

“IP地址”在我们的生活中出现频率非常高。Windows系统中设置IP地址的界面如图5-9所示，如果要正常上网，必须设置IP地址、子网掩码、默认网关和DNS服务器这几个选项，只有正确设置网络才能连通，那这些名词都是什么意思呢?

实际上根据IP地址寻找主机是先寻找到这台主机所在的网络地址，然后再寻找主机的。但是怎么能通过IP地址来寻找主机所在的网络号地址？其实在前面介绍了IP地址是网络地址和主机地址两部分构成的，也就是说如果知道IP地址，那么也就知道了这台主机所在的网络地址。网络地址表明这台主机位于哪个子网，主机地址标识该子网内的具体主机。关键是怎么知道 IP 地址的网络地址呢？这不得不要引出一个新的概念“子网掩码”。简单地说，子网掩码的作用就是从一个 IP 地址中计算出它的网络地址。与 IP 地址相同，子网掩码的长度也是 32 位，子网掩码具有连续的 1 和 0，也看作“网络地址 + 主机地址”，左边是网络地址位，用二进制数字 1 表示；右边是主机地址位，用二进制数字 0 表示。将子网掩码与 IP 地址进行“与”运算，得到的结果就是该 IP 地址的网络地址。

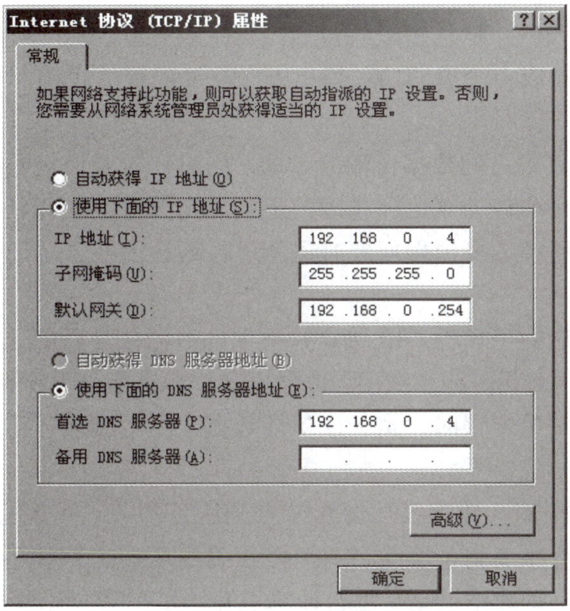

图 5-9　Windows 系统中设置 IP 地址的界面

一般 A 类地址默认的子网掩码是 255.0.0.0，也就是说第一个字节全为 1，后面三个字节全为 0。

B 类地址默认的子网掩码是 255.255.0.0，前两个字节全为 1，后面两个字节全为 0。

C 类地址默认的子网掩码是 255.255.255.0，前三个字节全为 1，后面一个字节全为 0。

计算过程是这样的：将 IP 地址和子网掩码都换算成二进制，然后进行与运算，结果就是网络地址。与运算的运算规则是指：参加运算的两个数据按二进制位进行“与”运算，如果两个二进制位都为 1，则该位的运算结果值为 1；否则为 0。如下所示，上下对齐，一位一位地算，1 与 1 等于 1，其余组合都为 0。

```
        1  1  0  1
与运算  1  0  1  0
       ------------
        1  0  0  0
```

通过图 5-9 可以看到，IP 地址下面的设置项就是子网掩码，子网掩码的作用是确定主机位于哪个子网内。确定网络地址的计算方法如图 5-10 所示。这样就算出了相应的网络地址。

```
11000000.10101000.00000000.00000100
11111111.11111111.11111111.00000000
-----------------------------------
11000000.10101000.00000000.00000000
  192   .  168   .   0    .   0
```

图 5-10　与运算获得网络地址

这就与通过学号找学生类似。如果只知道

学生的学号，而学号的结构是“班号 + 班级内号码”，要找到这个学生只要找到这个学生所在的班号，后面的事情就很简单了，这里的班号就相当于网络号的作用。定位了网络号，在这个网络中怎么定位主机呢？实际上在生活中我们定位了班号后，只需要在这个班上喊一声某某学号，虽然全部同学都听到了，但只有和这个学号的一致的学生才会应答，于是就定位到这个学生了。同理找到网络号后，也会在该子网中“喊”一声某某主机号，如果和呼喊的主机号相同的计算机才会应答，那么我们就找到了这台计算机。

设置默认网关，这里的网关其实就是路由器。通俗地讲网关就是网络的关口，要把数据传输出去就要通过这个关口。默认网关就是通过这个设置好的关口作为这个网络传输数据的通道。也可以把网关比喻成一个家的门，要出去必须要经过这个门一样。DNS 服务器在后面内容中介绍。

IP 协议主要负责计算机之间数据传输的寻址，同时还要负责对数据报进行分片。IP 协议对传送的数据报的格式有严格的规范和精确的定义。当然，IP 协议还对数据报的路径进行选择，以及在发送过程中路径选择出现问题时重新进行路径更换。总地来说，IP 协议具有以下几个特点：

（1）不保证数据传送的可靠性。IP 协议并不保证数据报是否能正确到达接收端。数据报在传输过程中可能会出现延迟、路由错误、数据报分片和重组出现错误，但 IP 只管发送数据，不会检测这些错误。当发生错误时，也无法保证数据一定达到接收方，也不通知发送方数据未到达。

（2）面向无连接的传输。数据报从源始节点到达目的节点可能会经过不同的传输路径，这些数据报在传输的过程中有可能丢失，有可能正确到达。IP 协议不管数据报是怎样经过哪些节点到达终点的，也不管数据报是从哪台计算机开始，在哪台计算机结束。

（3）尽最大努力交付。当然 IP 协议并不会随意地丢失数据报，只有当网络出现故障，系统的资源被耗尽，接收端接收数据错误的情况下，才丢弃报文。

5.1.6 TCP 协议

IP 协议是 TCP/IP 协议族的核心，它提供无连接、不可靠的服务。也就是说 IP 协议只管把数据传出去，至于到没到达终点，它不能保证。如果数据丢失了，接收方没有完整地收到发送方发来的数据报，就没办法合并出完整的文档，接收方的用户也就没办法看到想要的数据了。

问题导入：

网络怎么保证可靠传输呢?

为了保证可靠传输，科学家们又设计出了 TCP 协议来解决这个问题，TCP 协议是 IP 协议的上层协议。它是面向连接的协议，传递给上层协议的内容要保证绝对是有序的、正确的。因此，TCP 协议作为 IP 协议的上层协议，通过数据确认、超时重传等机制就可以保证数据的可靠传输。数据在传输过程中出错是无法避免的，要么是发送方数据在传输过程中发生改变而出现参数错误，要么是发送方数据在传输过程中丢失。对于接收方要么收到错误的数据，要么就是没收到数据。接收方对收到的数据要进行检测，通过相应的算法很容易检测出数据是否出错。由于网络通信介质的性能得到极大的提高，出错的概率已经很小了。更普遍的情况反而是数据丢失。就接收方来说，不管是出错还是数据丢失，它的处理方式都是采用重传。为什么要选择重传呢？因为现代网络的带宽得到了很大的提高，重传简单而高效。如果在接收方对错误的数据进行纠错的话，要使用复杂的纠错算法，这样耗费的资源会更多。那 TCP 协议是怎么来实现可靠传输的呢？ TCP 协议要实现通信双方的连接建立、数据传输和释放连接，称为 TCP 的传输连接管理。

TCP 协议是一个面向连接的协议。所谓面向连接，是指一个主机和另外一台主机通信之前要先呼叫对方，给对方发送连接请求。只有对方同意，才能开始通信。

这种一应一答的方式非常简单。发送方先发送一个“建立连接请求”的报文包给对方。对方如果同意这个连接，就简单地发回一个“连接响应”的应答包，连接就建立起来了。

了解更多：

TCP 协议保证可靠传输的工作原理

通过图 5-11 可以观察到 TCP 协议通过三次握手建立连接的过程。

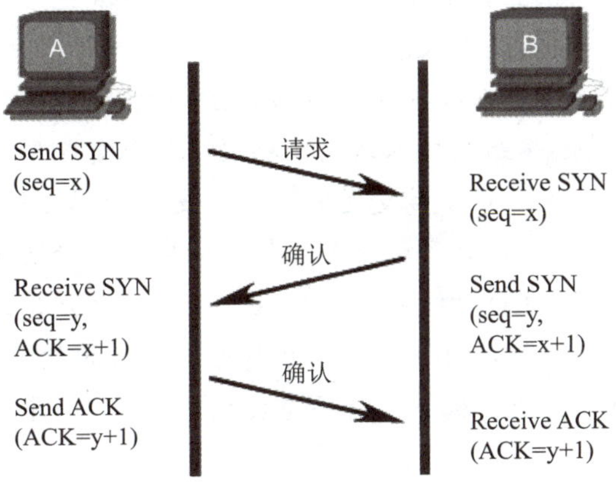

图 5-11　TCP 协议建立连接的过程

主机 A 希望与主机 B 建立连接以交换数据，它的 TCP 程序首先构造一个请求连接报文包给对方。请求连接包的 TCP 报头中的报文性质码标志为 SYN（图 5-11），声明是一个“连接请求包”。主机 B 的 TCP 程序收到主机 A 的连接请求后，如果同意这个连接，就发回一个“确认连接包”，应答主机 A。主机 B 的确认连接包的 TCP 报头中的报文性质码标志为 ACK。

SYN 和 ACK 是 TCP 报头中报文性质码的连接标志位（图 5-12）。建立连接时，SYN 标志位置 1，ACK 标志位置 0，表示本报文包是个同步 synchronization 包。确认连接的包，ACK 置 1，SYN 置 1，表示本报文包是个确认 acknowledgment 包。

从图 5-11 可以看到，建立连接有第三个包，是主机 A 对主机 B 的连接确认。主机 A 为什么要发送第三个包呢？

考虑这样一种情况：主机 A 发送一个连接请求包，但这个请求包在传输过程中丢失。主机 A 发现超时仍未收到主机 B 的连接确认，会怀疑有包丢失。主机 A 再重发个连接请求包。

第二个连接请求包到达主机 B，保证了连接的建立。

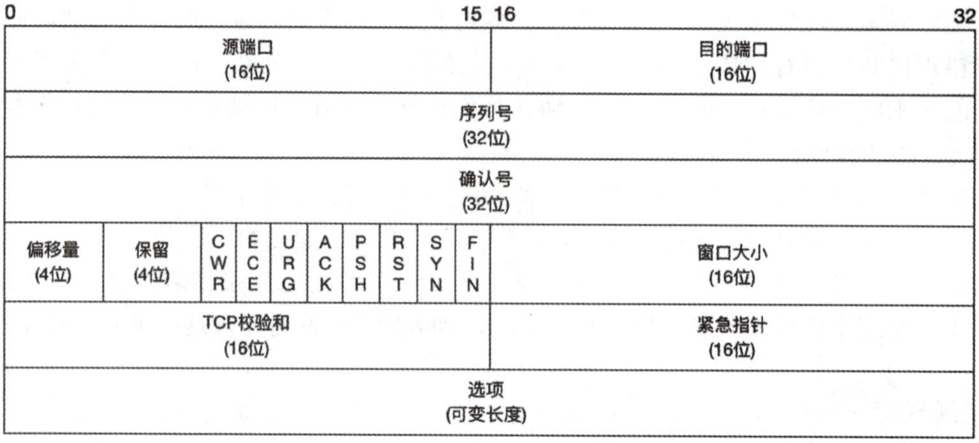

图 5-12 SYN 标志位和 ACK 标志位

但是如果第一个连接请求包没有丢失，只是因网络慢而导致主机 A 超时呢？这就会使主机 B 收到两个连接请求包，使主机 B 误以为第二个连接请求包是主机 A 的又一个请求。第三个确认包就是为防止这样的错误而设计的。

这样的连接建立机制被称为三次握手。连接建立好后，通信双方就能开始传输数据了。那么多数据包，接收方又是怎么组装成原来的文档呢？原来是靠序号来完成的。

TCP 是将应用层交给的数据分段后发送的。为了支持数据出错重发和数据段组装，TCP 程序为每个数据段封装的报头中设计了两个数据报序号字段，分别称为发送序号和确认序号。发送端每发一个数据包都会给这个数据包一个序号，接收端就是根据序号来实现重新组装的。

出错重发是指一旦发现有丢失的数据段，可以重发丢失的数据，以保证数据传输的完整性。如果数据没有分段，出错后源主机就不得不重发整个数据。为了确认丢失的是哪个数据段，报文就需要安装序号。

另一方面，数据分段可以使报文在网络中的传输非常灵活。一个数据的各个分段可以选择不同的路径到达目标主机。由于网络中各条路径在传输速度上不一致，有可能前面发出的数据段后到达，而后发出的数据段先到达。为了使目标主机能够按照正确的次序重新装配数据，也需要在数据段的报头中安装序号。

TCP 报头中的第三、四字段是两个基本点序号字段。发送序号是指本数据段是第几号报文包。接收序号是指要求发送方该发来的下一个数据段是第几号段。确认序号实际上是已经接收到的最后一个数据段加 1。（如果 TCP 的设计者把这个字段定义为已经接收到的最后一个数据段序号，就可以让读者更容易理解。）

如图 5-13 所示，左方主机发送 telnet 数据，目标端口号为 23（telnet 协议的端口号是 23），源端口号为 1028。发送序号 Sequencing Numbers 为 10，表明本数据是第 10 段。确认序号 Acknowledgement Numbers 为 1，表明左方主机收到右侧主机发来的数据段数为 0，右侧主机应该发送的数据段是 1。

右侧主机向左方主机发送的数据报中，发送序号是 1，确认序号是 11。确认序号 11 表明右侧主机已经接收到左方主机第 10 号包以前的所有数据段。

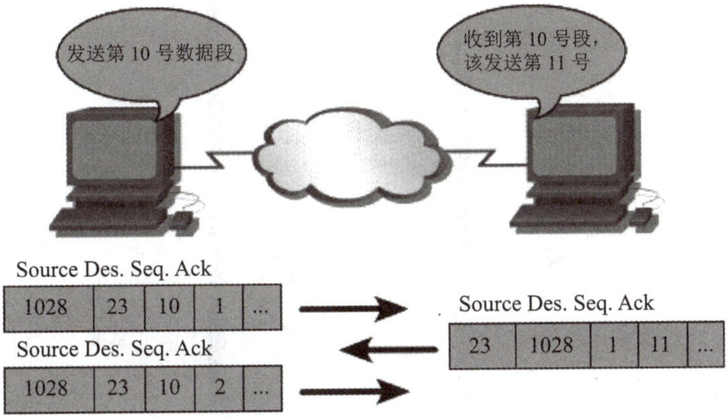

图 5-13　发送序号与确认序号

TCP 协议设计在报头中安装第二个序号字段是很明智的。这样，对对方数据的确认随着本主机的数据发送而载波过去，而不是单独发送确认包，大大节省了网络带宽和接收主机的 CPU 时间。

序号的设计很好，如果发送方某个数据包出现错误或者丢失，TCP 怎么来实现数据包的重发呢？

在网络中有两种情况会丢失数据包。如果网络设备（交换机、路由器）的负荷太大，当其数据包缓冲区满的时候，就会丢失数据包；另外一种情况是，如果在传输中因为噪声干扰、数据碰撞或设备故障，数据包就会受到损坏。如果是损坏的数据包，在接收端主机的链路层接收校验时就会被丢弃。发送主机应该发现丢失的数据段并重发出错的数据。TCP 使用 PAR（Positive acknowledgment and retransmission）出错重发机制，这个机制是许多协议都采用的。

TCP 程序在发送数据时，先把数据段都放到其发送窗口中，然后再发送出去。PAR 会为发送窗口中每个已发送的数据段启动定时器。被对方主机确认收到的数据段，将从发送窗口中删除。如果某数据段的定时时间到，仍然没有收到确认，PAR 就会重发这个数据段。

在图 5-14 中，发送主机的 2 号数据段丢失。接收主机只确认了 1 号数据段。发送主机从发送窗口中删除已确认的 1 号数据段，放入 4 号数据段（发送窗口 =3，没有地方放更多的待发送数据段），将数据段 2、3、4 号发送出去。其中，数据段 2、3 号是重发的数据段。这张示意图描述了 PAR 的出错重发机制。

细心的读者会发现，尽管数据段 3 号已经被接收主机收到，但是仍然被重发。这显然是一种浪费。但是 PAR 机制只能这样处理。读者可能会问，为什么不能通知源主机哪个数据段丢失呢？那样的话，源主机可以一目了然，只需要发送丢失的段。好，我们来看一看：如果连续丢失了十几个段，甚至更多，而 TCP 报头中只有一个确认序号字段，该通知源主机重发哪个丢失的数据段呢？如果单独设计一个数据包，用来通知源主机所有丢失的数据段也不行，因为如果通知源主机该重发哪些段的包也丢失了该怎么办呢？

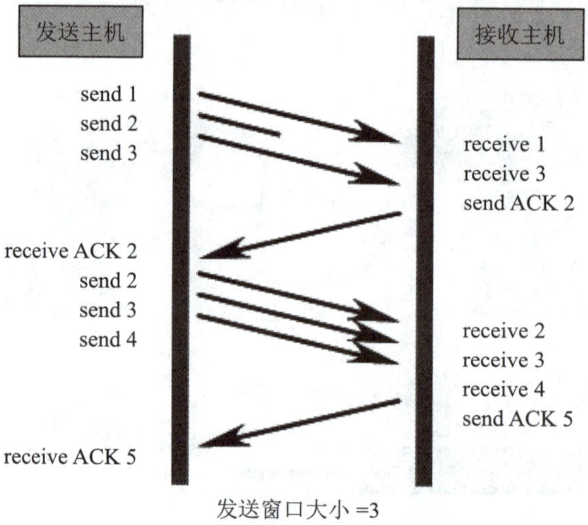

图 5-14 PAR 出错重发机制

PAR（Positive Acknowledgment and Retransmission）出错重发机制中的“Positive（主动）”一词，是指发送主机不是消极地等待接收主机的出错信息，而是会主动地发现问题，实时重发。虽然 PAR 机制有一些缺点，但是比起其他的方案，PAR 仍然是最科学的。

数据发送完，必须断开连接，为别的主机腾出空间，因为主机能建立的 TCP 连接是有限的。那怎么来断开连接呢？TCP 协议是采用四次挥手来断开连接的。

所谓四次挥手即终止 TCP 连接，是指断开一个 TCP 连接时，需要客户端和服务器端共发送 4 个包以确认连接的断开。在 Socket 编程中，这一过程由客户端或服务器端任一方执行 CLOSE 来触发，整个流程如图 5-15 所示。

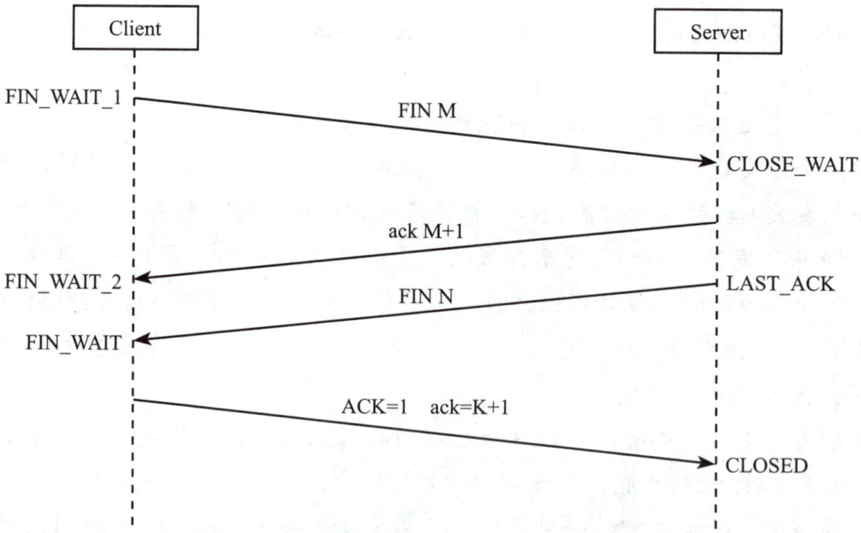

图 5-15 TCP 协议四次挥手断开连接图

为什么要进行四次挥手呢？因为 TCP 连接时是全双工的，因此，每个方向都必须单独进行关闭，这一原则是当一方完成数据发送任务后，发送一个 FIN 来终止这一方向的连接，收到一个 FIN 只是意味着这一方向上没有数据流动，即不会再收到数据，但是在这个 TCP 连接上仍然能够发送数据，直到这一方向也发送了 FIN。首先关闭的一方将执行主动关闭，而另一方则执行被动关闭，图 5-15 描述即是如此。

（1）第一次挥手：客户端发送一个 FIN，用来关闭客户端到服务器端的数据传送，客户端进入 FIN_WAIT_1 状态。

（2）第二次挥手：服务器端收到 FIN 后，发送一个 ACK 给客户端，确认序号为收到序号 +1（与 SYN 相同，一个 FIN 占用一个序号），服务器端进入 CLOSE_WAIT 状态。

（3）第三次挥手：Server 发送一个 FIN，用来关闭 Server 到客户端的数据传送，Server 进入 LAST_ACK 状态。

（4）第四次挥手：客户端收到 FIN 后，客户端进入 TIME_WAIT 状态，接着发送一个 ACK 给服务器端，确认序号为收到序号 +1，服务器端进入 CLOSED 状态，完成四次挥手。

TCP 协议保证了可靠传输，同时完成端连接的建立、维护与拆除，出错重发。当然还有端口地址寻址和流量控制。有兴趣的同学可以阅读其他书籍。

5.1.7　域名解析系统

在访问网络中的主机时，计算机只能识别 IP 地址，我们只要知道该网站的 IP 地址就可以访问了。但是，IP 地址既难记忆，又很难从键盘输入。

问题导入：

怎样使 IP 地址变得好记呢?

人类其实不擅长于记忆长串数字，但记忆名字却比较容易。因此人们想到把 IP 地址变成名字，于是人们给计算机取一个好记忆的名字就至关重要了，我们把给计算机取的这个名字叫域名。于是就产生了域名系统（Domain Name System）。

域名系统的功能就是把域名解析成计算机的 IP 地址，如图 5-16 所示。它们之间的转换是依靠域名服务器来实现的，域名服务器能把域名翻译成相应的 IP 地址，这样人们只要记住域名就可以方便地访问计算机了，也就不用记忆这台计算机的 IP 地址。

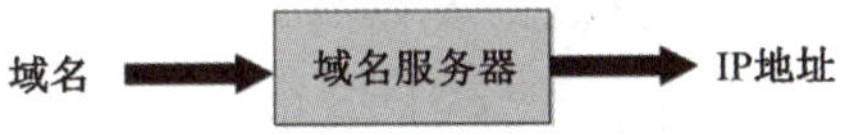

图 5-16　域名服务器的功能

但怎么取名字呢？因为因特网要求每一台主机的名字不能重复。生活中我们随处可以发现重复的名字，比如“李明”。为了避免重复，因特网设立专门的机构管理名字，而且采用分级管理名字的方法。同一级的名字必须保持唯一。通过这种方式给计算机取的名字叫作“域名”，域名其实就是名字。只是因为采用了分级管理方式，而且因特网使用多级的域，因此就出现了“域名”这个名词。因特网的域名分为：顶级域名、二级域名、三级域名、四级域名、……

例如：清华大学向因特网提供网站服务的计算机的域名是 www.tsinghua.edu.cn。其中 cn 就是顶级域名，表示中国；edu 是二级域名，表示教育机构；tsinghua 是三级域名，表示清华大学的名称；www 是四级域名，表示网站服务器的计算机名字。

西南科技大学的域名是 www.swust.edu.cn，它的三级域名与清华大学的三级域名的命名方式不同，但并不妨碍我们能唯一地识别出两个学校的名字。这就是分级带来的好处，保证名字不重复。

了解更多：

Internet 域名系统

Internet 域名系统是一个树型结构，其结构如图 5-17 所示。域名系统由 InterNIC 管理，其注册、运行工作由 Network Solution 公司负责。

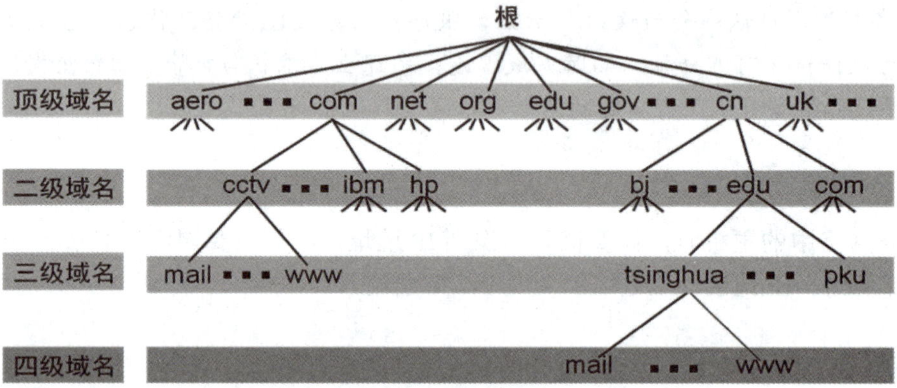

图 5-17　因特网的域名分级图

以机构区分的最高域名原来有 7 个：com（商业机构）、net（网络服务机构）、gov（政府机构）、mil（军事机构）、org（非营利性组织）、edu（教育部门）、int（国际机构）。1997 年又新增 7 个最高级标准域名：firm（企业和公司）、store（商业企业）、web（从事与 Web 相关业务的实体）、arts（从事文化娱乐的实体）、rec（从事休闲娱乐业的实体）、info（从事信息服务业的实体）、nom（从事个人活动的个体，发布个人信息）。这些域名的注册服务由多家机构承担，CNNIC 也有幸成为注册机构之一；按照 ISO 3166 标准制定的国家域名，一般由各国的 NIC（Network Information Center，网络信息中心）负责运行。

以地域区分的最高域名有 aq（南极洲）、ar（阿根廷）、at（奥地利）、au（澳大利亚）、be（比利时）、br（巴西）、ca（加拿大）、ch（瑞士）、cn（中国）、de（德国）、dk（丹麦）、es（西班牙）、fi（芬兰）、fr（法国）、gr（希腊）、ie（爱尔兰）、il（以色列）、in（印度）、is（冰岛）、it（意大利）、jp（日本）、kr（韩国）、my（马来西亚）、nl（荷兰）、no（挪威）、nz（新西兰）、pt（葡萄牙）、ru（俄罗斯）、se（瑞典）、sg（新加坡）、th（泰国）、uk 或 gb（英国）、us（美国）（一般可省略）等。

我国的域名体系分为类别域名和行政区域名两套。类别域名有 6 个，依照申请机构的性质依次分为：ac（科研机构）、com（工、商、金融等专业）、edu（教育机构）、gov（政府部门）、net（互联网络、接入网络的信息中心和运行中心）、org（各种非营利性组织）。行政区域名是按照我国的各个行政区划分而成的，其划分标准依照国家技术监督局发布的国家标准而定，包括“行政区域名”34 个，适用于我国的各省、自治区、直辖市，分别为 bj（北京市）、sh（上海市）、tj（天津市）、cq（重庆市）、he（河北省）、sx（山西省）、nm（内蒙古自治区）、ln（辽宁省）、jl（吉林省）、hl（黑龙江省）、js（江苏省）、zj（浙江省）、ah（安徽）、fj（福建省）、jx（江西省）、sd（山东省）、ha（河南省）、hb（湖北省）、hn（湖南省）、gd（广东省）、gx（广西壮族自治区）、hi（海南省）、sc（四川省）、gz（贵州省）、yn（云南省）、xz（西藏自治区）、sn（陕西省）、gs（甘肃省）、qh（青海省）、nx（宁夏回族自治区）、xj（新疆维吾尔自治区）、tw（台湾）、hk（香港特别行政区）、mo（澳门特别行政区）。CN 域名除 edu.cn 由 CernNIC（教育网）运行外，其他均由 CNNIC 运行。

全世界有那么多服务器，每个服务器都取一个名字，那域名系统怎么能快速地把域名翻译成 IP 地址呢？域名服务器常采用递归查询和迭代查询两种方式来进行域名的解析，但递归查询用得很少，主要使用迭代查询。介绍原理之前，我们先了解 4 种常见的域名服务器：根域名服务器、顶级域名服务器、权威域名服务器和本地域名服务器。

1. 根域名服务器

根域名服务器是由互联网管理机构配置建立的，是最高层次的域名服务器，负责对互联网所有顶级域名服务器进行管理，有全部顶级域名服务器的 IP 地址和域名映射。

全球共有 13 套（而不是 13 台，很多人平常说是 13 台，其实是错误的，据说已经有上千台了，好多台用于负载均衡、备份等），但每套都只有一个主根域名服务器。其中 10 台在美国，2 台在欧洲，1 台在日本。名称分别分别为 a.rootserver.net ～ m.rootserver.net，其余均为辅根域名服务器，分布在全球各地，我国好像是有 4 台，或者叫作镜像也可以。

根域名服务器并不直接用于域名解析，因为其没有保存全部互联网域名记录，只是负责顶级域名服务器相关内容。

2. 顶级域名服务器

顶级域名服务器是各顶级域名自己的服务器，负责管理二级域名解析。

3. 权威域名服务器

权威域名服务器是针对 DNS 区域提供域名解析服务而专门配置、建立的域名服务器，可为用户提供最权威的 DNS 域名解析。每个域名在互联网上都可以找到一台权威服务器，个人理解一台权威服务器可以为很多域名提供域名解析。

4. 本地域名服务器

一般是指 ISP 提供的域名服务器（也就是本地 DNS 服务器），例如我们使用的 114.114.114.114，Google 的 8.8.8.8。

假定域名为 www.wk.cn 的主机想要访问 www.baidu.com。这个时候就必须知道 www.baidu.com 的 IP 地址。怎么才能找到这个 IP 地址呢？

下面介绍采用迭代查询的详细步骤：

（1）www.wk.cn 主机先向其本地域名服务器 dns.swust.edu.cn 进行递归查询。

（2）本地域名服务器采用迭代查询。它先向一个根域名服务器发送查询请求。

（3）根域名服务器告诉本地域名服务器：我不知道你要找的主机的 IP 地址，但我知道顶级域名服务器 dns.com 的 IP 地址，我推荐你通过它去查询。

（4）本地域名服务器向顶级域名服务器 dns.com 发送查询请求。

（5）顶级域名服务器 dns.com 告诉本地域名服务器：我还是不知道你要找的主机的 IP 地址，但我知道权威域名服务器 dns.baidu.com 的 IP 地址，我推荐你通过它去查询。

（6）本地域名服务器向权威域名服务器 dns.baidu.com 发送查询请求。

（7）权威域名服务器 dns.baidu.com 告诉本地域名服务器所查询的主机的 IP 地址。

（8）本地域名服务器把查询结果告诉主机 www.wk.com。

经历以上的 8 个步骤。本地域名服务器经过三次迭代查询后，从权威域名服务器 dns.baidu.com 得到了主机 www.baidu.com 的 IP 地址，最后把结果返回给发起查询的主机 www.wk.cn。图 5-18 显示了本地域名服务器采用迭代查询的详细过程。

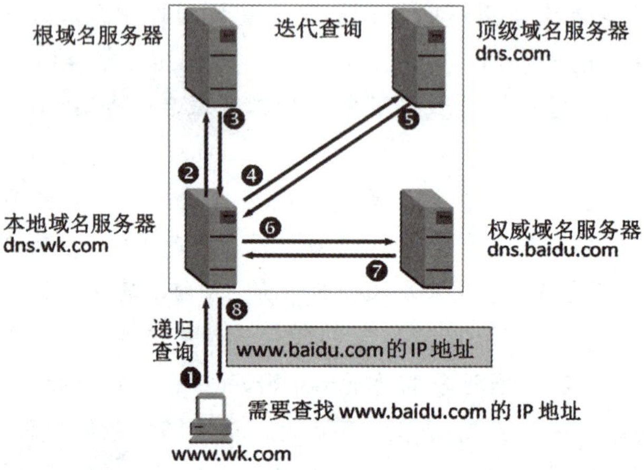

图 5-18　域名系统的迭代查询原理图

图 5-19 展示了本地域名服务器采用递归查询的详细过程。本地域名服务器只向根域名服务器查询了一次，剩下的是在其他几个域名服务器之间进行。我们可以看出递归的查询方式会让根域名服务器的负担很重。这就是为什么现在多采用迭代查询的原因。

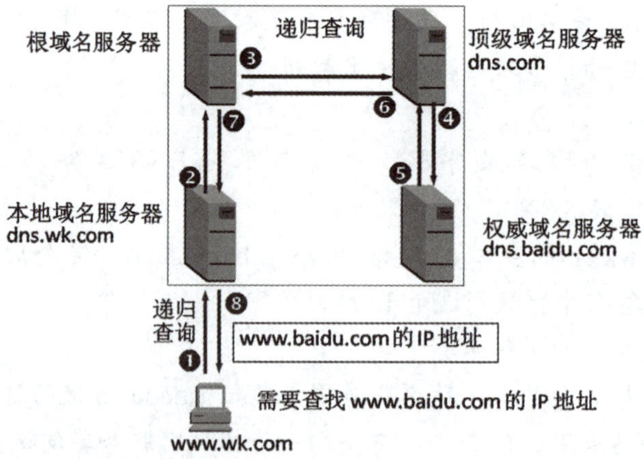

图 5-19　域名系统的递归查询原理图

5.2　网络连接

5.2.1　网络连接的拓扑结构

网络中有众多的计算机，还有各种不同的传输介质，把众多的计算机连接起来才能形成网络。

问题导入：

用什么样的方式来连接这些计算机呢?

实际上就是研究网络的拓扑结构。计算机网络拓扑是指由计算机组成的网络之间设备的分布情况以及连接状态。常见的拓扑结构有总线型、星型和环型。分别如图 5-20 所示。

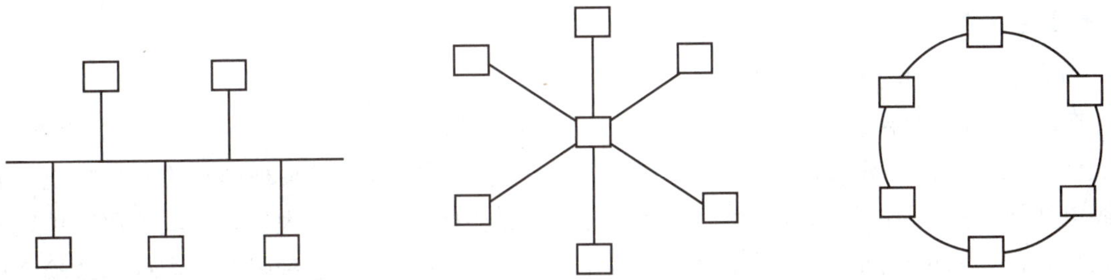

（a）总线型　（b）星型　（c）环型

图 5-20　常见网络拓扑结构图

（1）总线型拓扑结构。总线型拓扑结构是指网络中的所有设备都连接到一条传输介质上。总线结构所需要的电缆数量少，线缆长度短，易于布线和维护。多个节点共用一条传输信道，信道利用率高。但故障诊断不太方便。

（2）星型拓扑结构。星型拓扑结构采用一个中心、多个分节点的结构。网络结构简单，连接和扩展方便，比较容易维护和管理，是现阶段使用最广的一种网络拓扑结构。它的缺点也比较明显，一旦中心节点出现故障，网络就会出问题，而且共享能力差，通信链路的利用率也不太高。

（3）环型拓扑结构。环型拓扑结构的所有节点形成一个闭合环。工作站少，节约设备。当然，这样就导致一个节点出问题，网络就会出问题，而且不好诊断故障。

当然还有树型结构，如图 5-21 所示，它是从总线型拓扑结构演变而来的。从树根开始，向下分支，每个分支还可以向下发展子分支。树根接收各站点发送的数据，然后再广播发送到全网。树型拓扑结构扩展性好，诊断故障相对容易，但对根部的要求比较高。

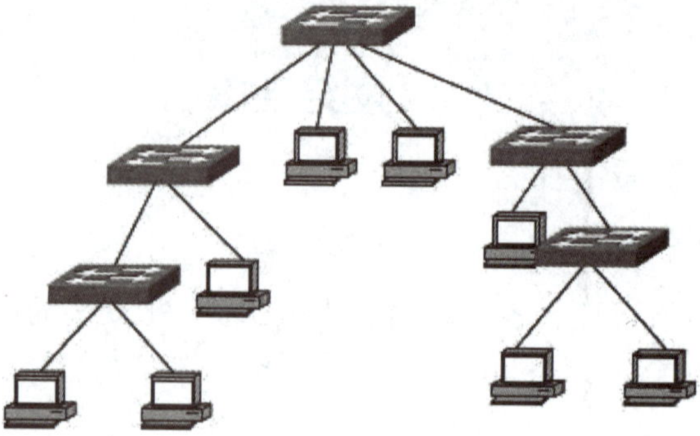

图 5-21 树型拓扑结构

5.2.2 网络连接使用的传输介质

上节介绍了网络连接的拓扑结构，你会发现计算机都是靠各种连接线连接起来的。

问题导入：

有哪些常用的传输介质呢?

在实际的网络连接中这些连接线可能是铜线，也可能是光纤，还有可能是无线电波。实际上计算机中数据传输的单位为位（比特）。比特流必须被转换成某种形式的能量如电、光、无线电波等，然后将能量通过某种介质传送出去，比如电线、光纤、大气等。或者更简单地说，信息从一台计算机传递到另一台计算机必须借助物理上的媒介，这种媒介我们称为传输介质。在计算机网络中，常见的传输介质可以被简单划分为有线传输介质和无线传输介质，前者使用固体介质（如铜线和光纤），后者使用自由空间。总地来说，前者的缺点是需要布线，后者不需要布线，但前者的抗干扰性比后者好。

传统的计算机网络使用铜线作为连接计算机的主要介质，这是因为铜线相对较便宜，并且容易建立。铜线依靠铜芯来传输电流，外覆绝缘层。电流在铜线上传输时会产生电磁波，电磁波又会在另一根铜线上产生感应电流，如果电磁波太强或者平行走线的两根铜线距离太近就会带来不可忽视的干扰，为了屏蔽电磁波，于是有了双绞线。通常我们说的网线就是指双绞线。

1. 双绞线

双绞线是最常用的传输介质，也是导向传输介质中最便宜的一种。使用双绞线最多的是电话系统和以太网。双绞线主要分为两大类，一种叫屏蔽双绞线（STP），一种叫非屏蔽双绞线（UTP）。屏蔽双绞线与非屏蔽双绞线的区别是在绝缘层与外壳之间添加了一圈金属作为屏蔽保护膜，通常为铝箔，这样可以进一步提高抗电磁干扰能力，它的结构图如图 5-22 所示。为何叫双绞呢？因为是将两根绝缘的铜线螺旋地绞合在一起，这样可以减少相邻导线之间的电磁干扰。通常把 2 对或 4 对双绞线对捆成一条电缆，外面用坚韧的塑料外壳包裹着。

最后还有一个小问题：网线插在哪里？在硬件部分我们已经学习过，计算机主机的主板上往往有一块网络接口板，也叫网卡（Network Interface Card，NIC）。网卡上提供了一个计算机和传输介质的接口，同时在计算机的操作系统中还要安装网卡的设备驱动程序。网卡一生产出来，就给它烧录了一个硬件地址，我们称为 MAC 地址，它是一个 48 位的二进制数，通常写作十六进制，如同我们的身份证号码一样是全球唯一的。

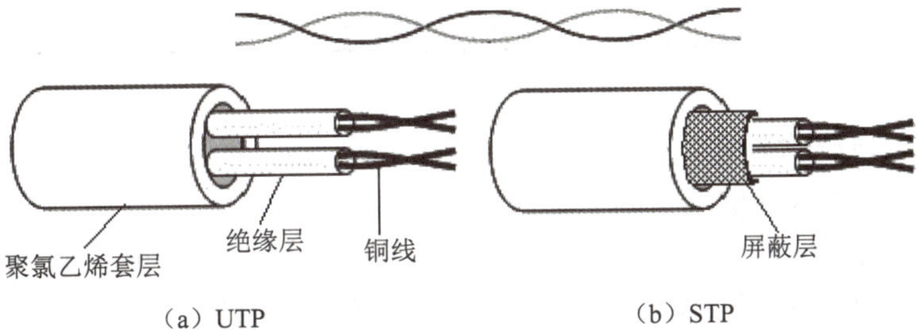

图 5-22　双绞线结构示意图

2. 同轴电缆

同轴电缆也是局域网中最常见的传输介质之一。在早期的总线型拓扑结构网络中大量地使用它，现在主要使用在闭路电视传输中，生活中视频监控系统的摄像头有时也会使用。同轴电缆的中心是一根铜线，外面用绝缘材料包裹着，再用金属网作为屏蔽层，可以防止外部电磁波的干扰，最外面是一层塑料保护套，在施工中起到保护的作用。它的结构如图 5-23 所示，同轴电缆之所以设计成这样，也是为了防止外部电磁波干扰。

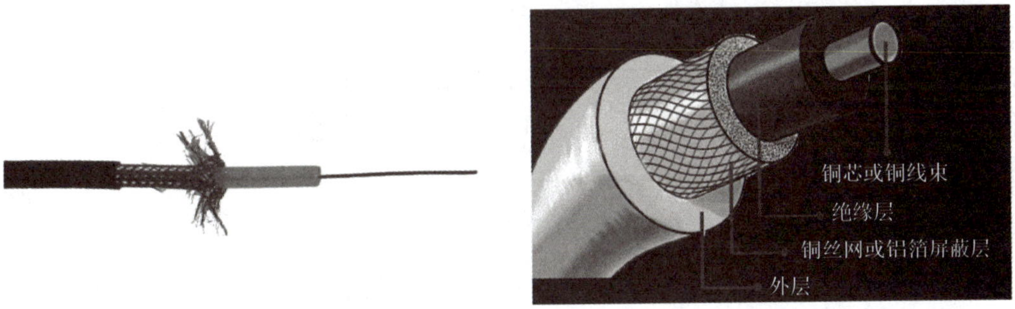

图 5-23　同轴电缆结构图

根据直径大小可以将同轴电缆分为粗缆与细缆。粗缆适用于比较大型的局域网络，它比双绞线的传输距离长，可靠性高。它是无源器件，所以可以方便地调整计算机接入网络的位置，但粗缆网络必须安装收发器电缆，安装难度大，总体造价高。相反，细缆安装则比较简单，造价低，表 5-2 列出了细缆与粗缆的技术指标值。

表 5-2　细缆和粗缆的技术指标值

类型	细缆	粗缆
直径	0.25in	0.5in
传输距离	185m	500m
接头	螺旋形 BNC 头（端接） T 形头（分接）	AUI

续表

类型	细缆	粗缆
阻抗	50Ω	50Ω
应用的局域网类型	10Base2 （细缆以太网）	10Base5 （粗缆以太网）

3. 光纤

光纤全称是光导玻璃纤维，是传输介质中应用前途最广的一种，它的传输速度也是最快的，光纤通信现在已成为通信网络的主要传输方式。

光纤通信通常由光源、光纤和光检测器三部分组成。发送端的光源通常是发光二极管（LED）或半导体激光二极管（又称激光器，LD），它接收电信号，将其转换成光脉冲并发送出去。数字光纤系统中，一般用一个光脉冲表示位 1，没有光则表示位 0。接收端的检测器一般使用光电二极管，当有光照到检测器上的时候，它会产生一个电脉冲，重现电信号。

光纤一般由同心圆状的纤芯、包层和护套层组成，结构如图 5-24 所示。纤芯的作用是约束光的传输，包层的作用是形成光波导效应，护套层的作用是防止光纤受到侵蚀和机械擦伤，同时在施工中还可以增加光纤的柔韧性。由于光纤非常细，通常会将多根光纤扎成束，必要时还可以加上远供电源线，再加上加强芯和填充物，外面套上保护封套，这样可以大大提高机械强度。

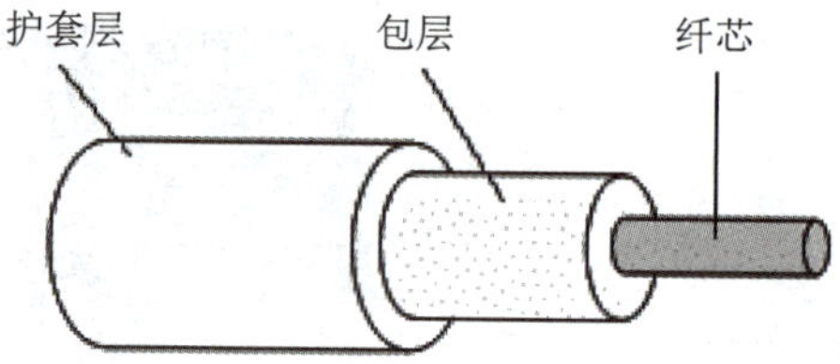

图 5-24　光纤结构示意图

光在纤芯和包层中的折射率是不同的，纤芯的折射率要高得多，外面包裹上折射率较低的包层后，纤芯就形成一条光通道。当光在通道中传输时就会在纤芯与包层的接触面产生折射，当入射角度大于某个临界值的时候，光束会发生全反射，使光波完全被限制在光纤内部传输，呈锯齿形曲折前进，传输过程如图 5-25 所示。

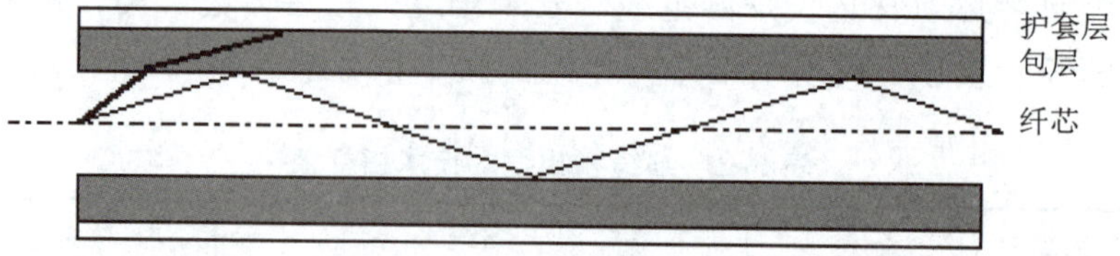

图 5-25　光纤中光的传播示意图

图 5-25 仅显示了一束光以一个入射角向前传输。其实，根据光学原理，任何大于临界值角度入射的光波都会发生全反射，因此许多不同的光束可以以不同的反射角在同一根光纤中

并行传播，称每一束光有不同的模式。模式定义了在光纤内部存在的稳定的电磁场模型。由于每个模式可认为是以特定传播角传播的一个独立光束，因此可以简单认为以不同角度入射到光纤的射线将形成光纤中不同的模式。可以支持多个模式的光纤被称为多模光纤。

多模光纤纤芯的直径一般是 50μm，大致与人的头发粗细程度差不多。如果纤芯的直径减小到 8μm ～ 10μm，光就就几乎接近直线传播了，这样的光纤称为单模光纤。传输方式如图 5-26 所示。

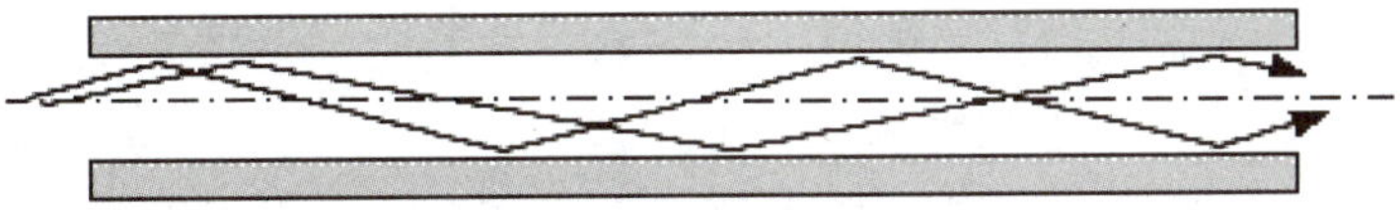

（a）多模光纤

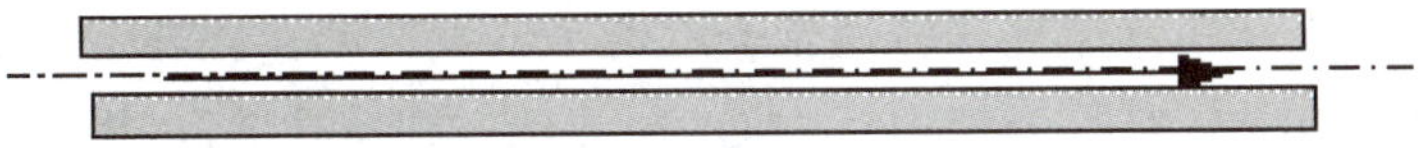

（b）单模光纤

图 5-26　单模与多模光纤示意图

实际使用中，光纤和双绞线是最常用的两种导向传输介质，可以对比性记忆。

（1）双绞线由于线对两两绞合，以减少相邻导线的干扰。光纤的全称是光导玻璃纤维，传输介质不是铜线而是玻璃，使用光传输也不存在相邻导线的干扰问题，因此，具有更好的抗干扰性能，特别适用于有强电磁干扰的环境。

（2）双绞线铜线重、粗、体积大；光纤轻、细、体积小。

（3）双绞线价格便宜；光纤价格昂贵、质地脆、机械强度低。

（4）双绞线传输电流，速度慢，电阻使传输损耗大，有效距离短;光纤传输光波，频率高，速度快，传输损耗小，传输有效距离长。

（5）双绞线可能出现电磁泄漏或串音；光纤不漏光，保密性好，无串音。

（6）双绞线使用有色金属；光纤使用的石英的有效成分为沙子（二氧化硅）。

（7）双绞线主要在局域网中使用；光纤多用于主干线传输。

4. 无线

无线方式使用自由空间作为传输介质，具有免于铺设线缆的优点，不需要具有路权，适用于公共场所、恶劣环境等。有人甚至预计，未来的网络中只会存在两种通信：光纤的和无线的。

自由空间是一种较弱的介质，当障碍物比电磁波的波长还要大，则会发生反射，并在该物体的边界进行衍射（绕射），若障碍物尺寸不大于电磁波长，则会散射成几路弱信号，这种情况我们称为多径衰落。因此无线通信的通信质量较差，隐蔽性和保密性也较差。

无线传输所使用的电磁频段很广，由于紫外线、X 射线和 γ 射线很难产生和控制，而且对生物有害，所以目前还不能用于通信。按照频率由低到高，目前主要使用的电磁波有无线电波、微波和红外线等。

无线电波的特性与频率有关，在较低的频率上，电波沿地面传播，被称为“地波”，容易穿透建筑物，但随着传输距离的增加，能量会急剧减少，主要用于短距离电台通信；高频的无线电波趋于直线传播，但容易受建筑物阻挡，还会被雨水吸收，传输依赖电离层的反射，被称为“天波”，主要用于业余无线电爱好者的长距离通话的低速数据传输中，通信质量较差。所有的频率上，无线电波都是全方向传播的，容易受大功率电磁设备的干扰。

微波一般被分为 4 个波段：分米波、厘米波、毫米波、亚毫米波，对应频段被分别称为超高频（UHF）、特高频（SHF）、极高频（EHF）、超极高频（THF）。虽然微波属于具有更高频率的无线电，但它与无线电波的特性有所不同，具有似光性，称为“空间波”，主要体现在两点上：沿直线传播和会穿透电离层。其通信特点可以简化为 4 个字：视距传播，因此只有在收发两点可视（没有障碍物）的情况下才能够正常接收，发送天线和接收天线也需要精确校准。

微波主要用于长距离通信中，其传输主要采取了两种方式：地面微波站接力通信和卫星通信。微波被抛物状的天线将能量集中成一束，在空气中直线传播，但地球表面为曲面，所以传输距离受限。为了解决远距离传输通常会在两个终端之间建立若干中继站，把前一站的信号放大后再送往下一站，被称为地面接力通信。但要求比较严格，相邻的中继站之间必须直线传输，中间不能有障碍物。也可以采用另外一种方案，那就是使用人造卫星作为中继站转发微波信号，实现多个地面站之间的通信。从图 5-27 中可以看到微波通信的一般过程。

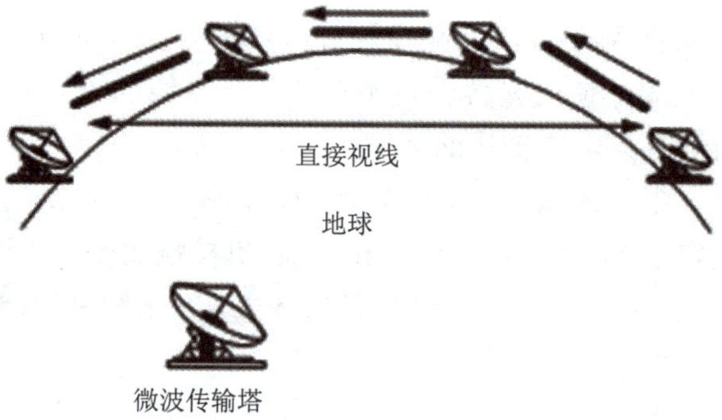

图 5-27　微波通信

卫星通信具有通信距离远、覆盖面积大、不受地理条件限制、频带宽、通信容量大、通信质量稳定、可进行多址通信与移动通信等优点，发展迅速，已经成为现代通信的主要方式之一。可用于通信的卫星通常由地球同步卫星、中间轨道卫星（如全球定位系统 GPS 卫星）和低轨道卫星（大量卫星组成一个完整的系统）等组成。卫星的轨道槽是各国争抢的焦点之一，通信频段也成为争抢的资源。卫星通信的基本结构如图 5-28 所示。

红外线主要用于室内短距离通信，如遥控器对电器设备的控制，或笔记本电脑之间互相传递数据。红外线的特点是不能够穿透固体物质，这既是它的缺点，也是优势，意味着它不能够穿透墙壁，会反射回来，有利于将通信局限于房间内，不会干扰其他房间，发射器功耗非常低，安全性也比其他无线方案好，适用于局域网中。正是由于红外系统局限于房间内，经营红外系统就不需要像其他无线方案一样争抢频率，获得政府许可。但是，由于太阳光中具有红外线，因此红外线不能用于室外通信，在通信领域重要程度不高。红外传输方式分为两种：定向和非定向。定向传输比非定向传输有更高的数据速率，图 5-29 展示了红外鼠标使用。

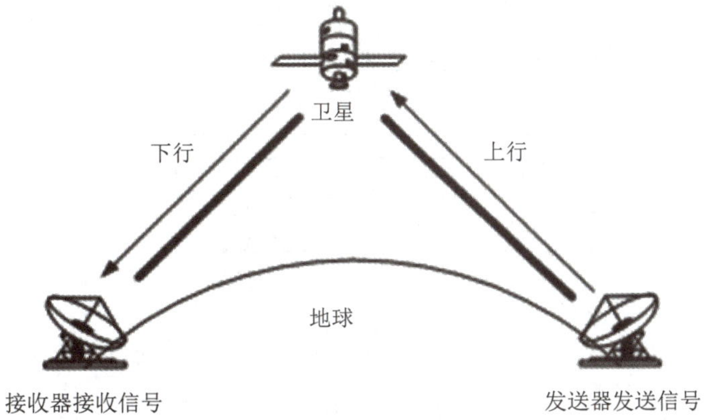

图 5-28　卫星通信

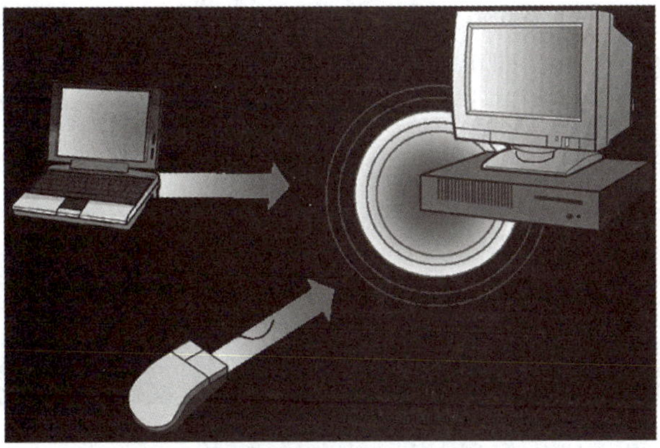

图 5-29　红外线通信

目前，机场、图书馆等公共场所基本都已经架设了无线网络，4G 走入了人们的生活，5G 技术也已经开始使用。不久的将来，5G 取代 4G 已是趋势，目前来说价格比较高。

5.2.3　网络连接常用的网络设备

仅仅使用双绞线等通信介质并不能完全满足网络连接的需求。设想下面的情况：寝室 4 个人各有一台计算机，现在想把这 4 台计算机相互连接起来。计算机之间两两拉线显然是不可能的，这时就可以使用一台专门的连接设备。

问题导入：

专用的连接设备有哪些，各自有什么用途呢?

常见的网络设备有集线器、交换机和路由器。

1. 集线器

集线器又称为 Hub，顾名思义就是将线路集中连接起来，可以简单地理解为将一些机器直接通过线路连接起来组成一个局域网，用电子器件来模拟实际网线的工作，它的结构如图 5-30 所示。集线器的基本功能是信息分发，它把一个端口接收的所有信号向其他端口分发出去。

集线器实现简单，主要使用在总线型网络中，最大的缺点就是在同一时刻只能有两个端口传送数据，其他端口只能等待。现在使用集线器的比较少了。

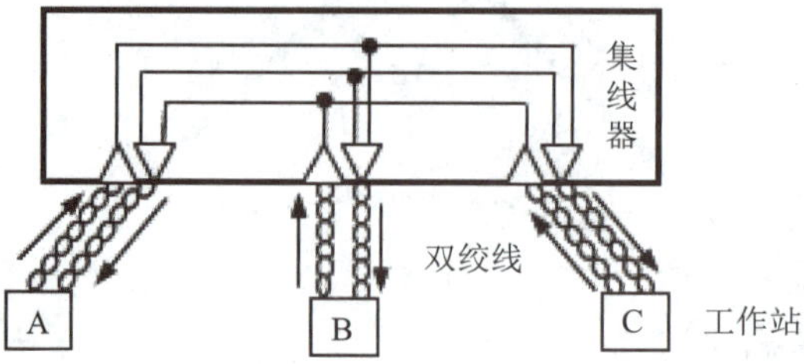

图 5-30 具有三个端口的集线器工作示意图

2. 交换机

“交换”和“交换机”的概念最早起源于电话通信系统。以前我们在电影或电视中看到有人在电话机旁狂摇几下（注意不是拨号），然后说：“给我接 XXX”。话务员接到要求后会把相应端线头插在要接的端口上，即可通话。其实这就是最原始的电话交换系统，只不过它是一种人工电话交换机系统，不是自动的，也不是我们所指的计算机交换系统。

交换机的英文名称为 Switch，它是集线器的升级换代产品，从外观上来看，它与集线器没有多大区别，都是带有多个端口的长方体，如图 5-31 所示。

图 5-31 交换机示意图

当然交换机还有很多类型，图 5-32 显示的是企业级交换机，它的带宽远远大于一般办公用的交换机。

图 5-32 企业级的交换机

交换机和集线器有什么区别呢？与集线器相比，交换机可以通过内部的交换矩阵把网络划分为多个网段，每个端口可以成为一个冲突域；每个端口互相传输数据互不干扰。图 5-33 为一个 8 端口交换机，各对端口同时通信时并不会产生干扰。

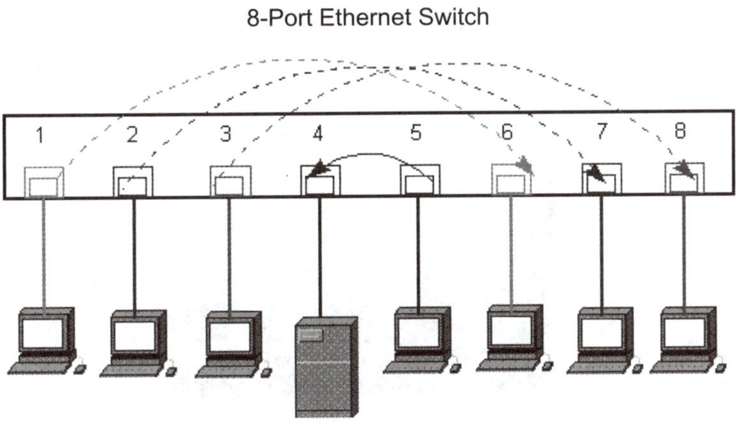

图 5-33　8 端口交换机端口数据交换图

3. 路由器

前面已经不断地提到了路由器，是什么把网络相互连接起来？是路由器。路由器的英文为 Router，路由器是互联网络的枢纽，是“交通警察”。路由与交换的区别可简单认为是网络之间和网络内部的区别。这里的网络是指逻辑网络，对于那些结构复杂的网络，使用路由器可以划分子网，提高网络的整体效率。当然，市场上也有交换路由器和具有路由功能的交换机，从本质上来说都不是新技术。

路由器和交换机的外观相似，如果机器上面没有标注 Switch 或 Router，能从机器外表区分出来吗？一般可以从接口分辨。路由器接口数量远远比交换机接口少，类型比交换机丰富（特别是串口），另外指示灯有所不同。各种类型的路由器如图 5-34 所示。

（a）高档路由器

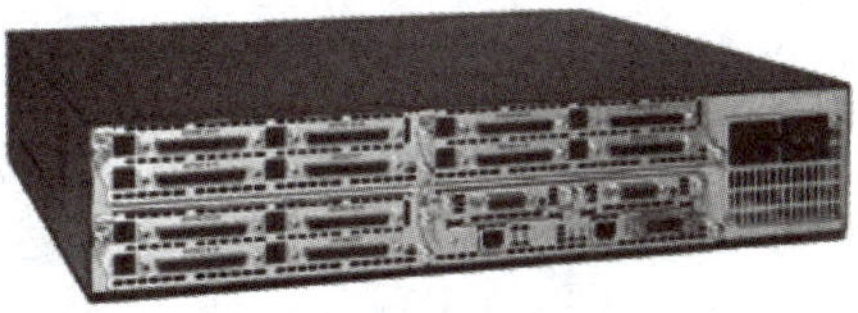

（b）中档路由器

（c）低档路由器

（d）家用路由器

图 5-34　各种类型的路由器

当然现在家庭使用比较多的还有无线路由器，常见的无线路由器如图 5-35 所示，它一般有一个 RJ45 口为 WAN 口，会标记 UPLink 这样的英文，也叫级联口，通常它是连接外部网络的接口，其余的 2 ～ 4 个口为 LAN 口，也叫局域网口，用来连接普通局域网。路由器的内部有一个网络交换机芯片，专门处理 LAN 接口之间的信息交换。但这些局域网口在现代家庭中很少插网线，人们更多地使用无线方式来上网，通常无线路由的 WAN 口和 LAN 之间的路由工作模式都采用 NAT（Network Address Transfer）方式，也称网络地址转换。

图 5-35　无线路由器

5.3　因特网接入

问题导入：

我们怎么接入因特网呢?

接入因特网一般可以通过电话网、有线电视网、以太网和无线几种方式。

5.3.1　利用电话网接入

电话网主要传输语音数据，但人类的语音频率一般在 4kHz 范围内，普通电话铜线的带宽是 1Mb/s 左右，这样浪费的带宽太多，怎么来利用这剩余的带宽呢？人们发明了 xDSL 技术，这是一种基于普通电话线向终端客户提供宽带接入的技术，能在双绞线上经济地传输每秒几兆比特的信息，它既支持传统的话音业务，又支持面向数据的因特网接入。目前 xDSL 技术最常用的是 ADSL，是一种非对称的传输模式，下行带宽最大达到 8Mb/s，上行速率最大 512kb/s；ADSL2+，下行带宽最大达到 25Mb/s，上行带宽最大可扩展到 3Mb/s。短距离内（1.5km 之内）VDSL2 带宽优势明显（相比 ADSL2+）。xDSL 的带宽承载能力与铜缆距离有较为密切的关系，带宽与距离成反比。

ADSL 技术怎么实现剩余带宽的利用的呢？原来它采用了一种叫作离散多音调调制技术（Discrete Multi-Tone，DMT）来实现的。这项技术可以把语音和上网的带宽分离出来，可以使传统电话线同时打电话和上网且互不干扰。它把 40kHz 以上一直到 1.1MHz 的高端频谱划分为许多的子信道，其中 249 个子信道用于下行信道，25 个子信道用于上行信道，每个子信道占据 4kb/s 带宽。这样划分的原因是人们上网的时候通常是从主干网络上大量获取数据，而发送出去的数据却相对少得多。图 5-36 显示了 DMT 技术的频谱分布图。

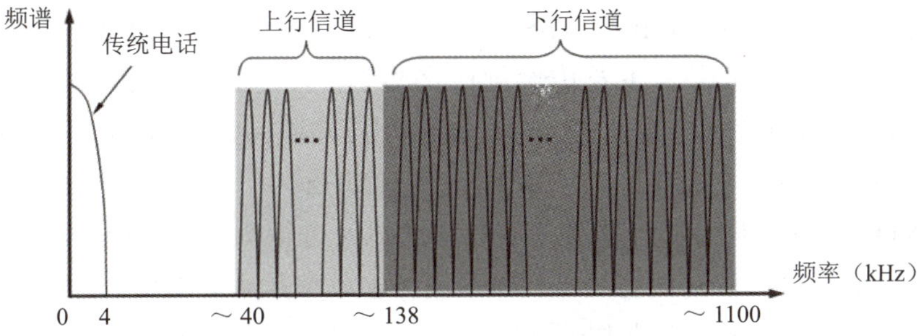

图 5-36　DMT 技术的频谱分布图

怎么使用 ADSL 方式接入因特网呢？实际上 ADSL 的接入网包括三大部分，分别是数字用户接入复用器、接入端接单元和电话分路器。图 5-37 描绘了 ADSL 接入网的组成。数字用户接入复用器由许多 ADSL 调制解调器组成，一般放在当地的电信局；接入端接单元（Access Termination Unit，ATU）就是 ADSL 调制解调器。因为 ADSL 调制解调器必须成对使用，所以在电话端局或远端站 ADSL 调制解调器记为 ATU-C，C 代表端局；用户家中的 ADSL 调制解调器记为 ATU-R，R 代表远端。用户电话通过电话分路器 PS 和家里的 ADSL 调制解调器连在一起，经用户线到端局，并再次经过一个电话分路器 PS 将电话连到本地电话交换机上，然后整个 ADSL 网再接入至互联网服务提供商（Internet Service Provider，ISP），ISP 是向广大用户提供互联网接入、信息和增值业务的电信运营商。

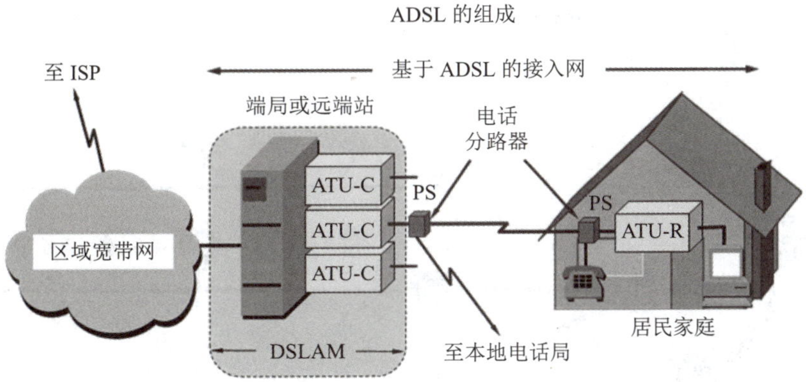

图 5-37　ADSL 接入网组成图

5.3.2　利用有线电视网接入

上面介绍的是通过电话网接入因特网，实际上还可以通过有线电视网接入因特网。随着光传输技术的成熟与发展，人们开始考虑在有线电视系统中采用光传输，这种采用了光传输的有线电视网就是混合光纤同轴网（Hybrid Fiber Coax，HFC）。

HFC 网是在目前覆盖面很广的有线电视网 CATV 的基础上开发的一种居民宽带接入网。

HFC 网除可传送 CATV 外，还提供电话、数据和其他宽带交互型业务。HFC 网采用频分复用技术，将 5MHz ～ 1000MHz 的频段分割为上行和下行通道。数字传送是通过调制解调器以打包的形式通过中继载播，5MHz ～ SSS65MHz 为上行通道，87MHz ～ 1000MHz 为下行通道。上行通道为非广播业务，主要传输包括状态监控信号、视频点播信号等。下行通道 87MHz～550MHz 为普通广播电视业务，该频段全部用于模拟电视广播时，除调频广播业务外，可安排约 54 个频道的模拟电视节目。550MHz ～ 750MHz 为下行数字通信信道，用于传输数字广播电视、VOD 数字视频和数字电话下行信号，以及进行相关数据业务，上行数据一般利用 5MHz ～ 65MHz 频段。以前的有线电视网最高传输频率是 450MHz，现在的混合光纤同轴网扩展了传输频带，并且具备了双向传输功能。图 5-38 显示了我国的 HFC 网的频谱划分情况。

为了提高电视信号的质量和传输数据的可靠性，HFC 网主干网原来的同轴电缆换成了光纤，典型结构如图 5-39 所示。HFC 网由光纤干线、同轴电缆支线和用户配线网络三部分组成。光纤从头端连接到光纤节点。每个光纤节点支持 500 个家庭。从光纤节点开始，同轴电缆通过星型结构连接到一个支线电缆，每个支线电缆大概可以接 40 户家庭。但总共不能超过 2000 户。

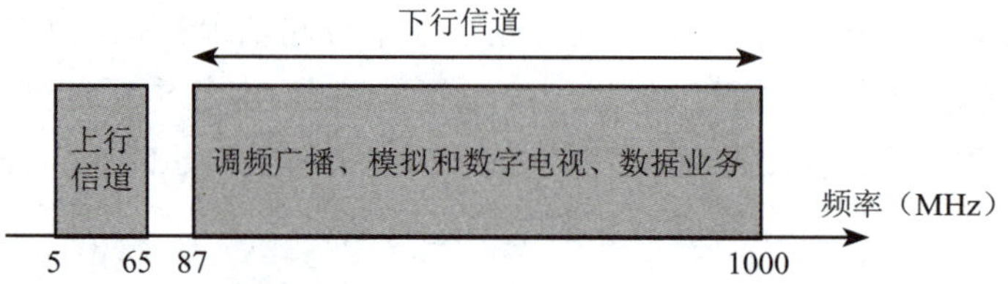

图 5-38　我国的 HFC 网的频谱划分

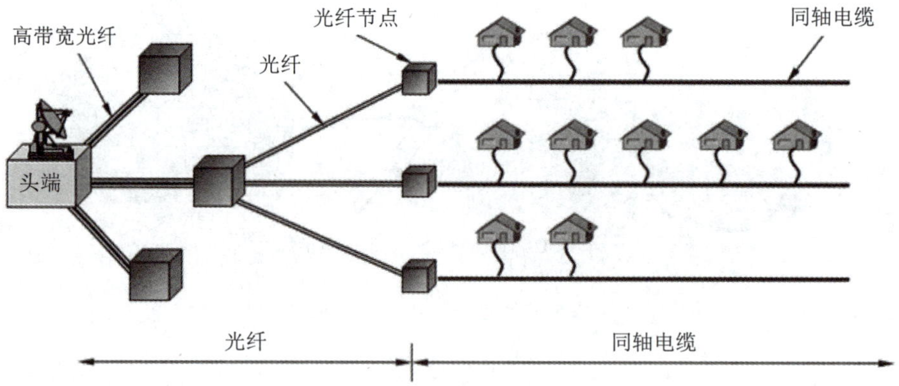

图 5-39　HFC 网的连接结构图

5.3.3　利用光纤接入

近年来，用户对高清视频和下载速度有了更高的要求，铜线的传输速率成了瓶颈，光纤到户（Fiber To The Home，FTTH）成了人们的迫切要求。光纤到户就是把光纤一直铺设到用户家庭。前面介绍的 ADSL 和 HFC 的宽带接入方式，最后接入家庭的都是铜线，用的是普通电话线和同轴电缆，而这最后一公里的铜线大大降低了网络的运行速度。现在很多家庭已经实现了光纤到户，基本上消灭了“最后一公里”的速度瓶颈。“光进铜退”是宽带网升级的必然趋势，关键是如何选择“光进铜退”模式即光纤到达的位置。

“最后一公里”中缺少带宽时采用的是 PON（Passive Optical Network），我们称为无源光网络。FTTH 系统由 FTTH 光线路终端（OLT）、光分配网（ODN）、FTTH 光网络终端（ONT）三大部分组成。图 5-40 显示了无源光配线网的组成结构，图中的 ONU（Optical Network Unit）为光网络单元。

PON 是一种接入网技术，主要应用在局端设备（OLT）与多个用户端设备（ONU/ONT）之间通过无源的光缆、光分 / 合路器等组成的光分配网（ODN）连接的网络。在 OLT（光线路终端）和 ONU（光网络单元）之间的 ODN（光分配网络）没有任何有源电子设备。

PON 系统采用波分复用技术（Wavelength Division Multiplexing，WDM），可以实现单纤双向传输。为了分离同一根光纤上多个用户来去方向的信号，采用以下两种复用技术：

（1）下行数据流采用广播技术。

（2）上行数据流采用时分多址接入技术（TDMA）。

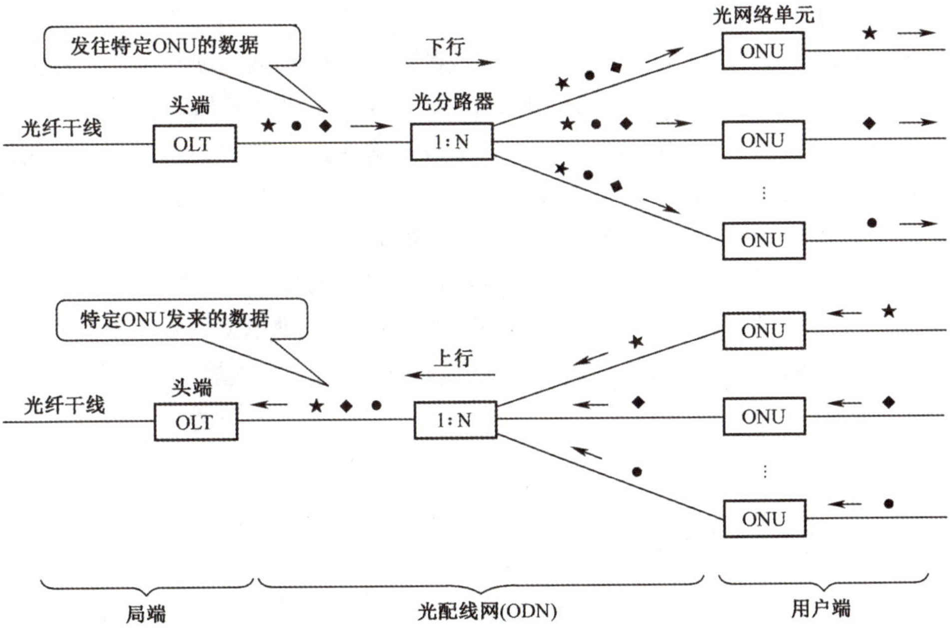

图 5-40　无源光配线网的组成

PON 结构在传输途中是不需要电源的，铺设起来很容易，维护成本低，后期可以极大地节约运营成本和管理成本，同时它能提供更高的带宽。EPON（Ethernet Passive Optical Network），也称为以太网无源光网络，实际上它是基于以太网的 PON 技术。目前可以提供 1.25Gb/s 的带宽，而且还是上下行对称的，随着高速以太网技术的发展，它的带宽可以升级到 10Gb/s。还有一种叫 GPON（Gigabit-Capable PON）的技术，带宽可以达到 2.5Gb/s。

ONU（Optical Network Unit，光网络单元）俗称“光猫”，它的接口如图 5-41 所示。

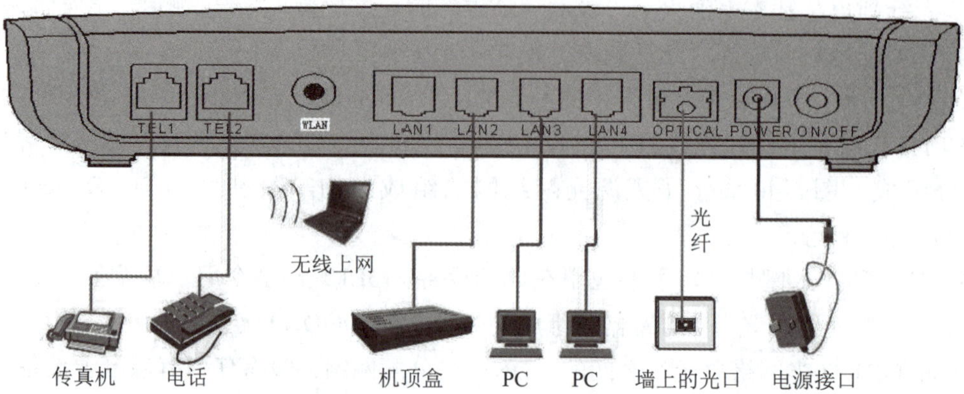

图 5-41 光网络终端

本章总结

因特网因冷战而产生，但却极大地改变了人类的生活。因特网采用的核心思想是分组交换，正是这种思想的产生才使因特网得到了极大的发展。因特网的架构是有层次的，实际使用的是 TCP/IP 协议族，而且每一层各司其职，分工明确，同时又相互联系。其中最核心的两个协议是 TCP 协议和 IP 协议。IP 协议主要负责网络中主机的定位与查找，采用的是“尽最大努力交付”，TCP 协议主要负责网络的可靠传输。在计算机网络中，常见的传输介质主要有双绞线、光纤和无线，通过这些介质把交换机和路由器连接起来就可以组建相应的网络。一般用户可以通过电话网和有线电视网接入因特网，电话网接入主要采用 ADSL 方式，而有线电视网主要采用 HFC 技术，不管是电话线接入还是有线同轴电缆接入都不能满足终端用户对速度的要求，于是为了解决这个问题，固网接入通常采用光纤入户。

课后习题

1．谈谈分组交换的基本思想。

2．判断下面网络地址的类型（A 类地址、B 类地址、C 类地址以及不合法地址）：

（1）138.25.85.71 （2）12.115.160.23

（3）39.136.199.13 （4）193.256.256.36

（5）200.126.36.53 （6）141.32.36.49

（7）152.111.56.78 （8）28.178.56.23

3．网络连接有哪些常用的拓扑结构？

4．常见的网络传输介质有哪些？举例说明。

5．网络连接中有哪些常用的网络设备？

6．你能用相应的网络设备并选用合适的拓扑结构设计出一个寝室的局域网吗？试画出局域网的拓扑图，并说明理由。

7. 为什么要设计出域名解析系统，说说你的理解。

8. 下面分别给出了主机的 IP 地址和子网掩码，试计算主机的网络地址（简称网络号）。

1）主机 IP 地址：182.166.33.25
子网掩码：255.255.0.0

2）主机 IP 地址：18.123.45.11
子网掩码：255.0.0.0

9. 分组交换的具体步骤是什么？

10. 查阅资料了解 OSI 模型的分层体系结构。

第 6 章　数据组织与管理基础

引　言

人类对数据进行管理的历史可追溯到 1880 年，美国第一次人口普查时期。当时美国经济正处于迅速发展阶段，人口流动十分频繁，需要普查的项目繁多，如年龄、性别等，并且还要统计出每个社区有多少儿童和老人，有多少男性公民和女性公民等。再加上统计手段落后，调查员们花了 7 年半的时间才把数据处理完毕。也就是说，直到快进行第二次人口普查时，美国政府才能得知第一次人口普查的状况。调查员们终日埋在数据堆里，一天下来，也统计不出几张表格的数据。这个时期数据的概念初步形成，但数据相关工作全靠手工。

直到有一位叫“霍列瑞斯”的人，发明了一种叫作“自动制表机”的机电式计数装置，第一次把数据转变成了二进制信息。1900 年进行的人口普查全部采用霍列瑞斯制表机，平均每台机器可代替 500 人工作，全国的数据统计仅用了 1 年多时间。在以后的计算机系统里，用制表机穿孔卡片输入数据的方法一直沿用到 20 世纪 70 年代，数据处理也发展成为计算机的主要功能之一。这个时期数据变成了可以存储的计算机语言，但是计算机速度很慢，仍然需要大量的手工劳动才能运行，主要还是依靠人工处理数据，数据不能长期保存，数据不能共享，数据管理工作依然难以进行。

从 20 世纪 50 年代后期到 60 年代中期，计算机应用领域拓宽，不仅用于科学计算，还大量用于数据管理。这一阶段的数据管理水平进入到文件系统阶段。数据主要以磁盘为存储介质，可以初步实现联机实时处理和批处理，并且数据可以长期保存，但是数据冗余多，共享性与独立性差，仍然谈不上实现了系统性的数据管理。

1961 年，美国通用电气公司 Bachman 等人开发出世界上第一个数据库管理系统，由此数据库技术开始萌芽。进入 20 世纪 70 年代后，大批商用数据库软件系统的问世，以及关系方法的理论研究从实验室走向了社会，标志着数据管理进入了数据库时代。数据库系统管理数据的特点是共享性高，冗余度小，具有高度的物理独立性和逻辑独立性，很大程度减少了数据管理工作人员的工作压力。

从历史发展来看，计算机广泛应用到信息管理领域时，每个应用都是作为独立系统来实现的，各有一套自己的数据。例如，在一所大学中，每个部门可能会有自己的文件集合，教务处保存了教师和他们所授课程的信息；人事处保存了教师的薪金记录；科研处保存了教师的科研信息；校医院也保存了教师的相关医疗信息。也就是说，教务处、人事处、科研处、校医院会建立不同的“教师”数据文件（教师 1，…，教师 4），以满足各部门对于“教师”数据的要求。假设这些“教师”数据文件的记录结构为：

教师 1（教师编号，姓名，性别，出生日期，联系电话，职称，专业，政治面貌，所授课程编号）；

教师 2（教师编号，姓名，性别，职称，专业，基本工资，岗位津贴）；

教师 3（教师编号，姓名，性别，出生日期，职称，专业，主要科研成果）；

教师 4（教师编号，姓名，性别，出生日期，身体状况，病史情况）。

从以上例子可以看出，文件系统中的“教师”数据是从不同侧面反映教师的某些特征，尽管它使用了 4 种数据文件表示“教师”，但无论哪个数据文件都不能完整地表示教师情况。

6.1 数据库基础

不同部门各自使用不同的信息管理系统管理着各自的数据，分别制作自己的文档管理着学生和教职工数据，会带来什么问题呢？

虽然教务管理系统、人事管理系统和科研管理系统的文件记录中都有教师的编号、姓名、性别、职称和专业等数据，但其中的一个系统不能到另一个系统中存取相应的信息，同样的数据或信息必须在几个文件中同时出现，因此必须重复输入，重复存储，也就是说数据不能共享，这样不仅浪费了大量的存储空间，也给日后维护数据的工作带来很大困难。比如，当有教师晋升了职称时，要通知所有使用教师基本信息的部门更改该教师的职称信息，否则就会造成各部门数据不一致的情况。

这些问题，归根结底都是由于各部门各自管理数据造成的，为了更高效地处理数据，仅仅单纯地管理数据是不够的。

问题导入：

怎样管理数据才能解决数据共享、冗余与同步更新?

实际上，我们通常引入数据库技术对整个学校的教师数据进行统一管理，有效共享，使各部门不仅能查询并使用数据，又能防止数据的不一致和重复，从而建立起高效有序的系统。

使用数据并用好数据的前提是进行数据收集、数据管理和数据分析，这一切又都是建立在数据库之上。但是，为了引入并使用数据库，还需要弄清楚很多问题。

首先，各部门应怎样录入和提取数据。很多人使用同一个数据库时，简单地录入、提取数据变得非常必要。我们必须使用任何人都能理解的方法处理数据库。

其次，由于新的系统可以供多人使用，因此库内重要数据有泄密和被非法修改的危险，比如薪酬数据等就是只能由一部分人阅读的机密数据，而成绩数据只能由成绩管理科的人更新，因此必须确保数据的绝对安全。

再次，数据库有可能同时由多人使用。例如课程管理科和成绩管理科想要同时更改课程的编号，课程管理科要把课程号改成英文缩写加序号，成绩管理科要把课程号缩短。这时，课程号会是什么样子呢？在多人同时使用的数据库中必须能够很好地解决此类问题。

此外，还要注意不能丢失数据，系统有可能死机，硬盘有可能发生故障，这些导致数据损坏的情况时有发生。因此，从这些故障中恢复数据的工作就变得非常必要了。

除了要弄清这些基本问题外，还有一个更重要的问题：由于数据库要处理大量的数据，因而必须具备能够进行高速检索的功能。比如要查询选修了“1”号课程且成绩高于 90 的学生所在的学院，必须要将表 6-1 和表 6-2 连接起来后才能到达最终结果。

表 6-1 学生基本信息表

学号	姓名	性别	年龄	所在学院	专业	政治面貌	籍贯	家庭住址	本人联系方式	父亲姓名	…
5120170001	王达	男	20	CS	软件工程	团员	四川	四川绵阳游仙区 56 号	13889988888	王立	…

表 6-2 学生选课表

学期	学年	学号	姓名	性别	年龄	专业	课程号	学分	成绩	…
2016-2017	1	5120170001	王达	男	20	软件工程	1	3	90	…

以上都是数据库必须要解决并且已经解决的问题。那么，到底什么是数据库，人们采用什么方式来使用数据库呢？下面我们主要通过如何在数据库中组织数据、关系数据库如何操作数据两个方面来了解数据库的构成和使用。

6.2 数据库中的数据组织

数据库（DataBase，DB）是一个特定组织所拥有的相关数据的集合，该组织可以基于数据库实现对业务数据的有效管理和使用。

问题导入：

数据怎样被组织存放于数据库?

数据库里的数据像图书馆里的图书一样，也要让人能够很方便地找到才行。如果所有的书都不按规则，随便堆在各个书架上，那么借书的人根本就没有办法快速找到他们想要的书。同样的道理，如果把很多数据随便地堆放在一起，让人无法查找，这种数据集合也不能称为“数据库”。

数据库中的数据是按一定的结构存放的，最常见的是以“表”的结构来组织数据。数据库帮助人们记录事物，通常一个表用于描述一个事物，对于不同事物的描述要使用不同结构的表，若干相关数据表的集合就形成了一个“数据库”。

表（Table）也称关系（Relation），由表名、列名和若干行数据组成。列（Column）也称字段（Field）或属性（Attribute），行（Row）也称元组（Tuple）或记录（Record），是一组能够描述某个事物的列的集合。例如，在表 6-1 中，表名是“学生基本信息表”，列名包括“学号”“姓名”“性别”“年龄”“所在学院”等，描述了一个学生的基本信息，一列数据则描述了所有学生某一方面的信息。

属性的取值范围称为域。如“学生基本信息表”的性别有是两个取值：男和女，而年龄的取值范围可能是 1 ～ 100 之间的正整数。

表的结构（或框架）被称为关系模式，主要由表名和列名构成。如表 6-1 的关系模式为：“学生基本信息表（学号，姓名，性别，年龄，所在学院…）”

表中每一行都应该有可以唯一标识自己的一列（或一组列）。学生基本信息表可以使用学号列来标识，而订单表可以使用订单 ID 来标识，雇员表可以使用雇员 ID 或雇员社会保险号来标识。唯一标识表中每行的这个列（或这组列）称为候选码。候选码用来表示一个特定的行。

为有效地对数据资源进行管理，人们通过编制好的一些计算机程序对数据库中的这些数据进行管理，这些程序后来就被称为“数据库管理系统（DataBase Management System，DBMS）”。DBMS 是由软件供应商授权的一个庞大且复杂的程序，是运行在操作系统之上的系统软件。著名的 DBMS 产品有 ORACLE 公司的 Oracle 和 MySQL、IBM 公司的 DB2 以及 Microsoft 公司的 SQL Sever 和 Access。作为普通用户，我们不会和 DBMS 直接打交道，而是和数据库应用程序进行交互，应用程序又通过 DBMS 来对数据库进行管理。比如当我们访问火车票订票系统来查询余票时，并不是直接访问火车票数据库，而是通过 DBMS 使用其数据库中相应的数据，火车票订票系统则为我们提供友好的操作界面，响应我们的操作并显示结果。

为保证数据库被有权限的人有效使用，需要专门的人员来对数据库进行统一管理，包括数据库的规划、设计、监控、备份、恢复等，这些专职人员被称为数据库管理员。

通常所说的数据库系统是由数据库、数据库管理系统（DBMS）、数据库应用程序、数据库管理员和计算机以及网络基本系统所组成。如图 6-1 所示。

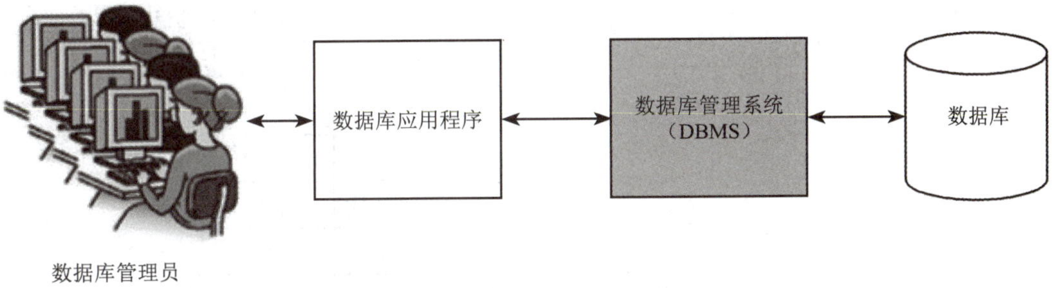

图 6-1　数据库系统的组成

6.3　关系数据库中操作数据

了解了数据是如何按照表 / 关系来组织的，接下来考虑如何从由表 / 关系组成的数据库中提取信息。关系数据库可以基于数学运算进行数据操作，通过严密定义的运算能够抽取数据生成表格。

我们常常会从一个表中选取若干行或若干列。比如从前面的“学生基本信息表”（表 6-1）中选取包含计算机学院学生的元组，或选取只包含“学号”“姓名”和“所在学院”这三列的元组，有时又需要将两个表的数据进行合并等。

问题导入：

我们通常对表可以实施哪些操作呢？

数据库管理系统至少应支持 5 种基本的关系操作，即“并”“差”“笛卡尔积”“选择”和“投影”，除此之外，还有“交”运算和“连接”运算。下面先通过两个实例直观地了解各种关系操作的含义。

例 6.1 设教工读者的关系为 R，学生读者的关系为 S，VIP 读者的关系为 T，分别如图 6-2（a）、（b）、（c）所示，关系 R、关系 S、关系 T 都是由读者编号、姓名、院系三个属性组成。

关系 R 和关系 S 的“并”操作的结果是由教工读者和学生读者组成的关系，如图 6-2（d）所示；关系 R 和关系 T 的“差”操作的结果是由是教工读者但不是 VIP 读者组成的关系，如图 6-2（e）所示；关系 R 和关系 T 的“交”操作的结果是由既是教工读者又是 VIP 读者组成的关系，如图 6-2（f）所示。

读者编号	姓名	院系
1020001221	李树	理学
1020010032	高明	外语
1020006100	王小淼	文艺
1020150121	马峻	计科

（a）教工读者 R

读者编号	姓名	院系
1020150021	王盛	计科
1020160011	刘翔	生科
1020175100	赵晓	外语
1020170001	唐棠	制造

（b）学生读者 S

读者编号	姓名	院系
1020070001	刘翔	生科
1020150121	马峻	计科

（c）VIP 读者 T

读者编号	姓名	院系
1020001221	李树	理学
1020010032	高明	外语
1020006100	王小淼	文艺
1020150121	马峻	计科
1020150021	王盛	计科
1020160011	刘翔	生科
1020175100	赵晓	外语
1020170001	唐棠	制造

（d）关系 R 和关系 S 的“并”操作的结果

读者编号	姓名	院系
1020001221	李树	理学
1020010032	高明	外语
1020006100	王小淼	文艺

（e）关系 R 和关系 T 的“差”操作的结果

读者编号	姓名	院系
1020150121	马峻	计科

（f）关系 R 和关系 T 的“交”操作的结果

图 6-2　关系 R 和关系 S 的“并”“差”“交”操作

从例 6.1 可以看出，关系 R、关系 S 和关系 T 在进行“并”“差”和“交”运算时，必须具有相同属性的数目，且相应的属性取自同一数据类型。

（1）“并”操作：关系 R 和关系 S 的“并”操作的结果是由属于 R 或者属于 S 的元组组成的新关系。

（2）“差”操作：关系 R 和关系 T 的“差”操作的结果是由属于 R 但不属于 T 的元组组成的新关系。

（3）“交”操作：关系 R 和关系 T 的“交”操作的结果是由既属于 R 又属于 T 的元组组成的新关系。

下面以学生－课程数据库为例解释“选择”“投影”“笛卡尔积”和“连接”操作。

设有一个学生－课程数据库包括“学生”表、“课程”表和“选课”表，见表 6-3 至表 6-5。

表 6-3　“学生”表

学号	姓名	性别	年龄	院系
5120170001	王达	男	20	CS
5120170002	李丽	女	19	EM
5120170003	张菲	女	18	FLC
5120170004	孙亮	男	21	EM

表 6-4　“课程”表

课程号	课程名	学分
1	数据库	3
2	高等数学	4
3	数据结构	2
4	C 语言程序设计	2

表 6-5　“选课”表

学号	课程号	成绩
5120170001	1	90
5120170001	2	88
5120170001	3	75
5120170002	1	85
5120170002	3	80
5120170003	2	79

（1）“选择”操作：用于选取某个关系上我们感兴趣的某些行（满足一定条件的行），并将它们组成一个新的关系。

例 6.2　从“学生”表中选取学号为 5120170002 的学生基本信息，则结果为第二行数据构成的新关系。从“选课”表中选取学号为 5120170001 且“成绩 >85”的学生的选课情况，则结果为前二行数据构成的一个新关系。

（2）“投影”操作：用于选取某个关系上我们感兴趣的某些列，并将它们组成一个新的关系。

例 6.3　在“学生”表中，如果需要保留的属性是姓名和院系，则从“学生”表中选出第二列和第五列数据构成的一个新关系。

（3）“笛卡尔积”操作:“选择”操作与“投影”操作都是对一个关系进行的操作，而“笛卡尔积”操作则是对两个关系的操作。两个关系的“笛卡尔积”操作是将两个关系拼接起来的一种操作，它由一个关系的元组和另一个关系的每一个元组拼接成一个新元组，由所有这样的新元组构成的关系便是“笛卡尔积”操作的结果。

例 6.4　将“学生”表和“课程”表进行“笛卡尔积”操作，得到表 6-6 的结果。

表 6-6　“学生”和“课程”关系的“笛卡尔积”操作结果

学号	姓名	性别	年龄	学院系	课程号	课程名	学分
5120170001	王达	男	20	CS	1	数据库	3
5120170001	王达	男	20	CS	2	高等数学	4
5120170001	王达	男	20	CS	3	数据结构	2
5120170001	王达	男	20	CS	4	C 语言程序设计	2
5120170002	李丽	女	19	EM	1	数据库	3
5120170002	李丽	女	19	EM	2	高等数学	4
5120170002	李丽	女	19	EM	3	数据结构	2
5120170002	李丽	女	19	EM	4	C 语言程序设计	2
5120170003	张菲	女	18	FLC	1	数据库	3
5120170003	张菲	女	18	FLC	2	高等数学	4
5120170003	张菲	女	18	FLC	3	数据结构	2
5120170003	张菲	女	18	FLC	4	C 语言程序设计	2
5120170004	孙亮	男	21	EM	1	数据库	3
5120170004	孙亮	男	21	EM	2	高等数学	4
5120170004	孙亮	男	21	EM	3	数据结构	2
5120170004	孙亮	男	21	EM	4	C 语言程序设计	2

用笛卡尔积操作可以建立两个关系间的连接，但这样建立的关系是一个较为庞大的体系，而且不符合实际操作的需要。在实际问题中，两个关系相互连接一般是要满足某些条件的，所得到结果往往比较简单。因此，对于笛卡尔积可以做适当的限制，以此适应实际应用需要。这样就引入了连接操作。

（4）“连接”操作 :“连接”操作也是对两个关系的拼接操作，它是从两个关系的笛卡尔积中选取满足一定条件的元组拼接成一个新的元组。也就是说，连接操作可以由两个关系先做笛卡尔积操作，再做选择操作，然后做投影操作来实现。

例 6.5　将“学生”表和“选课”表按照“学号”进行连接，结果见表 6-7，它显示了学生所选课程的成绩信息。

表 6-7　“学生”和“选课”关系的“连接”操作结果

学号	姓名	性别	年龄	学院系	课程号	成绩
5120170001	王达	男	20	CS	1	90
5120170001	王达	男	20	CS	2	88
5120170001	王达	男	20	CS	3	75
5120170002	李丽	女	19	EM	1	85
5120170002	李丽	女	19	EM	3	80
5120170003	张菲	女	18	FLC	2	79

通过实例了解几种对数据表的关系操作后，再来看看为关系操作奠定了理论基础的关系代数中，这些关系运算是如何定义的。

基础理论：关系运算

关系代数是以关系为运算对象的一组高级运算的集合。关系的基本运算有两类：一类是传统的集合运算，包括并、差、交和笛卡尔积；另一类是专门的关系运算，包括选择、投影和连接。表 6-8 给出了这些运算的基本操作符。

表 6-8　关系代数运算符

运算符		含义
传统集合运算符	∪	并
	∩	交
	−	差
	×	广交笛卡尔积
专门的集合运算符	σ	选择
	Π	投影
	⋈	连接
	÷	除

1. 传统的集合运算

传统的集合运算要求参与运算的两个关系必须具有相同的关系模式，即关系的结构相同。设关系 R 和关系 S 都有 n 个属性，且相应的属性取自同一个域，则可以定义如下 4 种运算。

(1)“并”运算（Union）。关系 R 与关系 S 的并是由属于 R 或属于 S 的元组组成的集合，表示为 $R \cup S$。形式化的定义为 $R \cup S=\{t|t \in R \vee t \in S\}$，其中 t 表示关系中的元组（下同）。

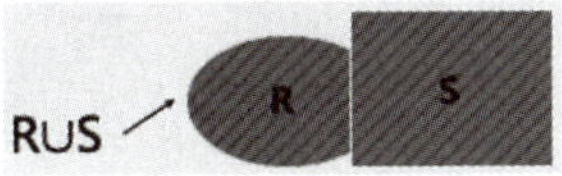

图 6-3　R ∪ S 图形化表示（斜线阴影部分表示了 R ∪ S 的运算结果）

（2）“差”运算（Difference）。关系 R 与关系 S 的差是由属于 R 但不属于 S 的元组组成的集合，表示为 R–S。形式化的定义为 R–S={t|t ∈ R ∧ t ∉S}。

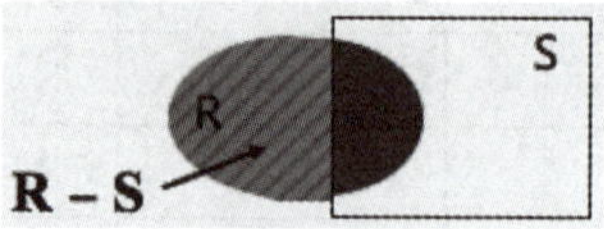

图 6-4 R–S 的图形化表示（斜线阴影部分表示了 R–S 的运算结果）

（3）“交”运算（Intersection）。关系 R 与关系 S 的交是由属于 R 且属于 S 的元组组成的集合，表示为 R ∩ S。形式化的定义为 R ∩ S={t|t ∈ R ∧ t ∈ S}。

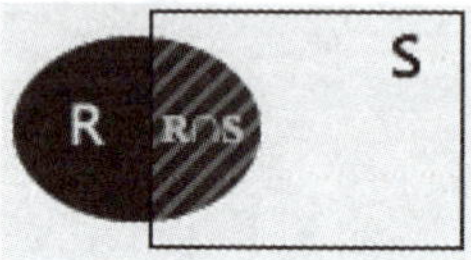

图 6-5 R ∩ S 的图形化表示（斜线阴影部分表示了 R ∩ S 的运算结果）

（4）笛卡尔积（Cartesian Product）。设关系 R 和关系 S 的属性个数分别是 r 和 s，则关系 R 与关系 S 的笛卡尔积是一个（r+s）个属性的元组集合，每个元组的前 r 个属性值来自 R 的一个元组，后 s 个属性值来自 S 的一个元组，记为 R×S。若 R 有 m 个元组，S 有 n 个元组，则 R×S 有 m×n 个元组。形式化的定义为 R×S={$t_r t_s$|t_r ∈ R ∧ t_s ∈ S}。

例 6.6 有关系 R 和关系 S 具有相同的结构属性，并且相应的属性取值范围相同，如图 6-6（a）和（b）所示，则 R ∪ S 结果如图 6-6（c）所示；R ∩ S 结果如图 6-6（d）所示；R–S 结果如图 6-6（e）所示；R×S 结果如图 6-10（f）所示。

A	B	C
a_1	b_1	c_1
a_1	b_2	c_2
a_2	b_2	c_1

（a）关系 R

A	B	C
a_1	b_2	c_2
a_1	b_3	c_2
a_2	b_2	c_1

（b）关系 S

A	B	C
a_1	b_1	c_1
a_1	b_2	c_2
a_2	b_2	c_1
a_1	b_3	c_2

（c）R ∪ S

A	B	C
a_1	b_2	c_2
a_2	b_2	c_1

（d）R ∩ S

A	B	C
a_1	b_1	c_1

（e）R–S

图 6-6 关系 R 和关系 S 的 4 种运算

A	B	C	A	B	C
a_1	b_1	c_1	a_1	b_2	c_2
a_1	b_1	c_1	a_1	b_3	c_2
a_1	b_1	c_1	a_2	b_2	c_1
a_1	b_2	c_2	a_1	b_2	c_2
a_1	b_2	c_2	a_1	b_3	c_2
a_1	b_2	c_2	a_2	b_2	c_1
a_2	b_2	c_1	a_1	b_2	c_2
a_2	b_2	c_1	a_1	b_3	c_2
a_2	b_2	c_1	a_2	b_2	c_1

（f）R×S

图 6-6　关系 R 和关系 S 的 4 种运算（续图）

2. 专门的关系运算

（1）“选择”运算（Selection）。选择运算是从关系中查找出满足限定条件的元组，形式化的定义为

$$\sigma_F(R)=\{t|t \in R \wedge F(t)='真'\}$$

F：表示选择条件，是一个逻辑表达式，取值为“真”和“假”，由逻辑运算符连接比较表达式组成。

比较表达式基本形式：XθY，其中 θ 表示比较运算符，θ={ >，≥，<，≤，=，≠ }；X、Y 等是属性名，或为常量，或为简单函数；属性名也可以用它的序号来代替。

例 6.7　求学号为 5120170001 的学生所选的所有课程，用关系代数可表达为：

$$\sigma_{学号="5120170001"}（选课）或 \sigma_{[1]="5120170001"}（选课）$$

注：其中 σ 的下角标 [1] 是“学号”属性在表中的序号。

例 6.8　求成绩在 80 到 90 之间的学生，用关系代数可表达为

$$\sigma_{成绩\geq 80 \wedge 成绩\leq 90}（选课）$$

（2）“投影”运算（Projection）。投影运算是从某个关系中选取若干属性构成新的关系。投影运算不会改变元组的个数，只改变属性的个数，也有可能改变属性的显示顺序，查询结果会取消有重复的列。

形式化的定义为

$$\pi_A(R)=\{t[A]|t \in R\}$$

其中 A 为 R 中的属性列。

例 6.9　只列出学生的学号和姓名，用关系代数可表达为

$$\pi_{学号,姓名}（学生）或 \pi_{1,2}（学生）$$

例 6.10　将选课关系重写排列为课程号、学号、成绩，用关系代数可表达为

$$\pi_{课程号,学号,成绩}（选课）或 \pi_{2,1,3}（选课）$$

（3）“连接”运算（Join）。连接运算是从两个关系的笛卡尔积中选取属性间满足一定条

件的元组。形式化的定义为

$$R\infty S=\{t_r t_s | t_r \in R \wedge t_s \in S \wedge t_r[A]\theta t_s[B]\}$$

其中 A 和 B 分别为 R 和 S 上度数相同且可比的属性组。θ 是比较运算符。连接运算从 R 和 S 的笛卡尔积 R×S 中选取在 A 属性组上的值与在 B 属性组上值满足比较关系 θ 的元组。

在连接运算中，按照字段值对应相等为条件进行的连接操作为等值连接。自然连接是去掉重复属性的等值连接。自然连接是更有实用价值的连接运算。

例 6.11 有关系R和关系S具有相同的结构属性，并且相应的属性取值范围相同，如图 6-7（a）（b）所示，则 $R \underset{C<E}{\infty} S$ 如图 6-7（c）所示，等值连接 $R \underset{R.B=S.B}{\infty} S$ 的结果为图 6-7（d），自然连接 R∞S 结果为图 6-7（e）。

A	B	C
a_1	b_1	5
a_1	b_2	6
a_2	b_3	8
a_2	b_4	12

（a）关系 R

B	E
b_1	3
b_2	7
b_3	10
b_3	2
b_5	2

（b）关系 S

A	R.B	C	S.B	E
a_1	b_1	5	b_2	7
a_1	b_1	5	b_3	10
a_1	b_2	6	b_2	7
a_1	b_2	6	b_3	10
a_2	b_1	8	b_3	10

（c） $R \underset{C<E}{\infty} S$

A	R.B	C	S.B	E
a_1	b_1	5	b_1	3
a_1	b_2	6	b_2	7
a_2	b_3	8	b_3	10
a_2	b_3	8	b_3	2

（d） $R \underset{R.B=S.B}{\infty} S$

A	B	C	E
a_1	b_1	5	3
a_1	b_2	6	7
a_2	b_3	8	10
a_2	b_3	8	2

（e）R∞S

图 6-7 关系 R 和关系 S 的 3 种关系运算

6.4 数据库语言 SQL

前面介绍的关系代数提供了一种表示关系操作的简洁而形式化的表示法，但是对用户而言，特殊的数学符号不方便用键盘输入，而且要想完整地表述操作也非常的烦琐和困难。

问题导入：

有没有更简单易用的方式使用数据库?

SQL（Structured Query Language）是一种更易于学习和使用的数据库语言，该语言简洁而又功能强大。尽管 SQL 叫作结构化查询语言，但除了可以进行数据库查询以外，还包含数据库定义、数据库操纵和数据库控制等功能。

下面将对 SQL 的核心功能——查询中用到的查询语句来进行介绍，以简单了解这种数据库语言。

SQL 查询可以很方便地从一个或多个表中检索数据。查询是高度非过程化的，用户只需要明确提出“做什么”，不需要指出“怎么做”。在 SQL 中，大量的查询都是依赖于 SELECT 语句进行的，SELECT 语句的简单语法形式如下：

```
SELECT   列名 1  [, 列名 2, …]
FROM     表名 1 [, 表名 2, …]
[ WHERE  检索条件 ];
```

其语义是：从“表名 1”“表名 2”……所给出的表中，查询出满足检索条件的元组，并按给定的列名及顺序选择相应的列，[] 里面的指定的列名和查询条件是可选的。

此语句的严格意义相当于如下关系操作的组合：

$$\pi_{列名1,列名2,\cdots}(\sigma_{条件}(表名1\times 表名2\times\ldots))$$

即 SELECT 子句相当于投影操作，WHERE 子句相当于选择操作，FORM 子句相当于笛卡尔积操作。

下面仍以表 6-3 至表 6-5 为例来进行说明。

由于本章中对学生－课程数据库进行的 SQL 查询操作都在 SQLite 中实现的，所以下面先对 SQLite 进行一个简单介绍。

基础理论：

SQLite 是一款开源的、轻量级的、嵌入式关系型数据库，以其简单易用、可移植性强、轻便、可靠高效的特点而著称，是开始学习关系数据库概念和实际实现的理想选择。无论使用哪种操作系统，SQLite 都很容易上手。对于大多数用户而言，不需要任何经验，5 分钟内就可学会安装并创建一个新的数据库。

1. 获得 SQLite 命令行程序

按照如下步骤获取 SQLite 命令行程序。

（1）打开浏览器进入 SQLite 主页 www.sqlite.org，如图 6-8 所示。

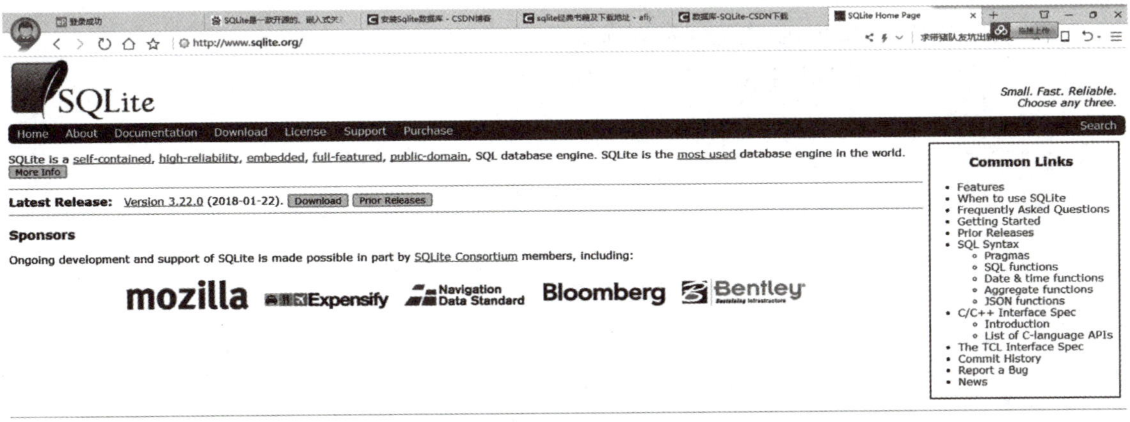

图 6-8　SQLite 主页

（2）单击页面顶部的下载链接 Download，进入下载页面。

（3）选择 Precompiled Binaries for Windows → sqlite-tools-win32-x86-3220000.zip 进行下载，sqlite-tools-win32-x86-3220000.zip 是用于管理 SQLite 数据库文件的一系列命令行工具。

（4）下载后就直接解压到磁盘上，可以看到解压后有 3 个可执行文件，双击 sqlite3.exe 文件，进入如图 6-9 所示的命令行模式。

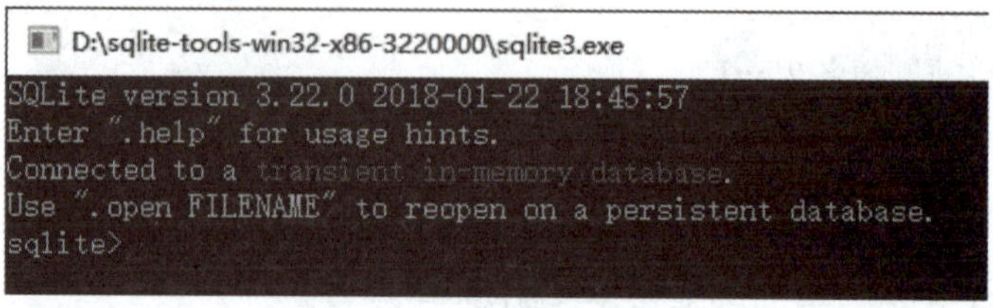

图 6-9 SQLite 命令行模式

虽然可以在命令行模式下完成各种数据库管理任务，但多数用户都采用图形化界面的可视化管理工具来代替命令脚本对数据库进行管理，因为图形化界面更加的直观和简便。

2. SQLite 数据库管理工具 SQLiteStudio

SQLiteStudio 是一款 SQLite 数据库可视化工具，无需安装，下载后解压即可使用，很小巧，有绿色中文版本。

执行 SQLiteStudio.exe 文件，可进入 SQLiteStudio 的软件界面，如图 6-10 所示。

图 6-10 SQLiteStudio 的软件界面

（1）利用 SQLiteStudio 创建选课数据库 SelectCourse。

1）单击“添加数据库”按钮，如图 6-11 所示。

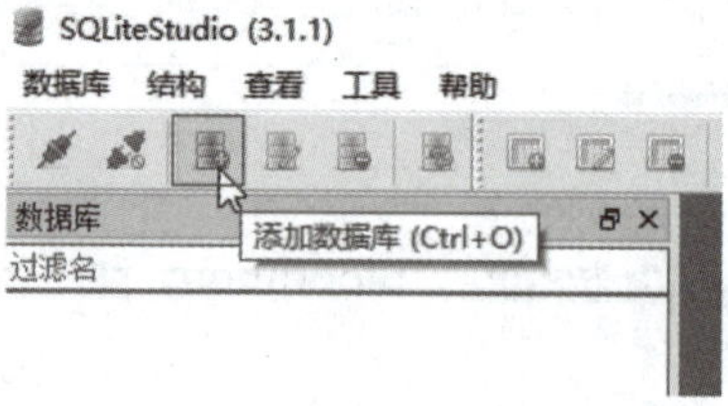

图 6-11 SQLiteStudio 创建选课数据库

2）数据类型默认选择 SQLite 3，单击“添加”按钮，将文件保存至 D:/Sqlite3/

SelectCourse.db，单击 OK 按钮即可创建一个 SQLite DB 文件，如图 6-12 所示。

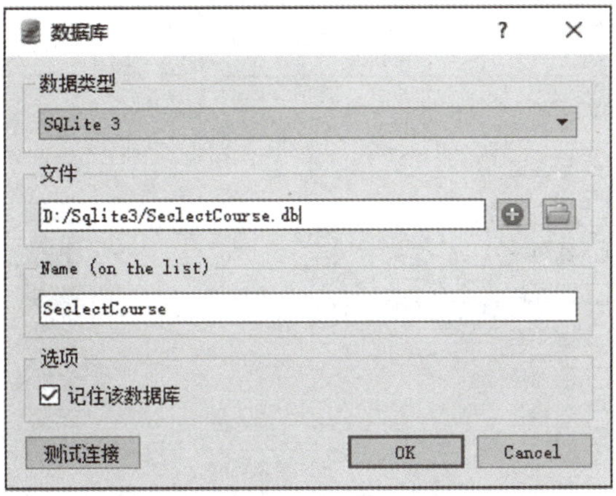

图 6-12　“数据库”对话框

双击 SelectCourse 数据库，将会显示其下的子节点，选择 Tables，并在工具栏单击“新建表”按钮，如图 6-13 所示。

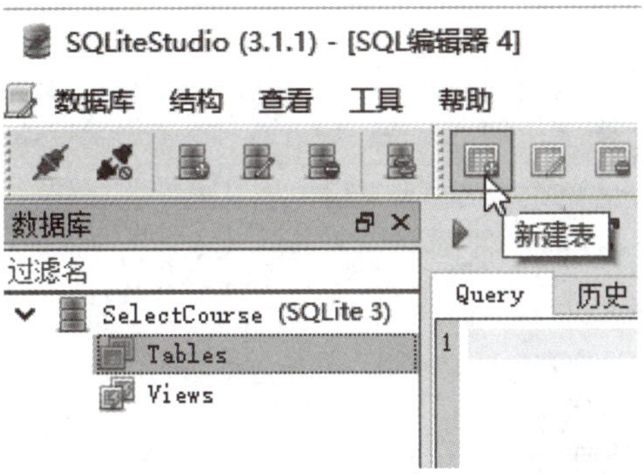

图 6-13　“新建表”按钮

3）在 Table name 文本框内输入表名 Info，并单击 Add columns(Ins) 按钮以便添加列，如图 6-14 所示。

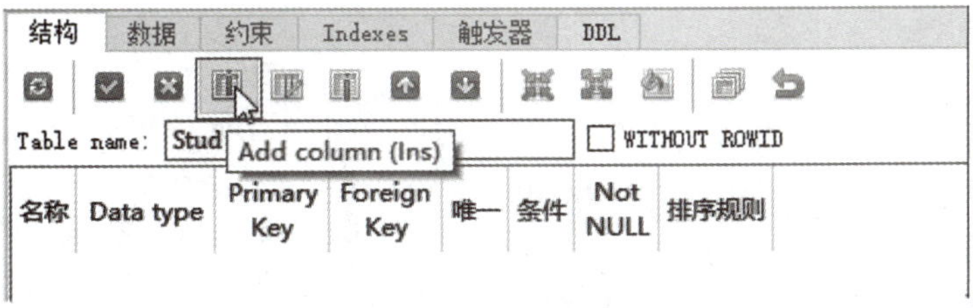

图 6-14　Add columns(Ins) 按钮

4）添加第一个字段，字段名为 Sno，数据类型为 CHAR，选中“主键”复选框，并单击 OK 按钮，如图 6-15 所示。

图 6-15 “字段”对话框

5）重复 3）和 4）步，以添加其余的列，添加完所有的列后，单击 Commit structure changes 按钮以便保存该表及字段，如图 6-16 所示。

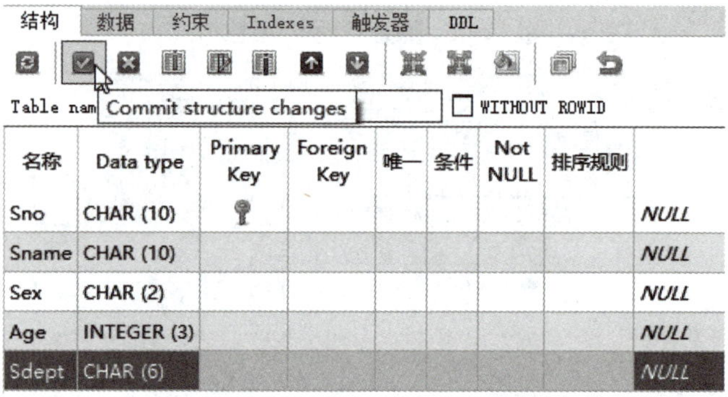

图 6-16 Commit structure changes 按钮

6）选择“数据”选项卡，单击“插入行 (Ins)”按钮，如图 6-17 所示。

7）添加数据完毕之后，单击“提交 (Ctrl+Return)”图标按钮提交刚才输入的数据，如图 6-18 所示。

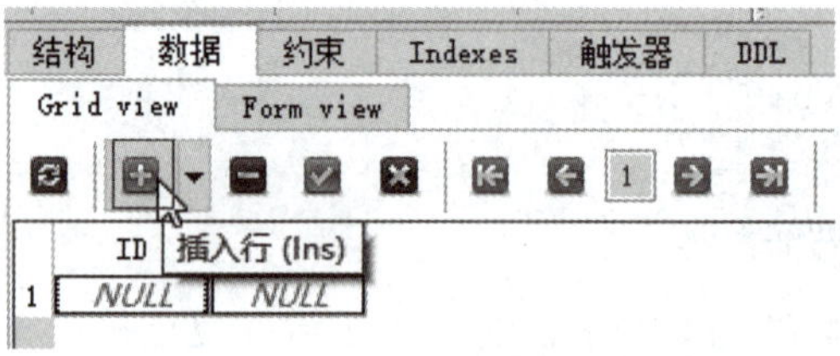

图 6-17 “插入行”按钮

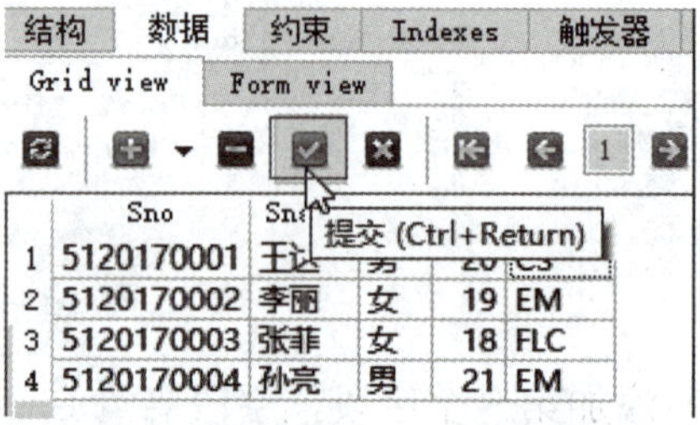

图 6-18 “提交 (Ctrl+Return)”按钮

（2）使用 SQL 编辑器。

1）单击“打开 SQL 编辑器”，如图 6-19 所示。

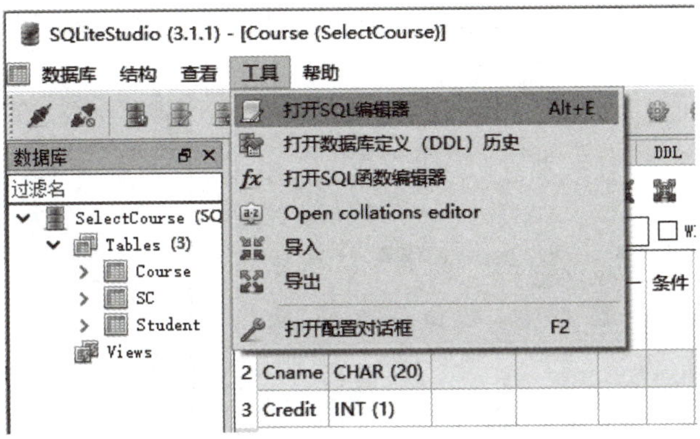

图 6-19　“工具”菜单

2）录入 SQL 语句并执行，如图 6-20 所示。

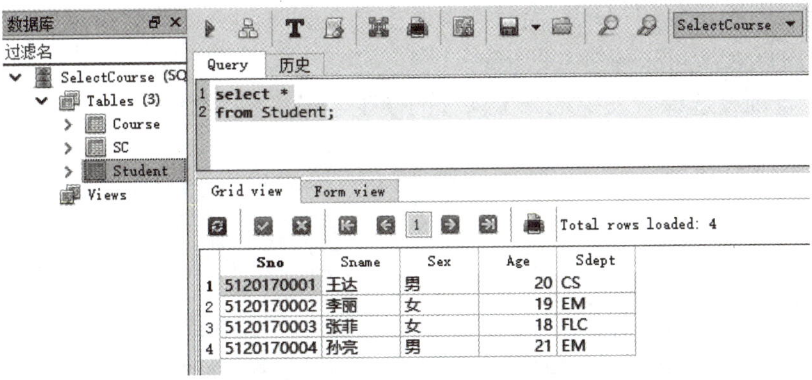

图 6-20　执行 SQL 语句界面

熟练操作 SQLite 后，就该到了我们一试身手的时候了，下面通过几个实例开启操作和管理数据的旅程。

1. 利用 SQL 进行简单查询

SQL 可以实现一张表上的任何查询，包括选择满足条件的行或列、排序等。

（1）查询全部列的记录。

例 6.12　查询“学生”表中所有学生的信息。

```
SELECT 学号 , 姓名 , 性别 , 年龄 , 院系
FROM 学生;
```

在 SQL 查询语句中，如果查询的是表中所有的列，可以采用“ * ”代替，所以该例还可写成：

```
SELECT *
FROM 学生;
```

（2）查询指定的列。

例 6.13　查询“学生”表中学生学号以及和学号对应的学生姓名信息。

SELECT 学号，姓名
FROM 学生；

其中，SELECT 子句指出要查询的指定列，查询结果中列的顺序将按执行 SELECT 语句后列的顺序显示，FORM 子句指出要查询的表名。此例的运行结果如图 6-21 所示。

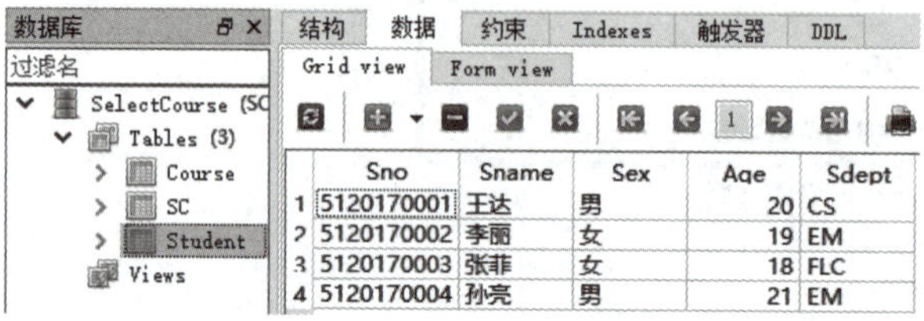

（a）“学生”表（操作前）

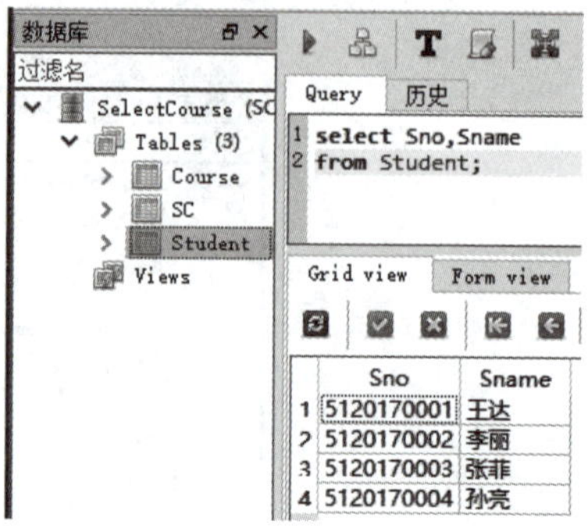

（b）例 6.13 的运行结果

图 6-21 例 6.13 图

（3）查询表中不重复的记录。当只选择表中某些列时，查询的结果可能会有重复记录的查询，使用 DISTINCT 可去掉重复的记录。

例 6.14 查询“选课”表中选修了课程的学生学号（图 6-22）。

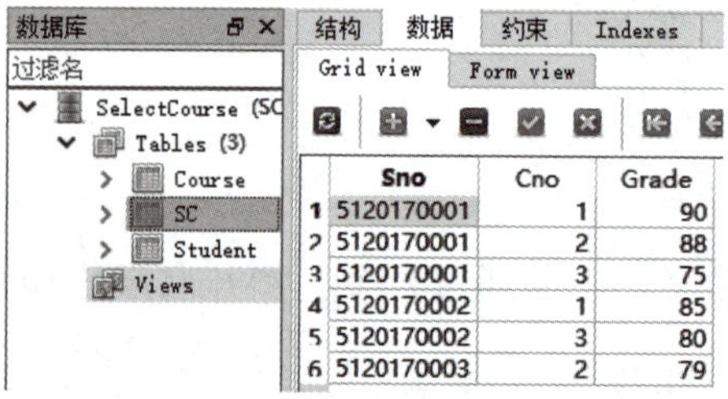

（a）“选课”表（操作前）

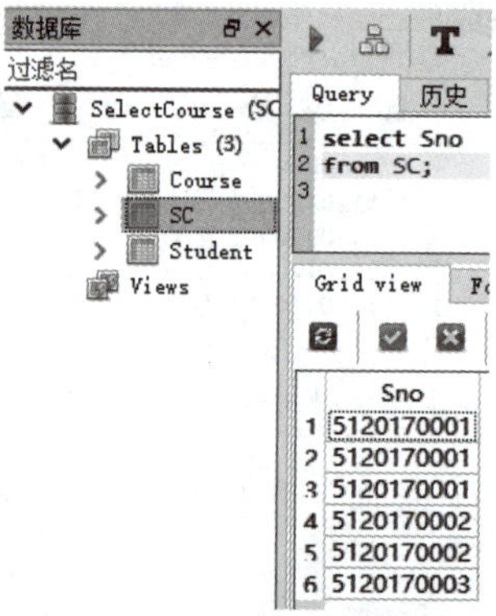

（b）未采用 DISTINCT 的查询结果

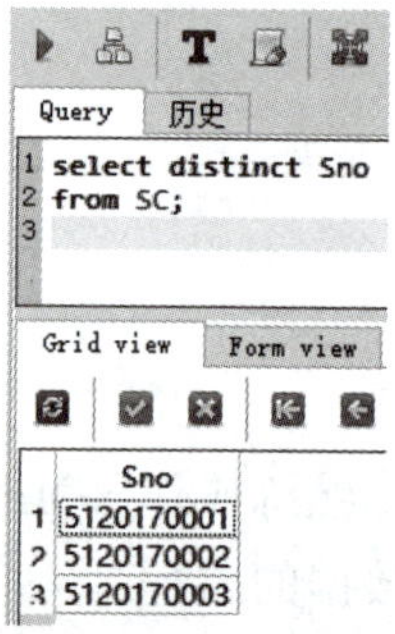

（c）采用 DISTINCT 的查询结果

图 6-22 例 6.14 图

2. SQL 查询条件的书写

在使用 SQL 语句进行查询操作时，很多时候我们并不是对数据表中的全部记录感兴趣，而只是想得到实际需要的数据记录，这时就需要对查询结果进行限制。在 SQL 语句中可以使用 WHERE 子句过滤掉不符合条件的记录。

WHERE 子句中定义的搜索条件可以是简单的单值比较条件，也可以是使用各种运算符、组合子句的条件。如果有多个查询条件，需要结合使用逻辑运算符 AND、OR 和 NOT 来进行查询。其中 AND 运算符用来查询同时满足多个条件的记录，OR 运算符用来查询多个条件中满足其中任一个条件的记录，NOT 运算符用来查询满足相反条件的记录。

（1）简单查询条件的书写。

例 6.15　查询“学生”表中 EM（Economics & Management）学院所有学生的学号和姓名（图 6-23）。

```
SELECT 学号 , 姓名
FROM 学生
WHERE 所在学院 = "EM";
```

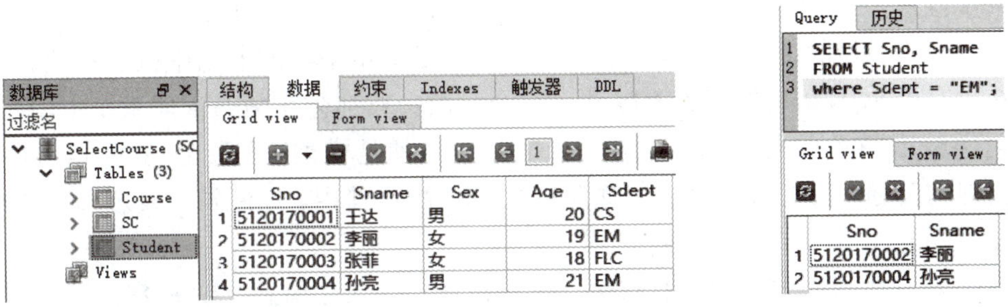

（a）“学生”表（操作前）　　（b）例 6.15 的运行结果

图 6-23　例 6.15 图

（2）“或者 ... 或者 ...” 的查询。

例 6.16　查询“选课”表中选修了 1 号课程或选修了 2 号课程的所有学生的学号（图 6-24）。

```
SELECT DISTINCT 学号
FROM 选课
WHERE 课程号 = "1" OR 课程号 = "2" ;
```

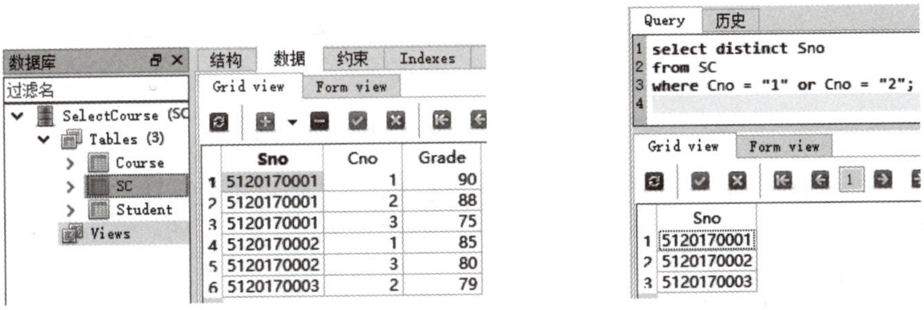

（a）选课表（操作前）　　（b）例 6.16 的运行结果

图 6-24　例 6.16 图

（3）范围区间的查询。

例 6.17　查询选课表中课程成绩大于等于 90 分或者小于等于 80 分的课程号及其成绩。

```
SELECT 课程号 , 成绩
FROM 选课
WHERE 成绩 >= 90 OR 成绩 <= 80;
```

（4）“即……又……” 的查询。

例 6.18　查询选课表中学号为 5120170001 的学生所选修的课程中，课程成绩大于等于 90 分或者小于等于 80 分的课程号及其成绩。

```
SELECT 课程号 , 成绩
FROM 选课
WHERE 学号 = "5120170001"  AND （成绩 >= 90 OR 成绩 <= 80）;
```

上面的 WHERE 子句中，若写成“学号 = '5120170001' AND 成绩 >= 90 OR 成绩 <= 80”，会使得表达式“成绩 >= 90”的优先级提高，产生错误的结果。

3. 模糊（LIKE）查询

在查询中经常会遇到这样一种情况：不能完全确定所需要查询信息的完整条件，但是这些信息又具有某些明显的特征。例如，想学习 SQL 语言，希望在图书馆中找一些相关的资料，但是又不知道有关 SQL 语言的书都有哪些，这个时候一般都会在图书管理系统中输入关键字 SQL，这样与 SQL 有关的所有书籍就都会查到了，这就是模糊查询。在 SQL 语言中提供了用于模糊查询的关键字 LIKE，它需要和通配符 % 和 _ 配合使用。通配符 _ 表示匹配单个字符；通配符 % 表示匹配 0 个或者多个字符。

例 6.19　查询“课程”表中所有有关“程序设计”的课程信息（图 6-25）。

```
SELECT  *
FROM 课程
WHERE 课程名 LIKE '% 程序设计 ';
```

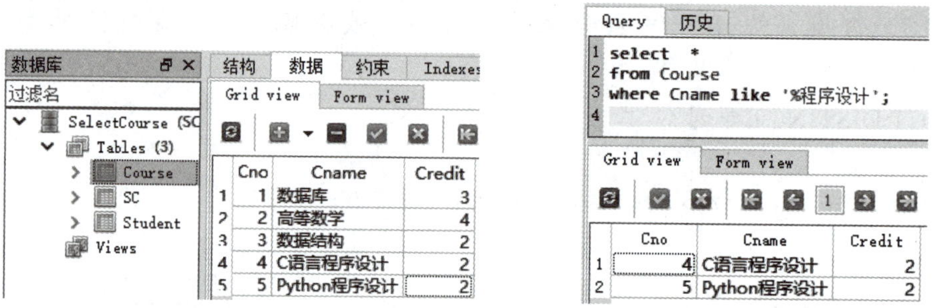

（a）课程表 Course（操作前）　　（b）例 6.19 的运行结果

图 6-25　例 6.19 图

如果只列出所有姓“张”而名字只有一个字的学生，则 SQL 语句如下：

```
SELECT  *
FROM 学生
WHERE 姓名 LIKE ' 张 _';
```

4. 表中数据的排序

为了更好地观察数据表中的查询数据，经常要对查询结果进行升序或降序的排序操作，这就要用到 ORDER BY 子句。如果 ORDER BY 子句后面的关键字是 ASC，则表示执行升序操作，如果 ORDER BY 子句后面的关键字是 DESC，则表示执行降序操作。

例 6.20　查询“选课”表中 1 号课程的成绩大于 85 分的学生学号及其成绩，并按成绩由低到高排列（图 6-26）。

```
SELECT 学号，成绩
FROM 选课
```

```
WHERE 课程号 ="1" AND 成绩 > 85
ORDER BY 成绩 ASC;
```

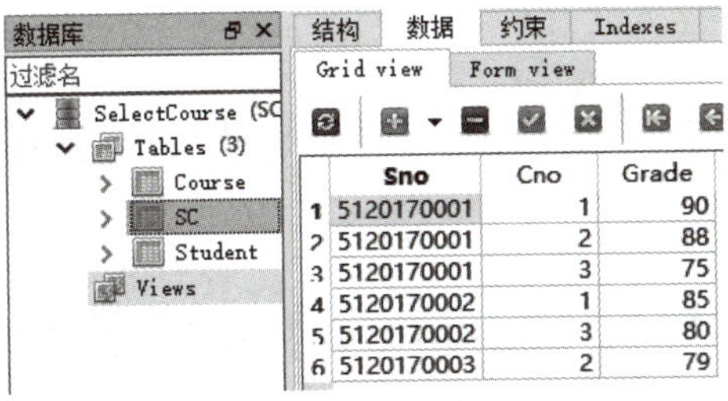

（a）选课表（操作前）

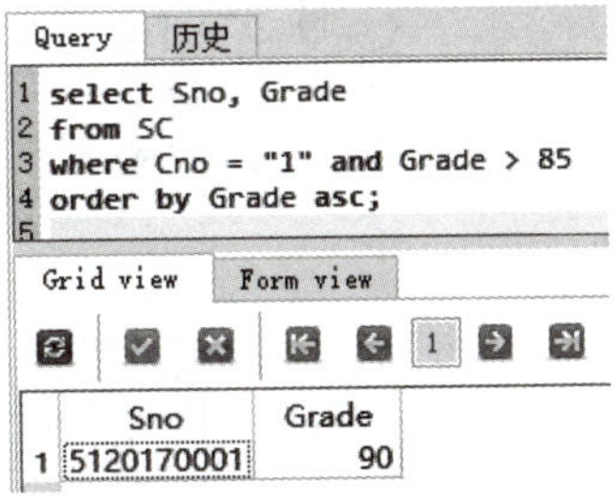

（b）例 6.20 的运行结果

图 6-26　例 6.20 图

5. 多表连接查询

有时需要将多个表连接起来才能查询出需要的数据，SQL 提供了连接查询的功能。

例 6.21　查询出选修 1 号课程的学生姓名和成绩（图 6-27）。

```
SELECT 姓名 , 成绩
FROM 学生 , 选课
WHERE 学生 . 学号 = 选课 . 学号 AND 课程号 ="1";
```

本例中需要查询的“姓名”和“成绩”两个属性分别属于“学生”和“选课”两个不同的表中，因此在 FROM 子句中需要把用到的两个表名均列举出来，表名之间用“,”分隔。

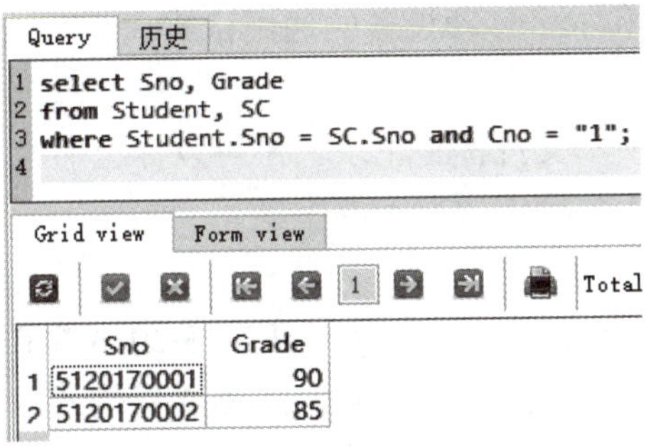

图 6-27　例 6.21 的运行结果

6. 嵌套查询

嵌套查询指一个外层查询中包含有另一个内层查询，表现为一个查询语句块（SELECT-FROM-WHERE) 嵌套在另外一个查询块的 WHERE 子句中，即把内层查询的结果作为外层查询的条件。

例 6.22　查询出选修“高等数学”的所有学生的学号和成绩。

```
SELECT 学号 , 成绩
FROM 选课
WHERE 课程号 IN (SELECT DISTINCT 课程号
            FROM 课程
            WHERE 课程名 = " 高等数学 ");
```

说明：SQL 提供了强大的数据管理和操作功能，本节只是讲解最常用的一些使用方法，起到抛砖引玉的作用，要想了解更多可自行查阅资料继续学习。

6.5 阅读材料——常见数据组织格式

数据组织除了用数据库的方式，还有很多是以不同的格式文件存在，常见的有如下一些格式。

1. TXT 格式介绍

TXT 是微软在操作系统上附带的一种文本格式，是最简单、最常见的一种文件格式，早在 DOS 时代应用就很多，主要存文本信息，即文字信息。

.txt 是包含极少格式信息的文字文件的扩展名。TXT 格式并没有明确的定义，它通常是指那些能够被系统终端或者简单的文本编辑器接受的格式。任何能读取文字的程序都能读取带有 .txt 扩展名的文件，因此，通常认为这种文件是通用的、跨平台的。因为这个特性，曾一度成为流行的电子书格式。

使用 TXT 格式的原因：由于微软的“记事本”软件是每个 Windows 系统都具备的，所以 TXT 格式就作为最普遍的格式流传下来，因此现在的移动设备都提供最基本的 TXT 格式支持。

TXT 格式的三大优势：

（1）体积小、存储简单方便。

（2）TXT 格式比较简单，不会中毒。

（3）TXT 格式是计算机和很多移动设备的通用格式。

TXT 格式的两大缺点：

（1）用“记事本”阅读，不支持标签记录，不可以标记书签。

（2）只能支持纯文字，不支持图像，不够生动。

2. XLSX 格式介绍

.xlsx 格式是 Microsoft Office Excel 2007/2010/2013/2016 文档的扩展名。XLSX 格式是从 Office 2007 开始使用的，是用新的基于 XML 的压缩文件格式取代了其之前专有的默认文件格式，在传统的文件名扩展名后面添加了字母 x（即 docx 取代 doc、xlsx 取代 xls 等），使其占用空间更小。

3. XML 格式介绍

什么是 XML？

XML 指可扩展标记语言（Extensible Markup Language），是由 W3C 组织于 1998 年 2 月发布的一种数据标准。

XML 不仅可以在出版界用于设计文档描述语言，也可以用于互联网的数据交换。XML 之所以能够应用于各种领域，是因为 XML 具有其他方法所不具备的数据描述特性，控制信息不依赖于应用软件，而是采用人和机器都可理解的标记形式来表现。

它使用一系列简单的标记描述数据，而这些标记可以用方便的方式建立，虽然可扩展标记语言占用的空间比二进制数据多，但可扩展标记语言极其简单，易于掌握和使用。

可扩展标记语言（XML）与 Access、Oracle 和 SQL Server 等数据库不同，数据库提供了更强有力的数据存储和分析能力，例如：数据索引、排序、查找、相关一致性等，XML 是用来传输数据的，而与其同属标准通用标记语言的 HTML 主要用于显示数据。事实上 XML 与其他数据表现形式最大的不同是：极其简单。这是一个看上去微不足道的优点，但正是这点使 XML 与众不同。

XML 的简单使其易于在任何应用程序中读写数据，这使 XML 很快成为数据交换的唯一公共语言，虽然不同的应用软件也支持其他的数据交换格式，但最终都将支持 XML，那就意味着程序可以更容易地与 Windows、Mac OS、Linux 以及其他平台下产生的信息结合，可以很容易加载 XML 数据到程序中并分析，最终以 XML 格式输出结果。

XML 允许各种不同的专业（如音乐、化学、数学等）开发与自己的特定领域有关的标记语言。这就使得该领域中的人们可以交换笔记、数据和信息，而不用担心接收端的人是否有特定的软件来创建数据。特定领域的开发人员甚至可以向本领域外的人发送文档，接收文档的人能够查看文档的内容。

更进一步说，为特别的领域创建标记语言不会产生“病件（Bloatware）”或是对于本专业外的人来说产生不必要的复杂性。一般人也许不会对电力工程图感兴趣，但是电力工程师却对此感兴趣。一般人也许不需要在他的 Web 页面中加入乐谱，但是作曲家却要这样做。XML 让电力工程师描述电路图，让作曲家写乐谱，而不会互相干扰。对于浏览器开发商来说，都不需要对特定的领域提供特殊的支持，也不需要提供复杂的插件。

4. JSON 格式介绍

JSON（JavaScript Object Notation，JS 对象标记）是一种轻量级的数据交换格式。所谓轻量级，一是指这种格式不需要特定的容器，二是运行时占用很少的资源。它基于 ECMAScript（W3C 制定的 JS 规范）的一个子集，采用完全独立于编程语言的文本格式来存储和表示数据。JavaScript 语言可以直接读取 JSON 数据格式的内容，所以在 Web 2.0 中 JSON 有着广泛的应用。

JSON 格式的特点如下：

（1）轻量级的数据交换格式。

（2）易于人阅读和编写。

（3）易于机器解析和生成。

（4）能够通过 JavaScript 的函数解析 JSON。

（5）支持多语言。

本章总结

本章首先从数据管理的历史出发，提出早期的管理信息系统中用文件来存储数据，会造成数据冗余及数据无法共享、同步和更新等问题，为了有效解决这些问题，人们引入了数据库技术来对数据进行管理。通过介绍如何在关系数据库中组织数据，关系数据库如何基于数学运算进行数据操作，以及关系数据库如何使用 SQL 语言进行数据库查询三个方面来使读者了解数据库的构成和使用。

课后习题

一、单项选择题

1. DBMS 可以（　　）数据库。

A. 定义　　B. 创建
C. 维护　　D. 以上操作都可以

2. 关系中的每一列被称作（　　）。

A. 属性　　B. 元组　　C. 记录　　D. 域

3. 关系中的每一行被称作（　　）。

A. 属性　　B. 元组　　C. 值域　　D. 域

4. 删除关系中一个属性，可使用（　　）操作。

A. 连接　　B. 投影　　C. 并　　D. 交

5. 要创建一个名为 New 的关系，该关系包含同时属于关系 A 和关系 B 的元组。为此，可以使用（　　）操作。

A. 连接　　B. 投影　　C. 并　　D. 交

6. 需要将两个关系根据共同属性使它们合并的操作是（　　）操作。

A. 连接　　B. 投影　　C. 并　　D. 交

二、简答题

以本章中表 6-3 至表 6-5 为对象，请写出满足下列要求的 SQL 查询语句：

（1）列出 EM 院系的所有学生的学号和姓名。

（2）列出“王达”同学所学全部课程的课程名和成绩。

（3）列出“数据库”课程成绩在 80 分以上的所有同学的姓名及院系。

（4）列出学过“数据库”或者学过“高等数学”课程的所有学生的学号。

第 7 章　初识并行计算与分布式计算

引　言

在工作中，我们总是希望用更少的时间解决更多的问题，让自己工作更有效率。如果让计算机来满足这个要求，可以采用并行计算的方式。当人类设计第一台计算机 ENIAC 时，已经出现了并行计算的概念。它设计了 20 个累加器，可以同时进行多个加减运算，开创并行计算的先河。随着晶体管和超大规模集成电路的发明，计算机变得更快。这一时期计算机的主角当然属于 IBM，同时计算机编程语言也大量的出现，并行计算由软件来实现的思想得到了进一步深化。

优秀的程序员们编写了大量的应用软件，但这些软件绝大部分采用串行计算方法。那什么是串行呢？串行就是同一时间内，CPU 只能运行一条指令，而软件就是由一条条的指令构成的，软件在计算机上执行，CPU 会一条一条地从存储器内取出指令，然后顺序执行。这种方式简单而又好控制。至于整个软件的运行速度，只要硬件的处理能力不断提高，尤其 CPU 的处理速度不断提高，这一切好像都变得简单了。但是我们发现，通过不断提高 CPU 频率来提高计算机的速度受到了挑战，因为频率的提高会使 CPU 的发热量快速地增加，随着温度的增加，CPU 的整体速度几乎没有提高。那怎么办呢？于是芯片业很快采用了另外一种方法：在一块芯片中植入多个处理核心，通过多核的共同运算来提高运行速度。但是，采用串行方法编写的软件只能使用其中的一个处理核心，这样就很尴尬了，如果仍然采用串行编程的思想，计算机的运行速度不会得到任何改善。为了发挥多核处理的速度，软件编程思想必须改变。随着云计算和大数据的发展，网络数据极速膨胀，一台或者几台大型计算机已经远远不能满足数据的处理要求，它需要更多的计算机来协同完成工作。面对这些问题，主要的解决方案就是：并行计算和分布式计算。

7.1　并行计算

7.1.1　并行计算的引例

老师给学生们出了一道计算题，题目是：

请用计算机计算 1,4,3,9,2,8,5,1,1,5,2,7,2,5,0,4,1,8,6,5,1,2,3,9 这 24 个数字相加的和。看能不能想出更好的办法加快它的计算速度。

如果采用单核处理器计算：

$$1+4+3+\ldots+3+9=95$$

显然一共要进行 23 次加法。

问题导入：

能不能想出更快的计算方法呢?

我们试一试采用八核处理器。平均每个核计算 24/8=3 个数字的和，这 24 个数字可以分为如下 8 组：

1,4,3；9,2,8；5,1,1；5,2,7；2,5,0；4,1,8；6,5,1；2,3,9

表 7-1 展示了每组的组号和每组数字计算的和。

表 7-1　8 组组号与和

组号	0	1	2	3	4	5	6	7
每组的和	8	19	7	15	7	13	12	14

将每个核的结果分别放到 master（即第 0 个核）进行计算：

$$8 + 19 + 7 + 15 + 7 + 13 + 12 + 14 = 95$$

在所有的任务中，master 核是执行时间最长的，要执行 9 次加法操作。其中执行的 7 次操作是将其他核的结果加起来。

你还能想出更快的算法吗？让计算的次数更少，试一试。

我们不妨将上面的算法优化一下：

第 0 个核计算第 0 核和第 1 核结果的和，第 2 核计算第 2 核和第 3 核结果的和……然后按照这个模式再计算剩下的结果。计算过程如图 7-1 所示。

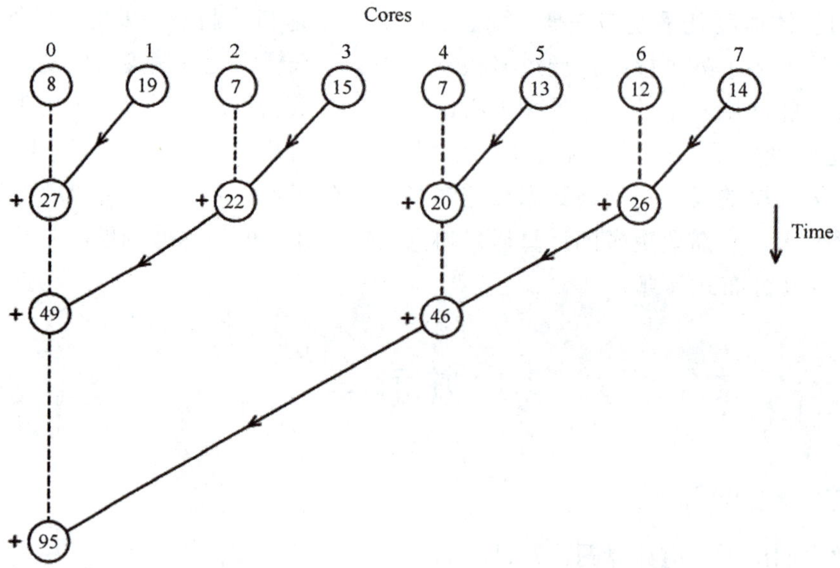

图 7-1　并行计算图

采用这种算法，还是 master 核执行的时间最长，一共执行了 6 次加法。其中 3 次是计算与其他核的结果的和。

从上面的方法中我们会发现，把一个串行的计算分解成若干个部分来计算，每部分均由一个独立的处理机来计算。我们可以把这种计算称为并行计算。

7.1.2　什么是并行计算

并行计算（Parallel Computing）是指同时使用多种计算资源解决计算问题的过程，是提高计算机系统计算速度和处理能力的一种有效手段。实际上就是采用多个处理器来协同计算，将求解的问题进行分解，分成若干个部分，每一部分都由一个独立的处理机来进行并行计算。当然完成并行计算，可以设计拥有多个处理器的超级计算机，比如我们国家自主研发的“神威·太湖之光”和“天河二号”超级计算机分别在 2019 年全球超级计算机 500 强榜单中位列第三名和第四名。也可以通过若干台的独立计算机互联构成的集群进行并行计算。

并行计算可分为时间上的并行和空间上的并行。

问题导入：

并行计算在时间和空间上怎么并行?

时间上的并行：它有点类似于流水线技术，假如一个工厂要生产牛肉干，我们可以采用时间上的并行来提高生产效率，以下是一个正常生产牛肉干的过程：

（1）清洗牛肉：用水将牛肉冲洗干净。

（2）煮熟并冷却：将牛肉煮熟至 9 成熟，然后冷却。

（3）切块成型：将冷却的牛肉切块成型。

（4）卤制并烘干：对成型牛肉进行卤制，然后在 46℃环境下烘干 6 小时。

（5）风干后包装与消毒：将风干的牛肉装入包装袋消毒，抽取真空。

如果不采用流水线，牛肉干的生产需要 5 个步骤，每生产完一批牛肉干，再进行下一牛肉干的生产，不仅耗时而且效率很低。如果采用流水线技术，根据 5 个步骤，第一组工人可以先清洗一批牛肉，第二组工人可以进行煮熟工作，在进行煮熟工作的同时第一组工人可以清洗第二批牛肉；依次类推，就可以同时生产 5 袋牛肉干。这种采用时间上并行的算法，相当于在同一时间启动两个或两个以上的任务，工作效率可以得到极大的提高。

空间上的并行：是指多个处理机并发的执行计算，以上面的生产牛肉干为例，每个步骤可能花费的时间不同，可以对花费时间长的工序多买几套设备，比如清洗牛肉花费时间少，煮熟工序花费时间多，就多买几口锅同时完成煮熟工序。相当于通过网络将两个以上的处理机连接起来，同时计算同一个任务的不同部分。

再比如李明准备在植树节当天种植三棵树，假设李明一个人种植一棵树需要花 2 个小时，那么他一个人种植完三棵树要花 6 个小时。如果李明叫来他的好朋友李敏和李刚，每个人都同时种植一棵树，那么三棵树在 2 个小时后会种植完成，这就是并行算法中的空间并行，可以将一个大任务分割成多个相同的子任务，这样可以极大地提高计算速度。

7.1.3　为什么需要并行计算

1986 年至 2002 年期间，微处理器的速度平均每年增长 50%。但是 2003 年以后，微处理器的增长速度跌落到了每年 20%。如果使用单核处理器的话，速度是可以提上去，但是单核处理器会产生越来越多的热量，风扇散热技术不能跟上处理器产生热量的速度。在大规模计算的时候，依赖一个超强的单核显然是行不通的。

我国的“天河一号”巨型机，2010 年底世界超级计算机 TOP500 强第 1 名，每秒 2500 多万亿次浮点运算，近 20 年性能已提高了 3000 多倍，如图 7-2 所示。但是单核处理器性能提升已接近极限。

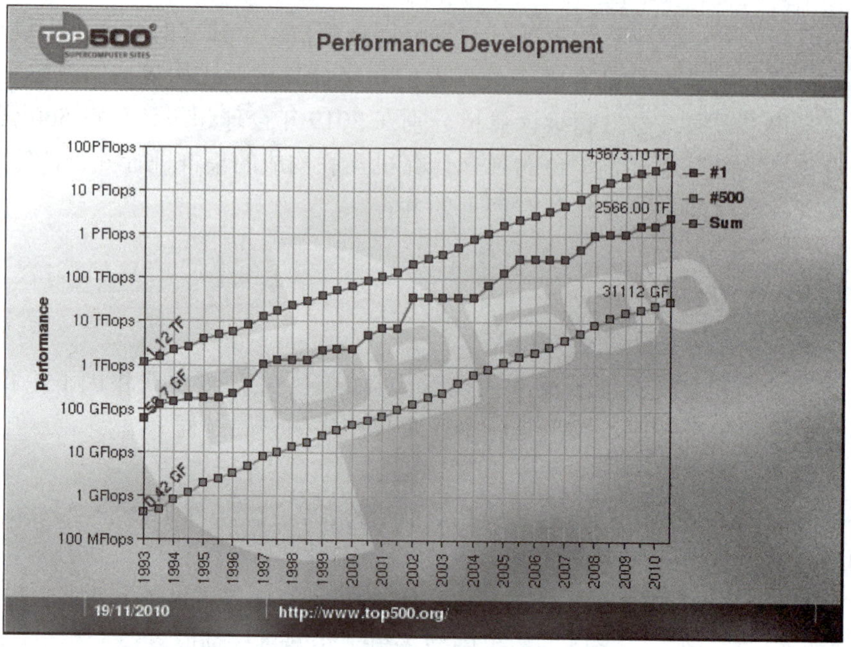

图 7-2　我国“天河一号”执行速度

1. VLSI 集成度不可能无限提高

芯片集成度已进入了极小尺度级别，集成度再极大提高变得越来越困难了，现在最好的生产工艺可以达到 5nm（纳米）。我们可以大概算一下，1nm（纳米）大概是头发直径的 6 万分之一，4 个原子长度，那 10nm ～ 20nm 仅相当于几百个原子的长度。

2. 处理器指令级并行性提升也快到极限

长指令字、分支预测、寄存器命名、超线程、超标量、乱序执行、动态发射、高速缓冲（Cache）、高级流水线等各种复杂的微体系结构技术都已经在现代 CPU 中得到了应用，要想进一步提高指令级并行性显得非常困难。

3. 处理器速度和存储器速度差异越来越大

处理器性能每 2 年翻一倍，而存储器性能每 6 年翻一倍，存储器的速度提高远远落后于 CPU 的发展速度。CPU 计算速度以 1ns 级别来计算，而主存访问速度是 100ns 级别，怎么解决这个问题呢？一般在 CPU 中采用越来越大的 Cache。Cache 也叫高速缓存，但即使这样这种速度差异的鸿沟也很难填平。

4. 功耗和散热大幅增加，超过芯片承受能力

晶体管的集成度不断提高，主频的提高会导致单位面积功耗和散热大幅增加，随着 CPU 温度的提高，为了保证 CPU 温度不要太高，只能降低频率，计算速度反而会降低。通常情况下晶体管数越多，电容越大会导致功耗越大；主频越高也会使功耗越大。

2005 年前，人们认为只要一直提升处理器主频，计算机的计算速度就会一直提高，直到 2004 年 5 月 Intel 处理器 Tejas and Jayhawk（4GHz）因无法解决散热问题，不断提高主频方式被最终放弃，标志着升频技术时代的终结。

那么怎么来解决这个问题呢？可以采用多核技术，现在流行的 CPU 大多采用这种技术，多核处理器技术可以将大的任务分割成小任务放在处理器上执行。每个处理器有很多核（Core），现在有些计算机采用多核多线程处理器技术，主流的微处理器一般都是采用双核 4 线程、4 核 8 线程和 8 核 16 线程，每个核每次只能执行一个任务。

2005 年开始，Intel 全面转入多核计算技术，主要采用多核 / 众核构架，通过在单个芯片上设计多个简化的处理器核的技术来提高计算机的计算性能。现在 CPU 的发展趋势是从单处理器向多核并行计算发展，市场上流行的多核芯片如下。

双核：Pentium D(05)、Pentium EE(06)、Pentium Xeon(06)、Core 2 Duo E 系列、Core 2 Duo T 系列、Core i3、Core i5。

4 核：Core 2 Quad Q 系列、Core i5、Core i7。

6 核：Core i7 970/980。

8 核：AMD Bulldozer。

NVIDIA GPU，主要用于图形图像并行处理，Tesla M2050/2070 达到 448 核，S2050 1U GPU 处理系统：4 个 M2050/2070，达到 1792 核。

5. 应用领域中计算规模和复杂度已大幅提高

（1）Web 数据量爆炸性增长。

1）Google 从 2004 年每天处理 100TB 数据到 2008 年每天处理 20PB。

2）2009 年 eBays 数据仓库，一个有 2PB 的用户数据，另一个有 6.5PB 的用户数据包含 170TB 记录且每天增长 150GB 记录；Facebook：有 2.5PB 的用户数据，每天增加 15TB。

3）世界最大电子对撞机每年产生 15PB 数据。

4）世界上最大的观天望远镜主镜头像素达到 3.2G，每年产生的天文图像数据高达 6PB。

5）我国深圳华大基因研究所建成了世界上最大测序中心，每天可以产生 300GB 的基因序列数据，每年将产生 100TB 的数据。

（2）超大的计算量和计算复杂度。

用 SGI 工作站进行电影渲染时，每帧一般需要 1 ～ 2 小时。一部 2 小时的电影渲染需要：2 小时 ×3600 秒 ×24 帧 ×(1 ～ 2 小时)/24 小时 =20 ～ 40 年！

4）特殊场景每帧可能需要 60 个小时（影片《星舰骑兵》中数千只蜘蛛爬行的场面），用横向 4096 像素分辨率进行渲染时，如果以每帧 60 个小时的速度，则 1 秒的放映量（24 帧）需要 60 天的渲染时间，1 分钟需要 100 年。

世界著名的数字工作室 Digital Domain 公司用了一年半的时间，使用了 300 多台 SGI 超级工作站、50 多个特技师一天 24 小时轮流制作影片《泰坦尼克号》中的特技。

7.1.4　并行计算技术的分类

斯坦福大学教授 Flynn 在 1996 年从最抽象的指令和数据处理结构的角度提出经典的计算

机结构分类，把计算机系统的结构分为以下 4 类。

（1）单指令流单数据流（Single Instruction stream Single Data stream，SISD）。它是传统的单处理机系统，由程序生成的一个单指令流，在任意时刻处理单独的数据项。

（2）单指令流多数据流（Single Instruction stream Multiple Data stream，SIMD）。它通过控制器把指令从存储器中取出，然后把这些指令发送给各个处理器，每个处理器同步执行相同的指令，但操作数据不同。

（3）多指令流单数据流（Multiple Instruction stream Single Data stream，MISD）。相当于在指令一级并行，而在被操作的数据级串行的情况，实际上这种模型在实际使用中几乎不能实现。

（4）多指令流多数据流（Multiple Instruction stream Multiple Data stream，MIMD）。现在大部分的并行计算机都属于多指令流多数据流。每个处理器拥有一个单独的程序，每个程序又为每一个处理器生成一个指令流，每条指令对不同的数据进行操作。现在，大多数通用并行计算机都是采用这种结构，如大部分的超级计算机、多核 SMP 计算机和多核 PC。

了解更多：

并行计算的应用

并行计算在科学计算领域得到了广泛使用，现阶段主要应用于对真实世界的工程问题进行建模和复杂的科学计算。图 7-3 展示了一些典型应用。

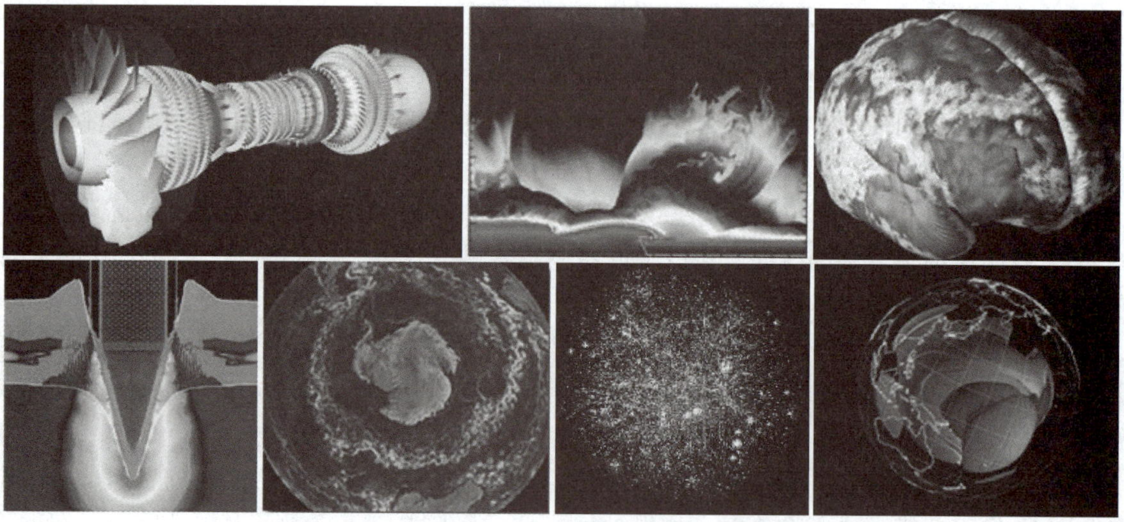

图 7-3 复杂的科学计算和基于真实世界的工程问题建模 / 模拟

例如：

（1）相对论物理学、统计力学和量子化学。

（2）宇宙学和天体物理学。

（3）计算流体力学和湍流。

（4）材料设计和超导。

（5）生物学、制药研究、基因组序列分析、基因工程、蛋白质折叠、酶活动和细胞建模。

（6）药物、人类骨骼和器官建模。

（7）全球天气和环境建模。

这些重大挑战问题大多可以看作传统的高性能计算应用的延伸，其特点是：大部分是浮点密集型应用程序，并行算法要求多个并行进程之间进行较为频繁的通信和同步，而非简单的多个计算用例之间的并行，因此无法使用多台规模较小的系统来替代一台大规模系统。

这些重大挑战问题对计算能力的需求远远超出了现有的高性能计算机的性能。以量子化学计算为例，需要 20T ～ 100T Flop/s（每秒浮点运算次数）的持续计算能力才能够对目前的实际实验结果进行预测。在核聚变研究领域，需要 20T Flop/s 的持续计算能力才能够进行全规模的系统模拟。蛋白质折叠的计算需要 1T Flop/s 的持续计算速度。另一方面，重大挑战问题对数据的存储也提出了更高的要求，以计算生物学为例，进行蛋白质分析时需要使用的一台质谱仪，每天可以产生 100GB 的数据，50 台质谱仪 1 天就可以产生 5TB 的数据。

2021 年 6 月，世界上最快的计算机“富岳（Fugaku）”的处理器个数为 7630848 个，Linpack 测试性能为 442010T Flop/s，计算效率为 80.87%。但一般并行算法要比 Linpack 的通信更加频繁，访存局部性也没有 Linpack 好，这使得其并行效率相当低，通常仅能达到系统峰值速度的 10%，甚至更低。为了能够有效地解决上述重大挑战性的问题，需要研制千万亿次高性能计算机系统，这就需要攻克系统结构、软件工具和并行算法等多方面的难关。

另外商务应用也推动计算机的快速发展。这些应用需要用复杂的方法处理大量数据。图 7-4 展示了一些大规模数据处理的应用。

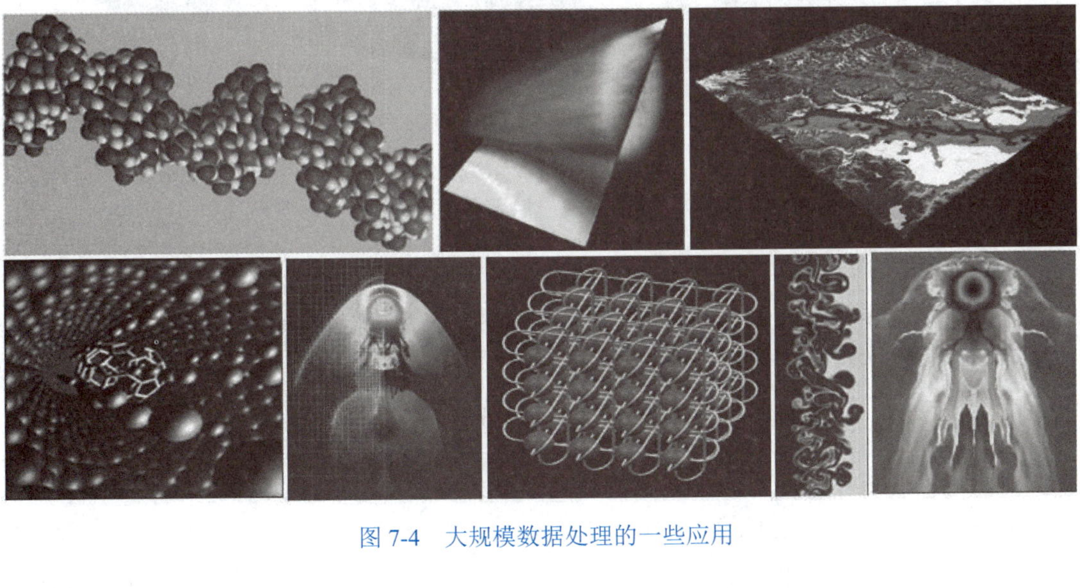

图 7-4　大规模数据处理的一些应用

例如：

- 数据库、数据挖掘；
- 石油勘探；
- 基于网络搜索引擎的商务服务；

- 医学成像和诊断；
- 制药设计；
- 国有企业或跨国企业的管理；
- 金融经济建模；
- 高级制图和虚拟现实，特别是在娱乐业上的应用；
- 网络视频和多媒体技术；
- 协同工作环境。

1. 数值天气预报

天气预报根据大气实际情况，采用的是数值预报的方式。使用大型计算机做数值计算，在一定的初值和边值条件下，求解描写天气演变过程的流体力学和热力学的方程组，以此来预测未来一定时段的大气运动状态和天气现象的方法。

北京高性能计算机应用中心（BHPCC）的主力计算机是“神威一号”超级计算机，它的运算速度最大峰值可以达到每秒3840亿次。此外，该中心不仅拥有国产银河Ⅲ和曙光并行机，而且还有CRAY和IBM SP等巨型机。图7-5展示了应用中心“神威一号”计算机系统。

图7-5　北京高性能计算机应用中心“神威一号”计算机

2. 地震预报

地震预报是对未来破坏性地震发生的时间、地点、震级及地震影响的预测，是根据地震地质、地震活动性、地震前兆异常和环境因素等的研究与前兆信息监测所进行的现代减灾科学。

2008年的汶川大地震还历历在目，应变在龙门山断裂带高度积累，当其超过龙门山断裂带和龙门山地壳物质的强度之后，沿龙门山断裂带的映秀—北川断裂突发破裂，形成5.12汶川大地震。图7-6显示了北川县城震前和震后的对比图。

地震预报一般采用有限元法来计算，有限元法最终会建立联立方程组。联立方程组的求解可用直接法、迭代法和随机法。虽然采用有限元计算还不可能精确预测断裂现象，但目前的有限元技术应该可以做到：若预报有强震，即使不发生强震，也会有中、弱程度地震；若预报无地震，即使发生地震，也只是微弱地震。

图 7-6 汶川地震前后对比照片

7.2 分布式计算

7.2.1 分布式计算引例

早在 17 世纪，科学家们就开始利用事件发生的“频率”来计算事件的“概率”。上升到方法特征的方式，是从蒲丰（Buffon）随机投针试验开始，它发生在大概约 18 世纪后期。

有一次已经古稀之年的蒲丰在家中请来客人玩投针游戏，其中针长是线距的一半，客人们并不知道这个游戏有什么价值，都积极地参加了游戏。他们一共投针 2212 次，其中 704 次相交。开始蒲丰也没有告诉客人这个游戏与 π 有关。游戏完成后，蒲丰用 2212 除以 704 得到数字 3.142，他说这就是 π 值。客人们感到非常惊讶，π 值可以这么计算出来。其实这就是著名的“蒲丰氏问题”。

问题导入：

怎么解释蒲丰氏问题?

假设针投到地面上的位置可以用一组参数 $[x,\theta]$ 来描述，在图 7-7 中，x 参数为针中心的坐标，θ 参数为针与平行线的夹角。

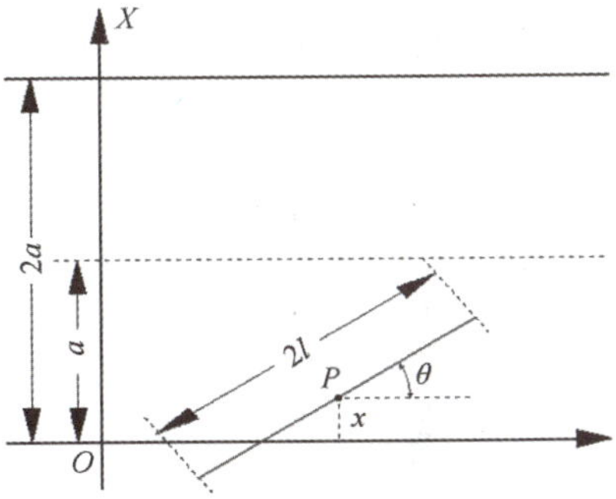

图 7-7 针在平行线间的位置

投针是任意的，这就意味着 x 与 θ 都是任意取的，但 x 的范围限于 $[0,a]$，夹角 θ 的范围限于 $[0,\pi]$。在此情况下，针与平行线相交的数学条件是：

$x \leqslant 1*\sin\theta$

其他科学家也根据这个方法进行了相应的实验，统计结果见表 7-2。

表 7-2　其他科学家做的实验

实验者	年份	投计次数	π 的实验值
沃尔弗（Wolf）	1850	5000	3.1596
斯密思（Smith）	1855	3204	3.1556
福克斯（Fox）	1894	1120	3.1419
拉查里尼（Lazzarini）	1901	3408	3.1415929

1946 年，第一台电子计算机诞生，科学家们开始利用电子计算机来进行大量的随机抽样的试验，这样科学家们采用随机试验方法来解决实际问题变得更容易了。

最具代表性的工作就是美国数学家冯·诺依曼（Von Neumann）和乌拉姆（Ulam）等在原子弹的研制工作中，利用蒙特卡罗模拟方法解决了裂变物质的中子随机扩散问题。但为了保密，就以摩纳哥的一个赌城的名字给这种方法起名叫蒙特卡罗。

蒙特卡罗方法就是计算机随机模拟方法，是以概率统计理论为基础的一种方法。

通过蒲丰试验可以看出，当所要求解的问题是某个事件的概率，或者是某个随机变量的数学期望，或者是与概率、数学期望有关的量时，可以通过某种试验的方法得出该事件发生的频率。或者通过计算若干个具体随机变量观察值的算术平均值得到问题的解。这就是蒙特卡罗方法的基本思想。

问题导入：

怎样利用蒙特卡罗方法来计算圆周率?

蒙特卡罗方法是一种计算方法，通过大量随机样本去了解一个系统，进而得到所要计算的值。它简单易懂，又非常强大和灵活，很容易实现。对于许多比较难解决的问题，它可能是最简单的计算方法，甚至有时它是唯一可以选择的方法。20 世纪 40 年代美国的“曼哈顿计划”，使这个方法得以产生，使用赌城蒙特卡罗给它命名，象征概率。

但如何用蒙特卡罗方法计算圆周率 π 呢？先假设正方形内部有一个相切的圆，r 为圆的半径，那么正方形的边长是 $2r$，从图 7-8 中很直观就能看出，同时也很容易得到它们的面积之比是 π/4。计算公式如式 7-1 所示。

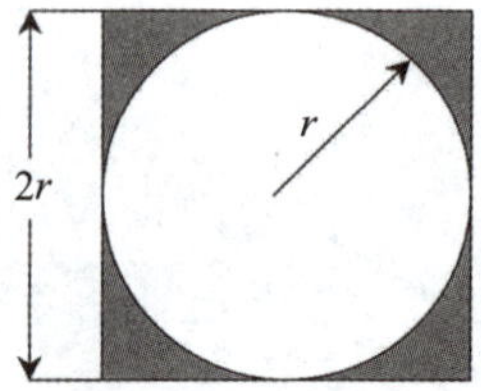

图 7-8　正方形内部有一个相切的圆

$$\frac{圆面积}{正方形面积}=\frac{\pi r^2}{(2r)^2}=\frac{\pi}{4} \tag{7-1}$$

假设在这个正方形内部随机产生 10000 个点，这 10000 个点对应 10000 个坐标 (x, y)，分别计算它们与中心点的距离，就可以判断该点是否落在圆的内部。

假设这些点是均匀分布的，那么圆内的点就应该占到所有点的 π/4，然后将这个比值乘以 4 可以得到 π 的值。图 7-9 展示了随机点的分布。科学家们通过 R 语言编写脚本并随机模拟了 30000 个点，通过估算 π 的值，发现与真实值相差仅 0.07%。

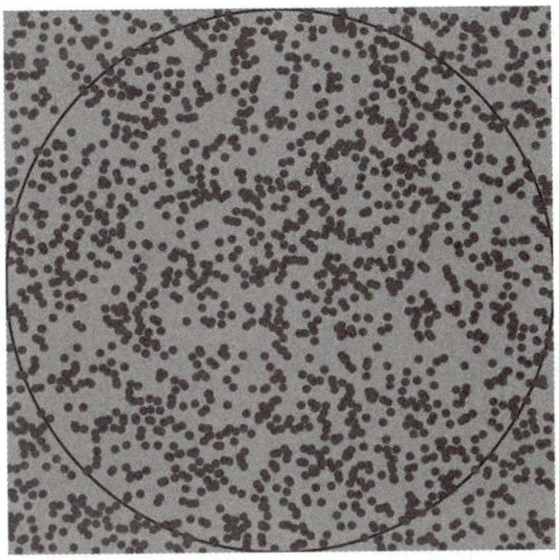

图 7-9　随机点的分布图

我们该采用什么方法来实现算法呢？可以将试验过程（如投针问题）转化为数学问题，然后再用计算机编程实现。下面是用 Python 语言实现算法的源代码：

```
#!/usr/bin/env python
# -*- coding: utf-8 -*-
from random import random
from math import sqrt                    #sqrt 函数就是开平方根
    total =10000
    x=y=inn=out=0.0                      # 初始化变量
    for  i in range(total):              #range 函数是指定范围
        x = random()
        y = random()
        # 产生随机数坐标
        if (sqrt(x * x + y * y)<1.0):    # 计数坐标点到中心点的距离
            inn += 1.0                   # 落入圆内计数
        else:
            out += 1.0                   # 落入圆外计数
print(total, inn, out)
print(inn*4/total)                       # 计算 π 的值
```

如果修改 total 的值就可以实现随机概率事件。

计算结果：

当 total=10000 时，计算的结果为 3.15

当 total=100000 时，计算的结果为 3.14528

当 total=1000000 时，计算的结果为 3.141228

当 total=10000000 时，计算的结果为 3.141518

当 total=100000000 时，计算的结果为 3.14186572

当 total=1000000000 时，计算的结果为 3.14166922

从上面的计算可以发现，当随机点越多，计算的结果越接近真实值，但随着随机点的增多，计算机的计算能力显然不能达到要求，怎么来解决这个问题呢？只能增加计算机的数目。那就不得不引入分布式计算了。

7.2.2 什么是分布式计算

分布式计算是一种计算方法，和集中式计算是相对的。随着人类探索自然界的进步，有些应用需要的计算能力是非常大的，如果使用超级计算机来进行集中式计算，需要耗费相当大的时间和经济成本才可能完成。分布式计算可以将这些应用分解成许多小的部分，把每一部分分配给多台计算机进行处理。这样不仅节约了计算时间，而且还极大地提高了计算速度。

分布式计算是一门计算机科学，它研究如何把一个需要非常巨大的计算能力的计算机才能解决的问题分成许多小的部分，然后把这些部分分配给许多计算机进行处理，最后把这些计算结果综合起来得到最终的结果。最近的分布式计算项目已经由世界各地成千上万位志愿者的计算机的闲置计算能力来完成，通过因特网，可以寻找隐蔽的黑洞，也可以分析来自外太空的电信号；还可以探索外星智慧生命是否存在；也可以通过计算发现各种抵抗病毒的有效药物。这些项目的计算量都非常惊人，仅仅依靠单个的计算机或者在可接受的时间范围内完成计算几乎是不可能的。

7.2.3 为什么需要分布式计算

摩尔定律描述计算机的 CPU 性能每隔 18 ～ 24 个月就会翻一番，随着 CPU 上的晶体管集成度越来越高，这个定律好像变得不那么好用了，这不得不使程序员为了完成计算而更关注硬件性能。

为了缓解单核 CPU 性能瓶颈，采用多核技术来提高性能。随着互联网的普及，网民数量的快速增加，网络每天都会产生海量的数据，搜索引擎就是这种应用的典型例子。想要通过利用若干台高性能机器或者超级计算机来实现复杂的系统几乎不太可能。随着云计算的兴起，现在复杂的系统通常都会要求分布式计算、分布式储存。

幸好，现在的分布式系统对计算机的性能要求都不高，一般普通商用机器就可以参与。

同样，分布式计算越来越重要，对一些缺乏研究资金资助的项目和公益性质的科学研究，使用它的成本会变得越来越小，这也会加速科学研究的进程。只要通过分布式计算机把互联网中闲置机器的计算能力整合到一起，程序员们通过分布式编程，把程序放在最适合的计算机上运行，那将是人类的福音。

7.3 初识分布式计算框架 MapReduce

7.3.1 什么是 MapReduce

MapReduce 是 Google 的一项重要技术，它首先是一个编程模型，用以进行大数据量的计算。对于大数据量的计算，通常采用的处理方法就是并行计算。但对许多开发者来说，自己完完全全实现一个并行计算程序难度太大，而 MapReduce 就是一种简化并行计算的编程模型，它使得那些没有多少并行计算经验的开发人员也可以开发并行应用程序。这也就是 MapReduce 的价值所在，通过简化编程模型，降低了开发并行应用的入门门槛。

Hadoop MapReduce 是一个软件框架，基于该框架能够容易地编写应用程序，这些应用程序可以运行在由上千个商用机器组成的大集群上，并以一种可靠的具有容错能力的方式并行地处理 TB 级别的海量数据集。这个定义里面提到这几个这些关键词：一是软件框架，二是并行处理，三是可靠且容错，四是大规模集群，五是海量数据集。

7.3.2　MapReduce 能做什么

简单地讲，MapReduce 可以做大数据处理。所谓大数据处理，即以价值为导向，对大数据进行加工、挖掘和优化等。

MapReduce 擅长处理大数据，它为什么具有这种能力呢？这取决于 MapReduce“分而治之”的设计思想。

（1）Mapper 负责“分”，即把复杂的任务分解为若干个“简单的任务”来处理。“简单的任务”包含三层含义：一是数据或计算的规模相对原任务要大大缩小；二是就近计算原则，即任务会分配到存放着所需数据的节点上进行计算；三是这些小任务可以并行计算，彼此间几乎没有依赖关系。

（2）Reducer 负责对 map 阶段的结果进行汇总。至于需要多少个 Reducer，用户可以根据具体问题，通过在 mapred-site.xml 配置文件里设置参数 mapred.reduce.tasks 的值，默认值为 1。

怎样来理解 MapReduce 的分而治之呢？假设要统计图书馆中的所有书的数量。A 同学数 1 号书架，B 同学数 2 号书架，C 同学数 3 号书架。这就是 Map。数书的同学越多，数得就越快。把所有同学聚集到一起，把每位同学的统计数加在一起，这就是 Reduce。

图 7-10 详细说明了 Map 和 Reduce 的并行计算模型，具体的计算过程如下：

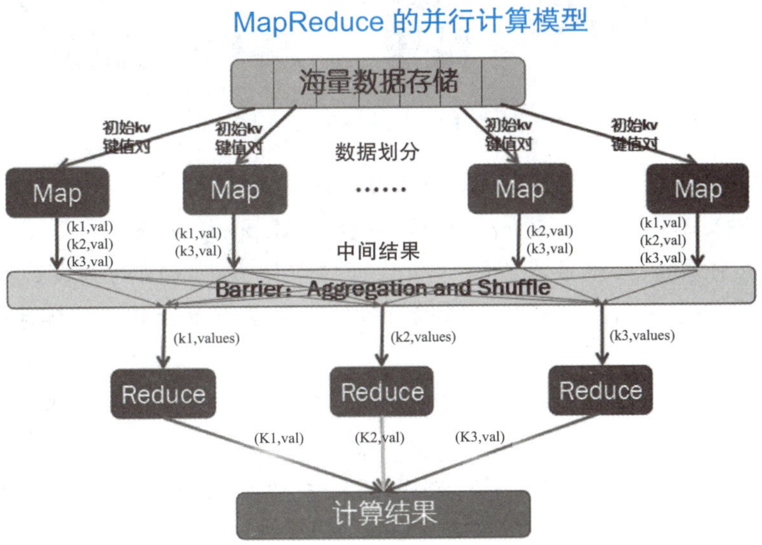

图 7-10　基于 Map 和 Reduce 的并行计算模型

（1）各个 Map 函数对所划分的数据并行处理，从不同的输入数据产生不同的中间结果输出。

（2）各个 Reduce 各自并行计算，各自负责处理不同的中间结果数据集合。

（3）进行 Reduce 处理之前，必须等到所有的 Map 函数做完，因此，在进入 Reduce 前需要有一个同步屏障(barrier)；这个阶段也负责对 Map 的中间结果数据进行收集整理(aggregation & shuffle)，以便 Reduce 更有效地计算最终结果。

（4）汇总所有 Reduce 的输出结果即可获得最终结果。

因此，对于 MapReduce 可以简单地认为，它是一个软件框架，海量数据是它的“菜”，它在大规模集群上以一种可靠且容错的方式并行地“烹饪这道菜”。

7.3.3 基于 MapReduce 的处理过程示例

在一份给定的文件中，词频统计指的是某一个给定的词语在该文件中出现的次数。图 7-11 为在 MapReduce 下的词频分析流程图。

文档词频统计的步骤如下：

（1）把一个文件进行拆分，如图 7-11 所示，把文件拆分为三段。

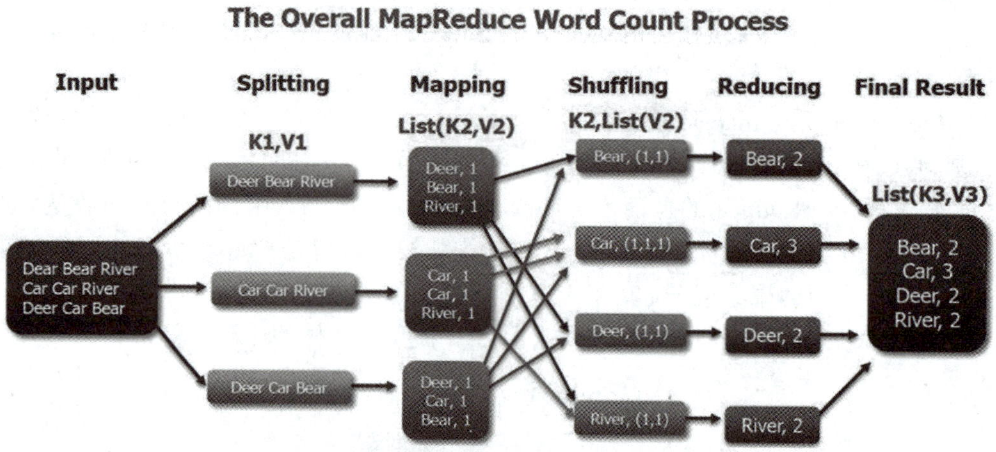

图 7-11 词频分析的流程图

（2）三个作业对应三段文件并行进行处理，这是 Splitting 阶段。

（3）把每一段文本再按照单词进行拆分，这就是 Mapping 阶段。

（4）Shuffling 阶段至关重要，影响分布式计算框架性能，因为假设数据在不同机器上运行，在进行 Mapping 之后，要把相同数据分到同一个节点上合并，这样才能统计出来最终结果。

（5）在 Shuffling 这一步做完之后就是 Reduce 了，把 Shuffling 之后的相同单词的个数加起来。

这整个过程其实就是一个分而治之的思想！先把原始数据（比如一小段文本）拆开(Spliting)，拆开之后分开处理到一定程度（Mapping & Shuffling），然后再合并到一起做最终计算（Reduce），最后输出到 HDFS 中这样就得到 Final Result 这个结果。

7.3.4　MapReduce 编程模型的执行步骤

1. 准备 Map 处理的输入数据并对其进行 Splitting

对于输入的数据会被转换成一堆的 Key 和 Value，那么这里的 Key 和 Value 到底指的是什么呢？从图 7-11 可以看出，输入数据为三段文字，Key 指偏移量，读取第一行，K1=0，V1= 第一行内容；读取第二行，K1= 第一行内容长度，V1= 第二行内容。

2. Mapper 处理

同样也是 Key 和 Value，经过之前的数据准备，Map 以 Splitting 的数量为基准以相互独立的并行方式执行，把上一步的 Value 拆分为以单词为 K2，出现次数为 V2 的形式。

3. Shuffle 处理

同样在上一步基础上，首先把相同数据放到同一个节点上合并，比如图 7-11 中，以单词名为 K2，以这个单词每次出现的计数 1 为 V2，如 Car 出现 3 次，那就是 K2=3,V2=(1,1,1)。

4. Reduce 处理

将 Shuffling 之后得到的 K2 和 V2 进行最终处理，把 V2 中的所有计数相加得到单词出现的总数即 K2=Car，V2=3，结果输出。

用 Python 实现词频统计函数 wordcount()：

```
def wordcount(str):
  # 文章字符串前期处理
strl_ist = str.replace('\n', '').lower().split(' ')
count_dict = {}
  # 如果字典里有该单词则加 1，否则添加入字典
  for str in strl_ist:
    if str in count_dict.keys():
count_dict[str] = count_dict[str] + 1
    else:
count_dict[str] = 1
  # 按照词频从高到低排列
count_list=sorted(count_dict.iteritems(),key=lambda :x[1],reverse=True)
  return count_list
print wordcount(str_context)
```

由于字典是个无序的结构，所以最终返回的是一个列表，没有排序好的字典这一说法。其中 key=lambda x:x[1]，x 表示某一迭代出来的元素，其实是个元组，而 x[1] 表示元组的第二个元素，即单词出现的次数（词频），若要按照单词排序则改成 key=lambda x:x[0] 即可（相关概念可以查阅 Python 语言的学习资料）。

了解更多：

分布式系统应用

分布式计算专家韦伯教授曾说：“信息的恶性增长使各个领域都布满了吞噬巨大计算力的‘黑洞’，但这并不可怕，真正可怕的是我们总是想用为数不多的几块巨石而不是取之不尽的泥土去填平它”。巨人搬不动的石头，动用成千上万只蚂蚁也许就能搬动它。

下面介绍几个经典的分布式项目。

1. 寻找外星人：SETI@home

SETI@home 是 Search for Extraterrestrial Intelligence at Home 的缩写，为“在家里搜索地外文明”之意。

这个项目由美国加州大学伯克利分校“搜寻地球外智能（SETI）”研究小组发起，旨在利用因特网中不计其数的计算机的闲置时间进行 SETI 计算，以期从海量的信号中搜寻到地外文明的蛛丝马迹。

它的运行原理是首先由位于波多黎哥群山之中的巨型射电望远镜 Arecibo 收集地外信号，然后将每天约 35 GB 的数据传送到 SETI@home 项目管理中心。SETI@home 项目管理中心将数据进行分解处理，划分成合适的大小，然后通过因特网将它们分发到全球成千上万志愿者的计算机中。

SETI@home 程序在志愿者的个人计算机上，通常在屏幕保护模式下或以后台模式运行。它利用的是多余的处理器资源，不影响用户正常使用计算机。当一个信号单元分析完毕，客户端程序将有价值的信号送回 SETI@home 项目管理中心并自动下载新的数据。

如果志愿者送回的处理结果经确认属重大发现，那么志愿者将同 SETI @ home 项目组共同分享“发现者”的荣誉。

图 7-12 显示了 SETI @ home 运行时的样子。

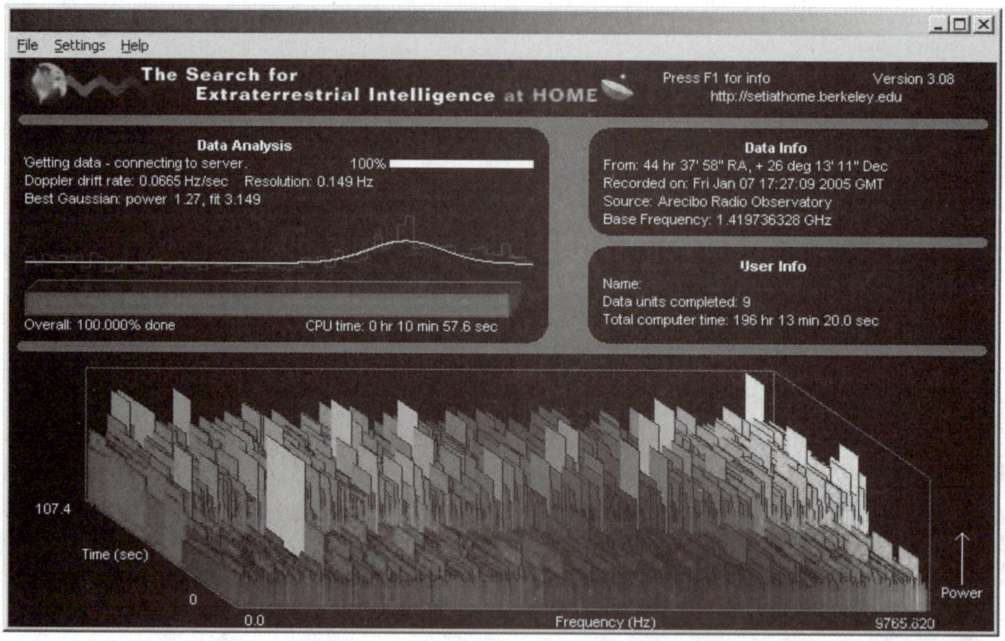

图 7-12 SETI @ home 运行时的样子

SETI@home 项目自 1999 年 5 月 17 日开始正式运行。

至 2004 年 5 月，该项目在世界各地拥有近 500 万参与者，积累了近 200 万年的 CPU 运行时间，进行了近 5×10^{21} 次浮点运算，处理了超过 13 亿个数据单元，无疑是非常成功的分布式计算试验项目。

截至 2005 年关闭之前，它已经吸引了 543 万用户，这些用户的计算机累积工作 243 万年，分析了大量积压数据，但是项目没有发现外星文明的直接证据。

2015 年 7 月，俄罗斯亿万富翁尤里・米尔纳宣布将在未来 10 年内捐出 1 亿美元用于寻找外星人，并试图挽救濒临崩溃的搜索地外文明计划。事实上，搜索地外文明计划已经没有经费运行。不过随着尤里・米尔纳的决定，这一切发生了变化。搜寻地外文明研究所资深天文学家塞思・肖斯塔克宣布，将继续使用射电望远镜寻找外星文明。

目前位于澳大利亚的 64 米直径帕克斯射电望远镜和西弗吉尼亚州的 100 米直径罗伯特・伯德绿岸望远镜已经开始对数百万颗恒星进行观测，沿着银河系的银道面搜索近邻的恒星系统，监听这里是否存在可疑的无线电信号。搜寻地外文明计划一直处于领先地位，由于资金问题，搜索变得非常有限，尤里・米尔纳的钱让波多黎各的阿雷西博天文台有了喘息的机会，但这座射电望远镜的未来仍然值得怀疑。

加州大学伯克利分校的科学家安德鲁认为这些世界级的射电望远镜目前缺乏资金，微软联合创始人保罗・艾伦也提供了一些资金，但这些筹款主要用于维持运营成本。事实上，许多望远镜的运营经费都存在不足，制约了其搜索能力。

预算的问题还使得加州大学伯克利分校退出了 ATA 射电望远镜项目。目前仍然依靠比较原始的方法寻找可疑信号，加州大学天体物理学家雪莱•怀特指出，在 1000 光年的距离上时，光学激光探测会被削弱 90%。接下来 10 年里，平方千米阵这样的新型射电望远镜会变得更强大，每天的数据量非常庞大，能够对太阳系周围恒星进行观测。

2. 寻找梅森素数，赢十万美元大奖

素数是指在大于 1 的整数中只能被 1 和其自身整除的数。素数有无穷多个，但目前却只发现有极少量的素数能表示成 2^p-1（p 为素数）的形式，这就是梅森素数（如 3、7、31、127 等）。它以 17 世纪法国数学家马林・梅森的名字命名。

20 世纪 90 年代中后期，在美国程序设计师沃特曼和库尔沃斯基等人的共同努力下，建立了世界上第一个基于互联网的分布式计算项目 —— 因特网梅森素数大搜索（GIMPS）。人们只要在 GIMPS 的主页上下载一个计算梅森素数的免费程序，就可以立即参与该项目来搜寻新的梅森素数。GIMPS 是一个数学领域的分布式计算项目。由于“电子边界基金（Electronic Frontier Foundation）”宣布将向第一个找到超过 1000 万位梅森素数的个人或机构颁发十万美元的奖金，使它成为为数不多的有奖金的项目，令志愿者趋之若鹜。

高阶的梅森素数具有可怕的长度，要验证一个这样的大数是否是素数，计算量大得惊人，同著名的大数质因子分解的难度有一比，而后者恰是现代公开密钥技术 RSA 的数学基础。经过几百年来的努力，人们才发现 41 个梅森素数，而其中就有 7 个是 GIMPS 项目的成果。目前最大梅森素数也是通过 GIMPS 项目找到的。

GIMPS 的工作原理与 SETI@home 类似，将庞大的数据量分成小块，再通过为数众多的客户端进行计算。

GIMPS 客户端程序可在网上下载。在首次运行时，需要输入用户 ID、计算机 ID，并对 CPU 占用率、内存占用率以及开放的计算时间等选项进行设置，一般选默认值即可。

之后程序开始对计算机进行测试，以确定该计算机是否适合参加 GIMPS 项目。这个测

试费时颇多，需要参加者有些耐心。

测试完成后，便开始从服务器下载数据片断进行计算。一个片断计算完后，GIMPS 客户端程序会自动到服务器上下载新片断。

如果你的运气很好，新的梅森素数恰在你计算的片断内，那么你不仅能得一大笔钱，而且还能青史留名。当然，中奖概率肯定比摸中 500 万体彩大奖要低得多，所以也不必特别在意是否可以赢取奖金，权当做了回国际义工。

3. 打造分布式 Google：Majestic-12

搜索成就了因特网的老大 Google，吸引了许多公司对搜索的狂热追捧。作为未来因特网世界的重要构建者，分布式计算没有理由不染指其中，何况从原理上说，分布式搜索引擎比现在的各种搜索引擎更为强大，因为它可有无数个信息“钻探机”。

Majestic-12 就是这样一个基于分布式计算原理的因特网搜索引擎研究项目（Distributed Search Engine Project），它在客户端使用一种名为 crawls（爬行者）的技术来监视指定的网站，以便及时了解这些站点内容的变化情况，随时更新存放于项目服务器上的查寻索引文件。目前，该项目已对 10 亿多个 URL 地址建立了完善的索引，其搜索容量已直逼一些著名的搜索引擎。

如果你乐意在搜索上做点事情，不妨参加这个具有研究性质的项目。它不仅可以使你了解被某些厂商宣传得有些神秘的搜索内幕，而且还可以分享到在许多方面并不亚于 Google 的搜索结果，而这些结果也许恰是你的计算机搜罗和整理的。

本章总结

本章通过串行计算改成并行计算极大提高计算速度的事实引出了学习并行计算的重要性，同时介绍了并行计算的概念、分类以及主要应用。同时通过“蒲丰氏问题”引出利用蒙特卡罗方法计算 π 的方法，同时介绍了分布式系统的概念和需要分布式系统的原因。最后介绍了现在比较流行的分布式计算框架 MapReduce。

课后习题

1. 什么是并行计算？
2. 说说使用并行计算的原因。
3. 并行计算有哪些类型？
4. 并行计算能运用在哪些领域，请举例说明。
5. 什么是分布式计算？
6. 使用分布式计算的好处有哪些？
7. 查阅资料，谈谈并行计算的最新应用有哪些。

第 8 章　初识云计算与云计算平台

引　言

“为了无法计算的价值”，在新闻联播后的黄金广告时段，阿里云的这句 Slogan（标语）搭配着恢弘的 60 秒广告片亮相。这段“需要一定理解门槛”的科技广告传达出这样的信息：互联网 + 的时代背景下，“买计算机”时代正在被云计算所重塑，变成低成本、高可用的买“计算”时代。有目共睹，云计算服务市场的竞争愈演愈烈，阿里、腾讯、华为、中国电信、中国移动等巨头都试图抓住这一历史机遇，纷纷推出云平台，让云计算获得社会的足够重视，逐步发展成为像水、电、煤一样的基础资源，让各行各业受惠。那么我们不禁要问：“云计算是什么？云计算能给我们带来什么？”

8.1　什么是云计算

有人说，云计算这个概念就像它的名字一样让人云里雾里摸不着头脑。网上还流传着一个与云计算有关的笑话：一个老外来中国旅游，早上出去前问酒店的门童：“今天天气如何？”门童看看天上的朝霞说：“朝霞不出门，晚霞行千里——今天要下雨。”随后果然下雨了，老外连声惊呼：“云计算，云计算！”

现在，简单的云计算在网络中已经随处可见了，最常见的就是搜索引擎，只要输入关键词，同时有成千上万台服务器在几十亿个网页中搜索，选出与关键词最为匹配的几千个网页，按相关程度排好序，并将结果通过互联网返回到计算机屏幕上。这一切通常只需要零点几秒。谷歌公司每天要重复数十亿次这种令人惊叹的运算，而这种运算并不发生在你的个人计算机中。事实上，它的发生地点离你很远，可能有上百公里，也可能在地球的另一边，是哪个地方的计算机芯片处理了你的搜索需求呢？你不知道，而且也不在乎——正如你不知道，而且也不在乎是哪个电厂发出的电点亮了你的台灯。

美国前信息官昆德拉对云计算进行了生动的描述：“曾经，每个家庭、农庄、村落、城市都必须有自己的水井。今天，只要打开水龙头，干净的水就会通过公共供水管道输送给我们。云计算，也是这个道理，就像我们厨房里的水一样，可以根据我们的需要，随时打开或者关闭。在自来水供应公司，有一群专业人员负责水的质量和安全以及 24 小时不间断供应。当关上水龙头，不仅节约了水，也不用为没有用的水付费。”

这里，云计算是把计算能力当作一种可以输出的能源，它的输送管道就是网络，把计算需要的硬件和软件集中在一起形成一个群也叫“云”，用户通过网络和这个极其庞大的“云”连接，需要的时候就付费使用，不需要的时候也不需要承担任何责任，避免了资源的浪费。

对于云计算，还有一种更通俗的理解：把所有的本地的事，都可以放到云端来完成就是云计算了。

也就是说，未来，用户只需要将一个具有上传和下载功能的设备接入云，就能享受到每秒 10 万亿次以上的运算服务。这意味着，仅需一台家用计算机或手机，就可以完成模拟核弹爆炸、预测气候变化或同时分析上千支股票的工作。

到底什么是云计算？不同的人从不同角度进行了解释，这些解释五花八门，各有各的道理，但是目前对于云计算还没有公认的定义。现阶段广为认可的是美国国家标准与技术研究院（NIST）的定义：云计算是一种按使用量付费的模式，这种模式提供可用的、便捷的、按需的网络访问，进入可配置的计算资源共享池快速获取所需的资源（资源包括网络、服务器、存储、应用软件、服务），只需投入很少的管理工作，或与服务供应商进行很少的交互。

我们可以通过云计算的一些独有的特征来进一步理解它的本质。

从研究现状上看，云计算具有以下特点：

（1）超大规模。“云”具有相当的规模，Google 云计算已经拥有 100 多万台服务器，Amazon、IBM、微软等的“云”均拥有几十万台服务器。“云”能赋予用户前所未有的计算能力。除此以外，规模化才能解决成本问题。1% 的电在国家电网里，与 90% 的电在国家电网里，是完全不同的效果，至少用电价格会差很多。成本问题会影响整个事物的普及。

（2）虚拟化。云计算支持用户在任意位置使用各种终端获取应用服务。所请求的资源来自“云”，而不是固定的有形的实体。应用在“云”中某处运行，但实际上用户无需了解，也不用担心应用运行的具体位置。只需要一台笔记本电脑或者一个手机，就可以通过网络服务来实现我们需要的一切，甚至包括超级计算。

虚拟化最重要的意义是用更少的资源做更多的事。CPU 的虚拟化技术可以实现单 CPU 模拟多 CPU 并行，允许一个平台同时运行多个操作系统，并且应用程序都可以在相互独立的空间内运行而互不影响，从而显著提高计算机的工作效率。在云计算中，引入虚拟化技术，计算、存储、应用和服务都变成了资源，云就是用户的超级计算机，可以对底层千差万别的资源进行统一管理和调度，并且可以动态扩展和配置这些资源，云计算最终在逻辑上以单一整体形式呈现的特性才能实现。

（3）高可靠性。“云”使用了数据多副本容错、计算节点同构可互换等措施来保障服务的高可靠性。或者说，虚拟机的易创建性使应用和服务可以拥有更多的虚拟机来进行容错和灾难恢复，使用云计算比使用本地计算机可靠。

（4）通用性。云计算不针对特定的应用，在虚拟化技术中，应用和服务驻留在各自的虚拟机上，有效地形成了隔离，一个应用的崩溃不至于影响到其他应用和服务的正常运行。在“云”的支撑下可以构造出千变万化的应用，同一个“云”可以同时支撑不同的应用运行。

（5）高可扩展性。“云”的规模可以动态伸缩，满足应用和用户规模增长的需要。

假如你创建了一个卖鞋的电商网站，平时在线人数少时，网站运行正常。可是一旦搞促销活动，整个电商网站的服务器就会吃不消，临时买服务器也来不及，只能眼睁睁地看着用户想付钱却找不到付钱的地方。如果想要改变这一局面，只得再买更多的服务器，这笔花销只是为了满足一年几回促销高峰时段的需求，其他时段，这些服务器便成为公司的负担，不但需要高额投资，而且还得支付服务器的运行电费，网站运营成本会大大提高。而利用云计算服务，就能获得所需的弹性计算资源，是目前最经济有效的方式。

（6）按需服务。“云”是一个庞大的资源池，可以根据用户需求进行定制，可以像自来水、电、煤气那样提供计量服务。

（7）极其廉价。由于“云”的特殊容错措施可以采用极其廉价的节点来构成云，“云”的自动化集中式管理使大量企业无需负担日益高昂的数据中心管理成本，“云”的通用性使资源的利用率较之传统系统大幅提升，因此用户可以充分享受“云”的低成本优势，经常只要花费几百美元、几天时间就能完成以前需要数万美元、数月时间才能完成的任务。

如图 8-1 所示，在云计算的应用蓝图中，用户只需要一个终端，如一台显示器或一个手机，就可以通过网络所提供的服务来实现用户所需要的一切功能和操作。对用户而言，云计算即把所有可能的力量和资源联合起来，提供给云计算中每一个用户来使用。

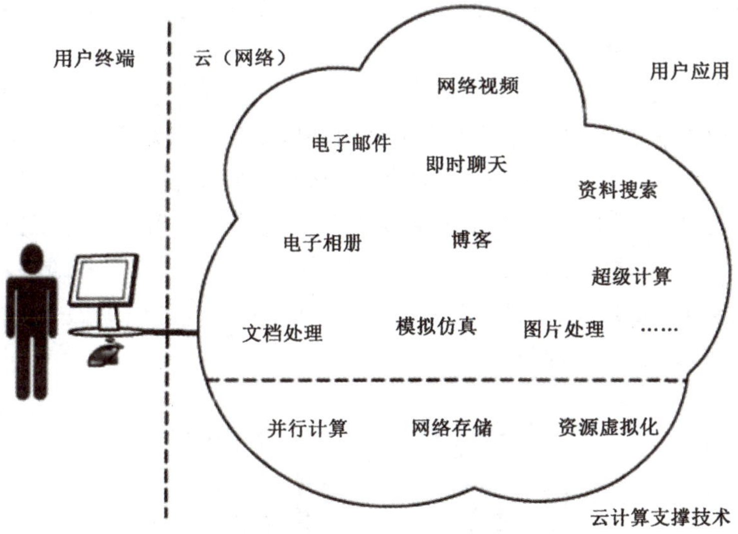

图 8-1　云计算应用蓝图及所需支撑技术

8.2　云计算的独有优势

云计算的优点很多，特别是成本方面。云计算一直被贴上高性价比解决方案的标签，更准确地说，云计算不只是廉价的选择，还能够让用户更灵活地支配自己的预算。

以前用户搭建一个 IT 系统开销主要在三个方面：硬件开销、能耗和管理成本。现在使用云计算提供的 IT 基础架构，可以不用投资购买昂贵的硬件设备，负担频繁的维护与升级，而且云计算平台提供的是有弹性的服务，能让 IT 资源随着企业业务需求的增长而增长，减少而减少，用户付出的每一分钱都用在了刀刃上。

云计算不是去扩建 IT 系统，而是拥抱互联网。使用计算资源的方法不是把计算机买回家，而是使用在线的计算服务，降低单位计算成本，这才是云计算。

8.3　云计算的服务类型

云计算按服务类型大致分为三类：SaaS（Software as a Service，软件即服务）、PaaS（Platform as a Service，平台即服务）和IaaS（Infrastructure as a Service，基础设施即服务）。

IaaS、PaaS和SaaS，这几个术语并不好理解。我们先通过一个通俗的例子来了解下它们的不同。如果你喜欢吃披萨，这个问题就更好解决了！通常怎样才能吃到披萨呢？一般有以下几种方式可以吃到披萨。

（1）在家DIY。自己在家做披萨，除了要有灶台、餐桌、烤箱等硬件设施外，还要准备很多东西，比如用面粉、鸡蛋、牛奶和酵母来和成披萨面团，用豌豆、洋葱、西红柿作为配料等。

（2）买好速食披萨回家自己做着吃。从披萨店里买回半成品，回家烘焙就好了，在自己的餐桌上吃。和自己在家做披萨不同的是，这种获取披萨的方式需要有一个披萨供应商。

（3）打电话叫外卖，将披萨送到家中。打个电话，披萨就送到家门口。连灶台都不需要了，只要有个吃饭的小餐桌就可以了。

（4）在披萨店吃披萨。这时候什么都不需要准备，连餐桌也是披萨店的。

以上4种获取披萨的方式，可以用一个公司获取各种计算机服务来进行类比。自己在家做披萨就像一个公司在办公室或者公司的网站上运行一些企业应用，需要自己去买服务器等昂贵的硬件来控制本地应用，让业务运行起来，这就是本地部署。当有了云服务供应商以后，公司再也不必配备IT基建设备，使用云服务供应商提供的三种云服务即可，即云计算的三个分层：IaaS、PaaS和SaaS，就像披萨店提供三种服务：买成品回家做、外卖和到披萨店吃。图8-2用4张图形象地表达这种类比关系。

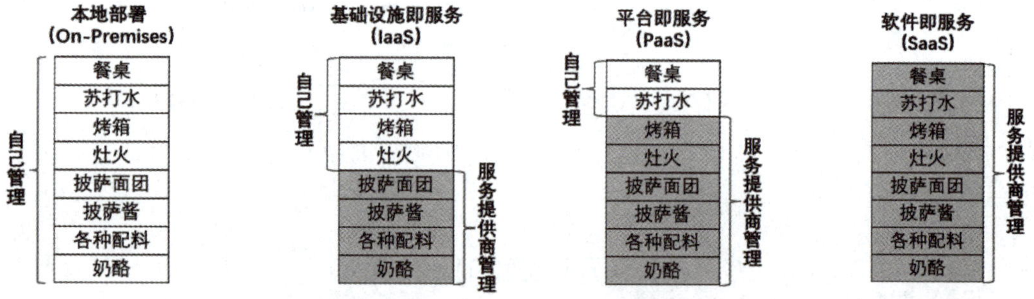

（a）在家自己做披萨准备示意图　（b）买成品回家做披萨准备示意图　（c）叫披萨外卖准备示意图　（d）去披萨店吃披萨准备示意图

图8-2　通过4种获取披萨的方法理解云的服务类型

对三种云服务有了通俗的理解后，我们再具体地去了解它们。

IaaS位于云计算的最底层，提供托管的IT基础架构，供用户调配处理、存储网络等。它面对的用户是IT管理人员，即先由IT管理人员来进行配置和管理，然后才能在上面进行应用程序的部署工作。IaaS提供商运行并管理此基础架构，用户可以在此基础架构上运行选择的操作系统和应用程序软件。在IaaS环境中，用户相当于在使用裸机和磁盘，既可以让它运行Windows，也可以让它运行Linux，因而几乎可以做任何想做的事情。IaaS服务提供商把硬件计算资源同存储和网络资源打包成服务提供给用户使用，并根据用户对资源的实际使用量或占有量进行计费。

PaaS 构建在 IaaS 之上，将软件研发的平台作为一种服务提供给用户。主要面向软件开发者或者软件开发商，提供基于互联网的软件开发测试平台。软件开发人员可以通过基于 Web 等技术直接在云端编写自己的应用程序，同时可以将自己的应用程序托管到这个平台上。例如 Google 的 App Engine 就是一个可伸缩的 Web 应用程序开发和托管平台，开发者可以在其平台上开发出自己的 Web 程序并发布。另外，这样的云平台还提供大量的 API 或者中间件供程序开发者使用，大大缩短了程序开发的周期，同时，程序代码存储在云端可以很方便联合开发。无论是在部署时，还是在运行时，用户都无需为服务器、操作系统、网络和存储等资源的运维操心。

SaaS 是云计算的最上层，距离用户最近的那一层，所以 SaaS 面向的服务对象与普通单机应用程序的客户没有明显区别。软件即服务在云计算真正变得火热之前就已经深入人心了。所以有人说，SaaS 是云计算的前身，有了 SaaS 这个指向标，才有了现在的云计算。SaaS 提供商通过互联网向用户提供应用软件服务，它将应用软件统一部署在自己的服务器上，用户可以根据自己的需求向 SaaS 提出定制申请，申请完毕根据所定的软件多少、时间长短来支付费用给 SaaS，收费后 SaaS 提供商就会通过互联网向购买者提供服务。购买者不需要购买软件及相关基础设施，也无需对软件进行升级维护；软件开发商也不用再担心盗版的情况出现。

从与终端用户连接的紧密程度来看，SaaS、PaaS 和 IaaS 这三种服务模型分别处于不同层次，云计算服务的三层架构图如图 8-3 所示，所以在初次介绍云计算服务时，它们往往会以层级的关系呈现在图示上。这说明它们彼此之间可以有一定的依赖关系，但不代表它们之间一定有依赖关系。因为这三者任何一种都可以独立对外提供服务，而云计算服务提供商也可以直接从底层硬件平台开始构建自己要提供的服务。即在提供 SaaS 服务时，一个服务提供商可以自己建造数据中心，搭建服务运行环境，也可以选择其他服务提供商的 PaaS 平台，然后开发应用服务提供 SaaS。区别在于，后一种情况下该服务提供商可以把精力集中于构建应用服务的业务上面。同样，最终用户、SaaS 提供商和 PaaS 提供商都可以直接选择 IaaS 服务获得应用所需的计算能力。

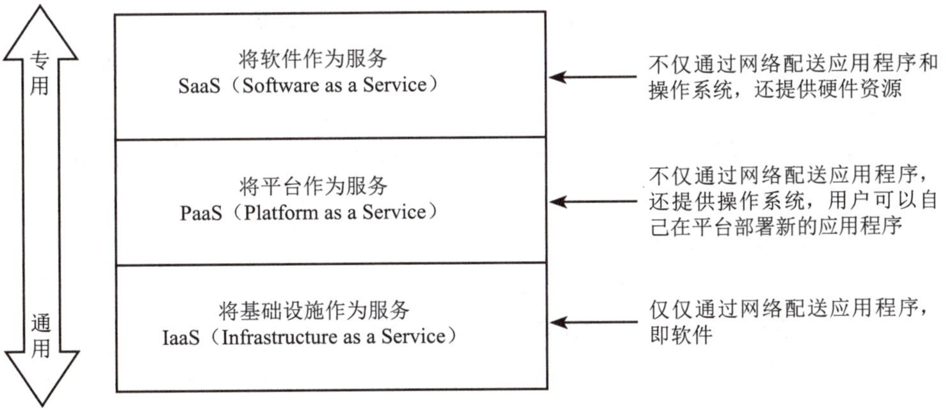

图 8-3　云计算的服务类型

另外值得注意的是，虽然人们习惯上会根据服务商所提供的内容对服务进行划分，但这三种服务模式之间并没有绝对清晰的界限。一些实力比较雄厚的云计算服务提供商可能会提供一些兼具 PaaS 和 IaaS 特征的服务，还有一些厂商尝试提供一整套云计算服务，进一步模糊三种服务模式在层级上的差异。

8.4 几种重要的云计算平台

随着云计算技术的发展，PaaS（平台即服务）越来越受到开发者的青睐，PaaS 供应商也如雨后春笋般出现。

所谓 PaaS 实际上是指将软件研发的平台作为一种服务提供给用户。用户或者企业基于 PaaS 平台可以快速开发自己所需要的应用和产品。同时，PaaS 平台开发的应用能更好地搭建基于面向服务的体系架构（SOA 架构）的企业应用。PaaS 作为一个完整的开发服务，提供了从开发工具、中间件，到数据库软件等开发者构建应用程序所需的所有开发平台的功能。

这里介绍三种云计算平台。

1. Amazon AWS

亚马逊作为大型电子商务企业，在全美部署大量的 IT 基础设施，为了富余的 IT 资源不被白白浪费，亚马逊决定在淡季把这部分富余的存储服务器、带宽、CPU 资源和技术经验一起打包作为一种产品，并命名为 AWS（Amazon Web Services，亚马逊网络服务）开始以 Web 服务的形式向其他企业提供 IT 基础设施服务，从而创造价值。

为了解决这些租用服务中的灵活性、可靠性、安全性等问题，Amazon 公司持续优化相关技术，2006 年推出的 EC2（Elastic Compute Cloud，弹性计算云）是亚马逊里程碑式的产品，标志着云计算服务的成熟。简单来说，EC2 在云端模拟了一个计算机运行的基本环境，供用户开发、测试或运行自己的应用程序。比如，如果你需要为一个为期 3 个月的项目搭建一台 Windows Server 2016 服务器，有了 EC2 之后，你不用采购服务器、配置硬件，只要向 Amazon 申请一个为期 3 个月的账号，将你的 Windows Server 2016 应用上传到 Amazon 的服务器上就完成部署了，你便可以通过网络来访问该服务器的所有功能。更棒的是，可以在 Amazon 的云里面申请任意台机器，选择不同配置的机器，选择不同的操作系统，完成你所有的工作。并且，只需为自己所使用的计算资源付费，运行结束后计费也随之结束。

AWS 是 Amazon 公司的云计算产品总称，如图 8-4 所示，它提供了一个高度可靠和可扩展的基础架构，包括计算、存储、数据库、分析等多项内容。其中最为著名、应用最为广泛的是计算服务 EC2、存储服务 S3、数据库服务 SimpleDB 和消息队列服务 SQS。

2. Microsoft Windows Azure

Windows Azure Platform 是微软的云计算平台，用户可在其基础上二次开发应用程序，其主要目标是帮助开发者开发可运行在云服务器、数据中心、Web 和 PC 上的应用程序。开发者能使用微软全球数据中心的存储、计算能力和网络基础服务。

Windows Azure Platform 包括 Windows Azure、SQL Azure 和 Windows Azure AppFabric 三大组成部分。其中 Windows Azure 位于云平台最底层，是微软云计算技术的核心，它作为微软云计算操作系统，提供了一个在微软数据中心服务器上运行应用程序和存储数据的

Windows 环境。Windows Azure 主要包括三个部分：一是运营应用的计算服务；二是数据存储服务；三是基于云平台进行管理和动态分配资源的控制器（Fabric Controller）。

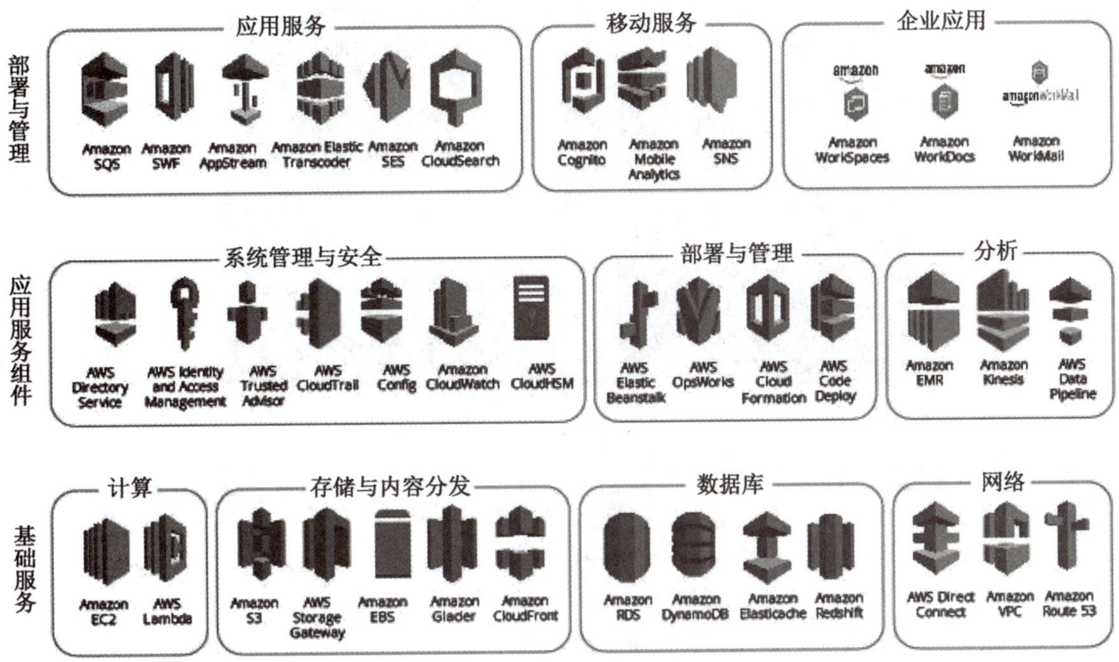

图 8-4　Amazon 公司的 AWS

SQL Azure 是云中的关系型数据库，为云中基于 SQL Server 的关系型数据提供服务。SQL Azure 的建立基于 3 个重要原则：可管理性，可伸缩性和方便开发者。从开发者的角度看，SQL Azure 使得用户无需构建和维护数据库服务器，从而开发人员有更多的时间和精力进行创新和试验。从 IT 管理的角度看，SQL Azure 提供了系统的安全的云端部署方案，并对基础架构提供自动化的监控，节约了 IT 管理者在服务器监控方面所花的大量时间。另外，SQL Azure 是建立在 SQL Server 基础之上的，因此具有同 SQL Server 一样的高可用性、可靠性和安全性。从商业的角度看，SQL Azure 基于使用量的定价计划，接近零成本的运营支出以及快捷随需地扩容或降容，提供了一种非常经济的方式方便用户管理数据。

Windows Azure AppFabric 为云中或本地系统中的应用提供基于云的基础架构服务。部署和管理云基础架构的工作由 AppFabric 完成，开发者只需要关心应用逻辑。如图 8-5 所示。

3. Google App Engine

Google App Engine（GAE）是一个由 Python 应用服务器群、Bigtable 数据库及 GFS 数据存储服务组成的 PaaS 平台，它能为开发者提供一体化的、可自动升级的在线应用服务。在 GAE 上能够很方便地构建和维护应用程序，并且应用程序可根据访问量和数据存储需要的增长轻松扩展。使用 GAE，开发者将不再需要维护服务器，只需上传应用程序，它便可立即为用户提供服务。

在 GAE 平台上，开发者可以通过自己的域名向用户提供应用程序，也可以使用平台提供的 appspot.com 域上的免费域名部署自己的应用。应用的作用域可以由开发者细粒度的调整，既可以选择与全世界的人共享自己的应用程序，也可以限制为只有自己组织内的成员可以访问。

图 8-5 Windows Azure Platform

GAE 的整体架构如图 8-6 所示。其架构可以分为三个部分：前端、Datastore 和服务群。

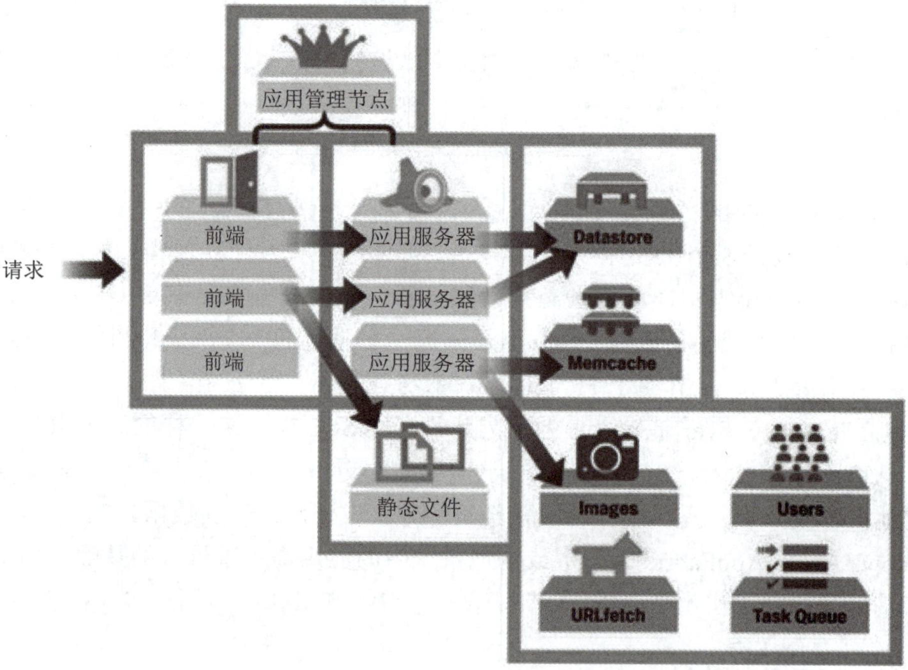

图 8-6 Google App Engine 架构

前端共包括 4 个模块：

（1）前端：既可以认为它是性能负载（Load Balancer），也可以认为它是网关代理（Proxy），它主要负责负载均衡和将请求转发给应用服务器或者内容发布网络等工作。

（2）内容发布网络（Content Delivery Network，CDN），可以分为两种，一种为静态文件，比如图片、HTML、CSS 等；一种为流媒体文件，比如视频文件。

（3）应用服务器：主要用于处理用户发来的请求，并根据请求的内容来调用后面的缓存数据和 Datastore。

（4）应用管理节点：主要是管理和调度应用，并将调度之后的情况通知前端。

Datastore 是基于 BigTable 技术的分布式数据库，虽然也可以被理解成为一个服务，但是由于是整个 GAE 唯一存储持久化数据的地方，所以是 GAE 中一个非常核心的模块。

整个服务群包括很多服务供应用服务器调用，比如 Memcache、图形、用户、URL 抓取和任务队列等。

8.5　云计算的应用与未来

对于个人来说，云计算所带来的影响主要体现在服务体验方面，而云计算所带来的最大变化是信息生活的方便、快捷和服务的多样化。

1. 云计算成就新媒体

《纽约时报》仅花费 3000 美金租用亚马逊云计算服务，使用基于云计算的开源软件 Hadoop，将其自 1851 年以来的 1100 万份报道转变成可搜索的数字化文档，耗时仅 1 天。如果用传统方法，这项工作可能要数月才能完成，媒体的内容生产成本降低许多。

2. 云计算改变社交

2016 年春节，新浪微博利用阿里云节省了 1400 多台服务器，支持了 182 亿次访问和 8 亿次红包领取，互联网行业的硬件大战已经变成计算能力大战。新浪微博利用阿里云搭建了一个社交媒体混合云，不仅可以应对核心需求，应对像红包这样的海量弹性需求，更可以大幅减少视频流量带来的带宽成本，帮助公司实现开源节流。

3. 云计算加速创造

2016 年元旦播出的 3D 动画电影《小门神》被誉为“最美国产动画片”，而这又得益于背后的云渲染技术。《小门神》中一共有 1940 个镜头，制作历时 29 个月。每位动画师一天只能制作一秒动画，可以说是用“人间”28800 秒换来“神界”的 1 秒，精细到眉毛的细微变化。以场景复杂的馄饨店为例，一个镜头不到 4 秒，却用了 337 天来打磨。细致入微的模型设计为后期的渲染带来了巨大压力。渲染时长是行业内评价三维动画画面精度的一个通用标准，即整片完整渲染所耗费的 CPU 核小时数。《小门神》的总渲染核小时数超过《功夫熊猫 2》《超能陆战队》等好莱坞影片，达到了 8000 万核小时，意思是如果使用单核 CPU，完成渲染的总时长将达到 8000 万小时，也就是说要从中石器时代一直运转到现在。

为此，电影制作方除了使用本地大规模集群外，在渲染高峰时期使用了阿里云批量计算服务 BatchCompute，将部分镜头的渲染压力分散到阿里云几千台服务器上，昼夜运转。在最后 4 个半月的渲染高峰时段，《小门神》最多曾同时使用了阿里云 2000 多台服务器。除了大幅缩短制作时间外，丰富的计算资源使得影片的每一帧都美轮美奂。以片中的“人间小镇”为例，片中每片树叶、每片雪花、每块青苔，都闪烁着过往动画所未曾展现的生命力与细节之美。

4. 云计算重塑商业

一年一度的电商狂欢节——天猫“双 11”不仅点燃了网民疯狂的购物热情，也给阿里巴巴带来了可喜的成绩。2016 年，在每秒 17.5 万笔交易峰值、12 万笔支付峰值的极限挑战下，仍能带给用户愉快的购物体验，背后靠的是大数据的支撑和阿里云计算的实时调度能力。所以说，“双 11”消费有多疯狂，云计算就有多火爆。

5. 云计算开启智慧医疗

国家癌症中心公布的数字显示，肺癌在所有恶性肿瘤发病及死亡中均占首位。胸部 CT 放射影像技术是肺癌早期筛查的有效手段。但是由于 CT 扫描影像数量多（一次 CT 扫描影像通常在 200 张以上)，医生诊断的时间长，加上工作量大，容易疲劳，人工误差不可避免。人工智能成为新的选择。

国际权威肺结节检测大赛（LUng Nodule Analysis，LUNA）是肺结节检测领域权威的国际评测大赛。LUNA16 大赛要求选手对 888 份肺部 CT 样本进行分析，寻找其中的肺结节。样本共包含 1186 个肺结节，75% 以上为小于 10mm 的小结节。最终，阿里云 ET 以 89.7% 平均召回率打破国际权威肺结节检测大赛 LUNA16 纪录，夺得世界冠军。

6. 云计算护航生活

12306 作为世界上规模最大的实时交易系统之一，高流量和高并发一直是需要解决的关键问题。在整个 12306 系统架构中，请求次数最集中、最频繁的是什么？毋庸置疑，一定是余票查询系统。它的请求次数占到整个网站的 85%。一般我们在买票过程中，都会多次提交查询请求，更不要说大量刷票软件问世后，所增加的工作负载，这一切都让余票查询系统成为整个系统的“短板”。

那么，12306 又该如何补掉这个短板呢？答案就是：把 75% 的查询业务都放在租来的云上。通过云的弹性和按量付费的计量方式来支持巨量的查询业务，把架构中高消耗、低周转的部分放在云上。这是一个充分利用云计算弹性的绝好实例。

当所有人都受惠于计算，计算驱动的智能时代已经到来。云计算的出现，是信息社会向智能化社会转换的必然。随着社会和经济的发展，人们对信息的需求朝着更全面、个性化和深层次的方向发展，简单信息的需求已经转化为对有用信息和知识的需求，这就对信息服务系统质量和服务水平提出了更高的要求。所有的这些都在驱动着另一场变革的开始——将服务和知识带给所有人。

“云计算”就是推动这场变革的力量。

这一切听起来很理想，但云计算成为业务运行的标配还有一些问题有待解决。最初的担忧是可靠性，既有网络连接到云端的可靠性，也有对云服务商本身稳定性的担忧。安全则是另一块巨大的投入，因为它拥有客户的数据，而黑客和其他恶意的使用者都虎视眈眈。

不仅仅是密码安全，采用云处理也依靠高度敏感的信任。2013 年，斯诺登“棱镜门”事件爆发后，人们对云端数据的信任明显下降。由此，精明的云供应商一定会致力于提供更牢固的技术架构和数据管控来确保用户的信任。

如今，计算依然朝着云的方向发展。随着更多公司和个人对云计算的使用，很多工作的新模式将被创造出来。例如，如果你开发的一项服务或者 APP，你和用户之间能够保持连接。你可以观察他们如何使用你的产品，并将反馈在开发周期内改进。你可以分析并实时地将一些更智能的功能加入到你的产品里，这些产品的能力甚至超过移动设备本身的处理极限，比如 Siri 和 Google Now。

终有一天，全球将数数相联，就像浏览网页已经成我们生活的一部分一样，数据在网上的自动整合和跳转，将会给我们带来新的生活方式。通过这种新的方式，互联网将向我们“推送消息”，而不再是我们在网上“搜索”信息。

那将是一个更加辉煌的大数据时代。大数据之“大”，将不仅仅意味着数据之多，还意味着每一个数据都能在互联网上获得生命，产生智能，散发活力和光彩。

8.6 阅读材料——大数据的崛起

如今，大数据行业进入了稳步发展阶段。大数据已从概念层面落实到了应用层面。随着大数据应用越来越广泛，每天都可以看到大数据的一些新奇的应用，从而帮助人们从中获取真正有用的价值。“大数据时代”的“循数管理”和“数据竞争”的特点和趋势从哪体现？大数据是如何帮助人们挖掘出有价值的信息呢？下面列举一些大数据的运用实例。

（1）商品和服务的推荐。根据用户属性、行为、购买记录等数据，为其推荐最合适的商品。这种方式在 Amazon、Netflix、乐天、Recruit 等电商网站中应用很广。Amazon 基于大量购买历史记录和点击流数据做出“购买了本商品的顾客还购买了……”的商品推荐功能，这种做法现在已经随处可见了，但像这样为客户推荐合适的商品，过去只有经验丰富的销售人员和熟悉客户的店员才能做到，是“具有人类属性”的行为，现在却能够由计算机自动来完成，这一点是具有划时代意义的。

（2）行为定向广告。这种服务是通过网站浏览记录、电商网站上的购买记录等数据，在分析用户兴趣爱好的基础上，将用户进行分类，并对每一类用户投放不同的互联网广告。在 Google、雅虎等提供的在线服务中早就已经运用了这种技术。

（3）利用位置信息的营销活动。即利用手机中的 GPS 位置信息来进行营销活动。

NTT Docomo 与东京海上日动火灾保险合作，可以在用户到达滑雪场或高尔夫球场时，自动根据其目的发送“Docomo 一次性保险”的保险推介邮件。这种方式的原理是在事先取得用户同意的情况下，通过 GPS 信息测出用户的位置，再根据用户过去的行为记录判断该用户是滑雪场、高尔夫球场工作人员还是顾客。

（4）检查非法使用。通过对信用卡庞大的使用记录数据进行分析，可以对每个客户检测出可能预示着非法使用的模式，并建立一个非法使用的检测模型。也可以实现对非法使用的在线监控，以及对是否允许交易做出判断。

（5）客户叛离分析。像移动运营商、产品销售商、保险公司、DVD 租赁公司等以签约会员的形式来提供商品和服务的公司，根据过去的客户数据和退会数据对可能会叛离（退会）的客户做出预测。此外，在发生预示着叛离的事件（如给呼叫中心打电话进行抱怨等）时，通过及时提供一些优惠来实现业务的优化。

（6）故障预测。通过复印机、办公一体机等硬件设备上安装的各种传感器，收集如卡纸等错误信息、设备使用记录、耗材消耗状态等数据，并通过数据挖掘来探测出产生故障或问题的预兆。在这一方面比较有名的是富士施乐（Fuji Xerox）的 TQMS-uni（跟踪品质管理系统）。

（7）异常检测。对通信网络的工作状况进行监控，实时检测出突发性事态和故障等。更进一步，检测到发生故障和问题的预兆。Cisco Systems 可以通过网络结构、设备构成、使用状况、设备布置等各种角度对客户的网络和产品数据进行分析，通过对比来评估网络的稳定性，从而能够发现设备之间的“不合适组合”。

（8）服务改善。Salesforce CRM、Google Apps 等 SaaS（Software as a Service）中，利用通过互联网提供服务的优势，对所提供的软件功能的使用数据进行收集。例如，那些几乎无人使用的功能会在下次版本升级的时候被去掉，而频繁使用的功能则需要进一步强化。

（9）交通阻塞预测。通过汽车实际行驶位置和车速等信息生成的交通监控数据，来提供道路阻塞等交通信息。丰田、日产、本田等汽车厂商会向用户提供由汽车导航系统会员的行驶数据生成的道路交通信息，此外，野村综合研究所也基于从出租车、手机的 GPS 收集的数据，开发了一个叫作“全力指南！”（全力案内！）的智能手机应用。

（10）用电需求预测。通过各家庭安装的智能电表，对电力的使用状况进行监控，并检测出用电模式。在提高各家庭环保意识的同时，电力公司也可以通过分析各家庭的用电模式，对用电需求做出预测。除了英国天然气和电力公司 Centrica 以外，在这方面比较有名的还有美国加利福尼亚州的电力公司 Southern California Edison（SCE）以及 Pacific Gas and Electirc（PG&E）。

（11）感冒流行预测。SS 制药公司可以自动提取出 Twitter（推特，一家美国社交网络及微博服务的公司）上和感冒有关的推文，并通过语言分析筛选出可能患上感冒的用户，并按照各都道府县进行统计。此外，还在东京大学“智能结构化中心”的帮助下，对关于感冒的推文数量的增减与气温、湿度等天气变化之间的相关性进行分析，然后结合一周的天气预报，对各都道府县的感冒推文数的增减做出预测，将结果发布在 Kazemiru+ 网站上。

（12）股市预测。总部位于伦敦的 Derwent Capital 会从 Twitter 上数百万条推文中随机选择 10% 的推文进行分析，并将这些推文按照不同的感情倾向（如“警戒”“平稳”“活跃”等）进行分类，用于预测市场行情的动向。2011 年 7 月，标准普尔 500 指数下跌 2.2%，相对于当时对冲基金的平均收益 0.76% 而言，Derwent Capital 却实现了 1.85% 的业绩。

（13）优化燃油成本。在美国市场份额位居第三的卡车货运公司 U.S.Xpress 构建了一个系统，通过利用安装在卡车上的传感器，除了获取位置信息之外，还能够实时掌握当前位置的停留时间、怠速时间、燃油余量、空调开启 / 关闭状况等超过 900 项数据。通过使用这一系统，在全公司范围内以 3 万辆卡车为对象，开展了一项对减少怠速时间、节约燃油作出贡献的驾驶员进行表彰的项目，成功实现了整体节约燃油 40% 的成绩，因此每年节约的成本达到了 1700 万美元（约合人民币 1 亿元）。此外，如果发现某辆卡车的空调设定温度远远低于规定值时，公司还会尝试将温度远程强制调回规定值，以节约成本。

（14）打造新媒体产品。2017 年，为庆祝建军 90 周年，由人民日报客户端创意出品并主导开发、腾讯天天 P 图提供图像处理支持的新媒体产品《快看呐！这是我的军装照》在微信中被广泛转载。该款产品将解放军 90 年来不同时代的军装整理出来，保证准确，页面设计庄重大方，让用户“穿上军装”英姿飒爽，尽情抒发对中国人民解放军的崇敬、热爱之情。这款“军装照”H5 到底有多火爆？从 7 月 29 日晚发布到 7 月 31 日下午 18 时，短短两天时间，页面总浏览量（PV）超过 2 亿，独立访客（UV）累计 3832 万。截至 8 月 23 号，已经被浏览超过 10 亿次，最高峰的时候 1 分钟内 117 万人同时生成自己的军装照。而这背后，依靠的是腾讯在图像处理算法上的优化，以及应对海量业务高峰的弹性支持。

所谓管中窥豹，可见一斑，仅仅是以上的案例就能让我们窥见“数据正在改变我们的生活以及理解世界的方式，成为新发明和新服务的源泉”。无论是个人、企业还是国家，谁能更好地抓住数据、理解数据、分析数据，谁就能在下一波的社会竞争中脱颖而出。关于数据的知识，将成为个人知识结构中的必备要素和基础。

本章总结

本章首先从阿里云的科技广告引出问题“什么是云计算？”然后通过对该问题的回答，介绍了云计算的定义、特点和独有优势；进而，借助通俗的例子向读者说明几种不同的云服务类型，并介绍了云计算发展过程中，影响力较大的几种云平台；最后，回顾和展望了云计算的应用。

课后习题

1．什么是云计算？
2．云计算的特征是什么？
3．如何理解云计算中的 SaaS、PaaS 和 IaaS ？
4．请举例说明云计算在生活中的实际应用。

第 9 章　初识人工智能

引　言

2016 年 3 月 9 日，一场人机“世纪大战”（图 9-1）在韩国四季酒店拉开序幕，在第一场比赛中，手握 14 个冠军头衔的李世石败北。2016 年 3 月 10 日，对于第一场比赛结果明显不服的李世石再度与阿尔法狗交手。在这场比赛中，李世石显然收起了之前的轻视之心，认真迎战，但是仍然在 211 手的时候输给了人工智能。3 月 12 日，阿尔法狗以 3:0 的成绩完胜李世石，举世哗然。比赛总共 5 场，李世石已经输掉了比赛，接下来的两场比赛是李世石或者是人类智慧捍卫荣誉之战争。2016 年 3 月 14 日，李世石在局面不利的情况下弈出石破天惊的一招，阿尔法狗受惊不小直接“短路”，人类智慧依靠“神之一手”战胜了人工智能。不过，令人遗憾的是，胜利并没有持续下去。3 月 15 日的终极一战，李世石再度因为大局观不足输给了阿尔法狗，这一历史性的时刻被总比分牌上的 4:1 锁定。

图 9-1　人机“世纪大战”

我们所熟知的那些 AlphaGo（阿尔法狗），包括击败樊麾的版本，击败李世石的版本，以及此前横扫网络的 Master 版，无一例外都是从学习大量的人类棋谱起步。而如今的 AlphaGo Zero，用 DeepMind 团队的话说则是从“婴儿般的白纸”开始，除了围棋的基本规则，没有任何关于围棋的基础知识，而它的“陪练”——另一个 AlphaGo Zero 同样也是新手，大家可以理解为两个不会下棋的孩子，在没有老师指导的情况下相互对弈，在此过程中自我总结和提高。从 DeepMind 公布的 AlphaGo Zero 成绩单中不难看出这个“新手”的成长史：由于是实打实的“从零开始”，刚开始的时候，它甚至还会自己填子送死，但仅仅在 3 个小时后达到了人类初学者的水平，基本不会犯低级错误了；19 个小时以后，AlphaGo Zero 学会了诸如打劫这样的技巧；而到了第 3 天，AlphaGo Zero 已经跟自己下了 490 万局棋，并战胜了当初击败李世石那一版 AlphaGo，战绩是 100:0。换言之，仅仅用了 3 天，AlphaGo Zero 就从一个仅仅会基本规则的初学者，成长为具备超一流水平的棋手。此后的 AlphaGo Zero 并未停下追赶的脚步，到了第 40 天，它以压倒性的优势战胜了此前以 3:0 完胜柯洁的 AlphaGo Master，胜率达到 90%。

根据 DeepMind 的团队描述，AlphaGo Zero 已经不再是一台传统意义上的围棋机器，而是一种能够自我学习、更新的围棋人工智能。读到这里，你是震惊还是恐惧，或者你可能已经迫不及待地想了解人工智能究竟是什么，下面就让我们开启认识人工智能之旅吧。

9.1 什么是人工智能

让我们来看一个例子：金融交易尤其是股票交易几乎 90% 都是通过计算机来完成的，因此在金融领域也有相应的操作技术——高频交易。高频交易是自动化交易的一种形式，利用复杂的计算机和 IT 系统，以毫秒级的速度执行交易并日内短暂持有仓位，通过超高速度交易不同交易平台间的金融工具来获取利润。一般而言，光纤传输的物理距离每增加 100 千米，传输时间增加 1 毫秒。因此，减少传输距离将提高交易指令的传输速度。高频交易商通过将服务器直接架设在交易所，缩短与交易所的物理距离，并在机构所在地通过工作站来管理远程服务器，以减少外部网络传输造成的数据延迟，获得高频交易的核心竞争优势。《快闪小子》书中，就有 Spread Networks 隧道的故事。为了满足高频交易机构的需求，网络服务商 Spread Networks 斥资超过 3 亿美元，耗时超过两年时间，在芝加哥期货市场和纽约证券交易所之间铺设了一条 1300 千米的光纤线路，而其目的只是为了将两地交易信息的传输时间缩减 3 毫秒。出于同样的目的，美国一家网络服务商也投资 3 亿多美元，铺设了一条总长 6021 千米将纽约和伦敦市场连接起来的跨大西洋高速光缆，而这将为高频交易商节省不到 6 毫秒时间。高频交易需要以毫秒级的逐笔数据作为计算基础，以消化最新的市场信息，并以此制定交易决策。试想这么高频的交易，人工是无法完成的，唯有人工智能才可能实现。

“机器学习”以及超高速的运算能力使人工智能完成着一件又一件人工不可能完成的任务。我们经常使用的百度搜索，当输入查询关键词，往往在短短几秒之内就能够检索出上亿条信息，并且还能显示相关网站信息，这么大的数据量如何在这么短时间内处理完呢？其中的玄机其实就是“机器学习”以及超高速运算。正是由于这种优势，人工智能的应用范围越来越大，像京东这种拥有大型仓库的企业也在利用人工智能来管理仓库物品。

问题导入：

什么是人工智能?

从科学的角度来说，人工智能（Artificial Intelligence，AI）是研究、开发用于模拟、延伸和扩展人的智能的理论、方法、技术及应用系统的一门科学。这门学科的研究范围包括语言识别、图像识别、专家系统和机器人等。

人工智能是一种对人的意识、思维的模拟。人工智能分为“人工”和“智能”两个部分，其中“人工”其实并不难理解，在科学界虽然表达的方式有所不同，但是“人工”的意思却相差无几：系统内的个体根据人为的、预先编排好的规则或计划好的方向运作，以实现或完成系统内各个体不能单独实现的功能、性能与结果。简单来说，就是由人工安排好了一切。虽然“人工”好解释，但是“智能”这个词却引起了无数科学家激烈的讨论。什么是智能？有没有超越人类的智能存在？由于我们对自身智能的理解也非常有限，因此难以定义什么是人工制造的“智能”。通常认为：人工智能除了研究人类本身的智能，也研究其他人造系统或者动物的智能。其实，人工智能发展经历了推理与搜索、知识与专家系统、机器学习和深度学习几个阶段。

9.2 推理和搜索

图灵曾提到，一个用规则和事实来程序化的高速数字化计算机可能表现出智力。

经典人工智能技术主要以符号表示、符号处理为实现智能的主要手段，推理和搜索是其中的核心技术。

引例：假设我们面前有一幅迷宫图（图 9-2），用一根笔或者直接用手向着出口的方向移动。当发现这条路无法走到出口时，就会回到起点或者是交叉口的位置寻找另外一条通向出口的路。如果迷宫图比较简单，那么可能一眼就能看出到出口合适的路线。

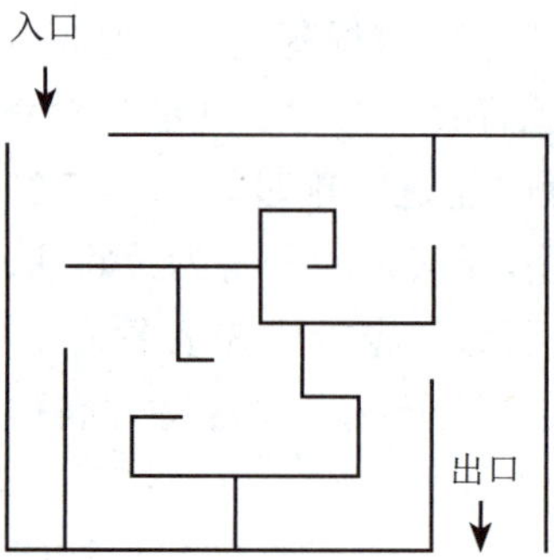

图 9-2 简单迷宫图

在人工智能发展早期，要想让计算机直接具备像人一样的思维显然是不现实的。

问题导入：

怎样用计算机来计算迷宫路线?

我们不妨将计算机的处理方式变成一种既简单又复杂的方法：将迷宫的每一个分叉点都标上一个记号，例如 A、B、C，如图 9-3 所示。

当计算机系统从入口位置，也就是 S 出发后，可以选择通过 C 或者 M 两条路。通过 M 后，又可以选择通过 D 或者是 E，到达 D 后发现不能通过，于是选择 E……通过这种方法将所有可能的路全部列举出来就能够得到一张如图 9-4 所示的搜索路径。

计算机通过不断地搜索和重复，最终判断出 S → C → B → L 是找到出口的正确路径。通常来说，越复杂的迷宫，搜索树的分支就越多，扩展的面也就越大。其实，对于我们人类来说，这种搜索方式就是情景。就如当我们迷路时分析往北面走是什么样的，往南面走又是什么，等到了北面后根据现有的情形继续分析。这样不停地分析，迟早会找到最终的目的地。计算机就是这样不厌其烦地试错，然后根据指示找到正确的目标。

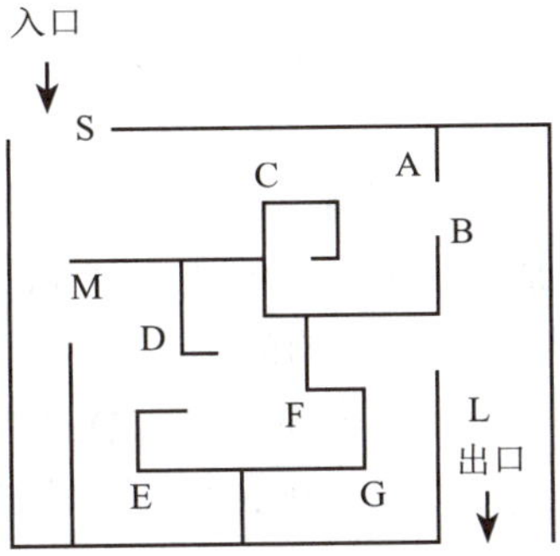

图 9-3　字母标记的迷宫图

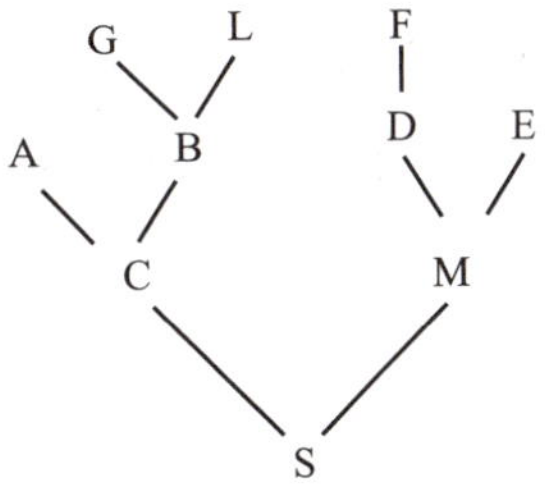

图 9-4　搜索树图

早期的人工智能研究者将这种推理和搜索的思维运用到了研发中，依赖的是一种“暴力”计算方法——搜索树。

搜索树是一种比较抽象的搜索方式，相比于人类思维来说，这不是一种完美的处理信息的方式。但是，对于早期的人工智能科学来说，这种方法却奠定了未来整个人工智能科学的基础。

虽然搜索树只是计算机解决问题的一种方法，但它的实际意义却不仅仅局限于此。搜索树的推演思维，可以看成是一步一步推导出结果。在传统意义的计算机中，搜索树能够正确推导出目标位置。而在人工智能领域，搜索树可以制订出机器人的行动计划，这种技术在人工智能初期被称为规划。早期的机器人就是根据搜索树来制定行动规划的。

举个例子：如果我们想让机器人去餐厅取一杯已经泡好的茶水，就可以对机器人下达指令“去餐厅把茶水拿来。”机器人接收到指令后，会在机体内部进行如下的信息处理：

（1）离开机器人所在的位置（前提条件）；

（2）如果打开餐厅的门（行动）；

（3）门会由关闭状态转变为开着的状态（结果）。

当这种具有前提条件的行动被完成时，会直接进行下一步处理：

（1）在门开着的状态下（前提条件）；

（2）移动到餐厅内（行动）；

（3）将由餐厅外的位置变成餐厅内的位置（结果）；

……

这种事先设定好的行动纲领传输给机器人后，机器人就能够按照这些纲领来行动，人类只要将所有具有“前提条件”的“行动”和“结果”事先教授给机器人，那么机器人就能顺利地将餐厅内的茶水取出来。

9.3　知识与专家系统

早期人工智能，主要是通过推理和搜索等简单的规则来处理问题，已经能够解决一些诸如迷宫、梵塔等所谓的“玩具问题”。为了解决更为复杂的问题，人工智能已经发展到了利用知识来武装自己的地步。我们将知识的载体从图书转变成人工智能，这样它所能解决的就不再是“玩具问题”，并且看上去也变得更加聪明、实用。比如，如果我们想让人工智能取代厨师，只需要输入大量的菜品知识即可；如果我们想让人工智能取代医生，只需要输入大量的病理知识即可。

专家系统是当今人工智能、深度学习和机器学习系统的前身，专家系统可以解决通常需要人类专家才能解决的许多问题。专家系统可以根据某一个领域已有的知识和经验进行推理和判断，最终作出模拟人类专家的决策，以此解决需要人工判断的问题。

20 世纪 70 年代初就曾出现有名的 DENDRAL 和 MYCIN 专家系统。DENDRAL 系统是一种帮助化学家判断某待定物质的分子结构的专家系统。它是美国斯坦福大学研发的世界上第一例成功的专家系统，它的出现标志着人工智能的一个新领域——专家系统的诞生。而 MYCIN 系统是由美国斯坦福大学研制的一种帮助医生对住院的血液感染患者进行诊断和用抗菌素类药物进行治疗的专家系统。经过多次实验之后，统计结果显示 MYCIN 系统开出正确处方的概率为 69%，非细菌感染专业的医师成绩并不比 MYCIN 系统好，但是如果与细菌感染专业的医师 80% 的正确率相比，MYCIN 系统还是差一些。

下面让我们初步了解专家系统。

（1）基本系统结构。专家系统通常由人机交互界面、知识库、综合数据库、推理机、解释器、知识获取 6 个部分构成，如图 9-5 所示。

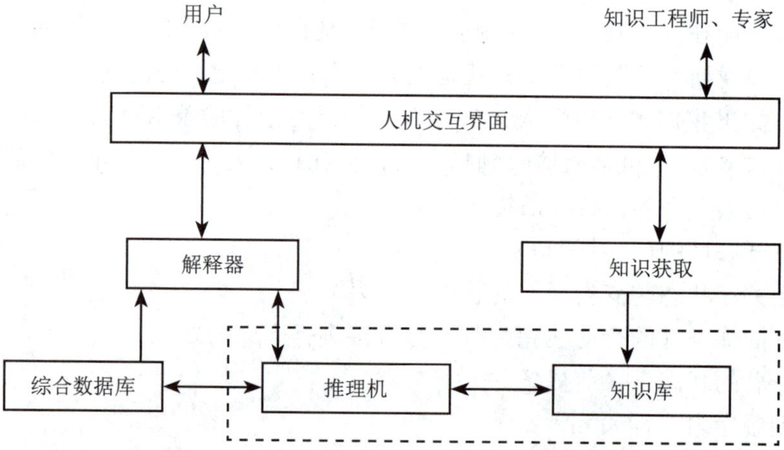

图 9-5　系统结构图

知识库：用来存放专家提供的知识。专家系统的问题求解过程是通过知识库中的知识来模拟专家的思维方式，因此，知识库是专家系统质量是否优越的关键所在，即知识库中知识的质量和数量决定着专家系统的质量水平。一般来说，专家系统中的知识库与专家系统程序是相互独立的，用户可以通过改变、完善知识库中的知识内容来提高专家系统的性能。

推理机：针对当前问题的条件或已知信息，反复匹配知识库中的规则，获得新的结论，以得到问题求解结果。在这里，推理方式可以有正向和反向两种。

综合数据库：专门用于存储推理过程中所需的原始数据、中间结果和最终结论，往往是作为暂时的存储区。解释器能够根据用户的提问，对结论、求解过程作出说明，因而使专家系统更具有人情味。

（2）工作过程。一般的专家系统是通过推理机与知识库和综合数据库的交互作用来求解领域问题的，其基本工作流程是：用户通过人机界面回答系统的提问，推理机将用户输入的信息与知识库中各个规则的条件进行匹配，把被匹配规则的结论存放到综合数据库中。最后，专家系统将得出最终结论呈现给用户。

（3）控制策略。所谓控制策略主要是指推理方向的控制方法。正向推理是从事实出发向结论方向进行推理，即所谓事实驱动方式。反向推理是从结论出发一步步寻求事实根据，即所谓的目标驱动方式。

下面通过一个简单的实例来理解专家系统的工作过程。

有一个农产品专家系统，知识库（规则库）如下：

R1: IF　食物为绿色 = TURE
　THEN 它是农产品 = TURE .
R2: IF　食物为精包装 = TURE
　THEN 它是高档食品 = TURE .
R3: IF　食物为冷冻食品或农产品 = TURE
　THEN 它是易坏食品 = TURE .
R4: IF　食物重 5kg 且价廉又不易坏食品 = TURE
　THEN 它是家庭通用食品 = TURE .
R5: IF　食品易坏 , 食物重 5kg = TURE
　THEN 它是牛肉 = TURE .
R6: IF　食物重 5kg, 且为农产品 = TURE
　THEN 它是西瓜 = TURE .

当用户输入“食物为绿色，重 5kg”时，正向推理过程解析如下：

1）第一次匹配，R1 触发，综合数据库更新数据为 W1“它是农产品，食物为绿色，重 5kg”。

2）以 W1 为匹配数据进行第二次匹配，R1、R3、R6 触发，R1 已执行，将其删除，执行 R3，综合数据库更新数据为 W2“它是农产品，易坏食品，食物为绿色，重 5kg”。

3）以 W2 为匹配数据，进行第三次匹配，R1、R3、R5、R6 触发，R1、R3 已执行，将它们删除，执行 R5，综合数据库更新数据为 W3“它是农产品，它是牛肉，易坏食品，食物为绿色，重 5kg”，得出结论是牛肉，与事实相违，此步因 R5 的不精确导致推理出错。

4）重复以 W2 为匹配数据进行第三次匹配，R1、R3、R5、R6 触发，R1、R3、R5 删除，执行 R6，综合数据库更新数据为 W4“它是农产品，它是西瓜，易坏食品，食物为绿色，重 5kg”。

5）以 W4 为匹配数据进行第四次匹配，R1、R3、R5、R6 触发，R1、R3、R5、R6 都已执行，全部删除，所有规则匹配完毕，所以综合数据库 W4“它是农产品，它是西瓜，易坏食品，食物为绿色，重 5kg”，得到问题的求解。

（4）知识获取。知识获取又称学习机制，它的任务是把某个领域的人类专家的专业知识转换成知识库中的推理规则和事实。知识获取的模式：非自动知识获取、自动知识获取、半自动知识获取，如图 9-6 所示。

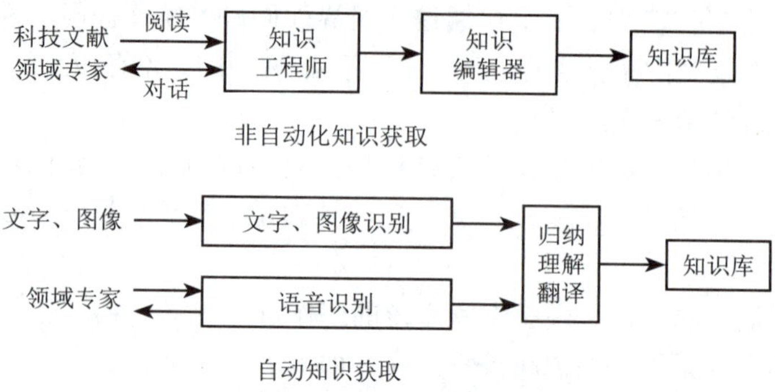

图 9-6 知识获取模式

对于人类来说，只要能够进行语言交流，相互之间传达知识就是一件非常简单的事情。而要把知识传输给人工智能并不是一件简单的事情。

问题导入：

那么，我们如何才能将知识传输给人工智能呢?

在人工智能发展初期有一项非常有名的研究，这项研究的目的就是探索如何向人工智能描述知识，它就是“语义网络”，下面举个例子说明。

比如，将“一个桌子是我的”的信息传输给人工智能，这时就需要具体描述桌子的颜色、所有者、材质等相关信息，并将每一特征设定为一个节点。当所有节点串联起来后，人工智能就能通过这些信息分辨出我的桌子，如图 9-7 所示。

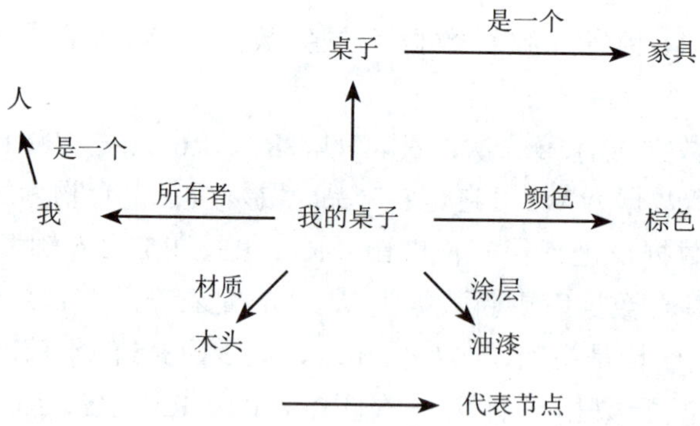

图 9-7 语言网络示意图

研究者对“语义网络”的研究越深入就越会惊叹人类所拥有的知识是多么丰富，要想将这些知识全部按照一定的形式进行描述，显然是不可能完成的事情。科学就是这样，总会遇到一个又一个困难，在不断解决新困难的过程中不断进步。当人们碰到新问题便会尝试用另外一种方式研究，直到人们将“本体论”融合人工研究后，事情有了新的进展。

17 世纪，德国哲学家郭克兰纽首先使用了“本体论（Ontology）”这个词，本体论研究的是一切事物的最终本性。从知识输入的角度来说，如果我们能从事物的本源出发，通过分级处理信息，就能比较容易地向计算机描述出我们所要表达的信息。先来看看哺乳类特征示意图（图 9-8）。

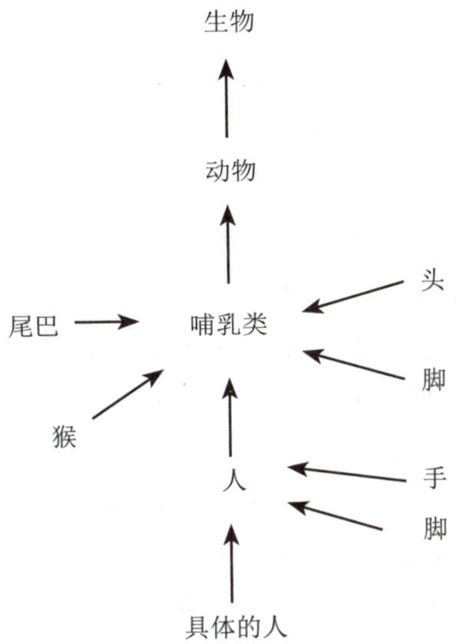

图 9-8　哺乳类特征示意图

图中的箭头代表的是“属于”关系。也就是说，人属于哺乳类，哺乳类属于动物。如果反向推导，可以推导出一层包含的关系，如人包含手与脚。如果关系比较简单且单一，不管是正向推导还是反向推导都是可以的，这样将知识传输给计算机就能实现既定目标。但关系比较复杂时，就必须考虑具体的语言环境，这样才能正确理解这些关系。更何况自然语言中还有各类歧义的问题，即便是人类理解起来都比较困难，何况是人工智能。下面这个例子很好地说明了这个问题。

有一位在中国学习了 10 年中文的外国人，去参加一场普通话考试。他看到考题后不知所措，考题的内容如下：

请翻译下列语句中重复词语或语句的意思。

1. 冬天：能穿多少穿多少；夏天：能穿多少穿多少。

2. “剩女”产生的原因有两个：一是谁都看不上，另一个是谁都看不上。

3. 女孩给男朋友打电话说：“如果你到了，我还没到，你就等着吧；如果我到了，你还没到，你就等着吧。”

4. 单身的原因：原来是喜欢一个人，现在是喜欢一个人。

你能理解吗？

如果机器想要像人一样，就必须掌握所有常识，并且懂得合理设置情景，即便是在今天，也没出现能够支撑如此复杂内容的技术。即便你给机器一本“百科全书”，你还要教会它怎样应用于日常生活。知识获取是专家系统知识库是否优越的关键，也是专家系统设计的“瓶颈”。

9.4 机器学习与深度学习

在以知识为主导的人工智能时代，只要为计算机灌输一定的知识，这些机器就能为我们做一些事情，如工业生产、数学计算等，但是，这些机器仅仅能够完成这些知识范围之内的事情。从某种角度来说，人工智能只能为人们节省一些时间或体力。如果我们想要扩展人工智能的用途，就需要不断地向它灌输知识，除此之外，将人类的自然语言输送给计算机本身就是一件比较复杂的事情，让计算机掌握人类的语言更是难上加难，因此人工智能进入了发展瓶颈期。

虽然人工智能进入到了发展瓶颈期，但另外一项技术却得到了快速发展——互联网。到了 1998 年，随着谷歌搜索引擎的出现，人们开始重视对数据的搜集和利用，而这种重视在无形中解决了人工智能所面临的大难题——知识的积累。除此之外，受互联网技术的影响，人工智能研究者也开始逐步对自然语言的处理有了新的认识，人工智能终于再度从“寒冬”中走出来，得以继续发展。

在互联网的影响下，统计自然语言处理这门技术得到了快速的发展，运用统计自然语言处理技术处理语言时，不会刻意寻找句子的语义，仅仅是机械地将翻译概率比较高的词语组成一个完整的句子。在互联网技术支持下，人工智能有了海量数据的来源，知识也比以前更加丰富。在激增数据的支持下，人工智能从推理、搜索升化到知识获取阶段后，又一次进化到机器学习阶段。

问题导入：

机器是怎样进行学习的?

机器学习是一种统计学方法，计算机利用已有数据得出某种模型，再利用此模型预测结果。机器学习的核心是“使用算法解析数据，从中学习，然后对世界上的某件事情做出决定或预测。”这意味着，与其显式地编写程序来执行某些任务，不如教计算机如何开发一个算法来完成任务，通常有两种主要类型的机器学习：监督学习和非监督学习。

所谓监督学习，就是我们常说的分类，通过已有的信息获得一个最优的处理模式，再利用这个模式将所有输入的信息处理成输出信息，计算机通过对输出信息的简单判断将已有信息分成不同的种类，这样人工智能就有了对未知数据进行分类的能力。监督学习涉及一组标记数据。计算机可以使用特定的模式来识别每种标记类型的新样本。监督学习的两种主要类型是分类和回归。分类的一个简单例子是电子邮件账户上的垃圾邮件过滤器。过滤器分析以前标记为垃圾邮件的电子邮件，并将它们与新邮件进行比较。如果它们匹配一定的百分比，这些新邮件将被标记为垃圾邮件并发送到适当的文件夹。那些比较后不相似的电子邮件被归类为正常邮件并发送到邮箱。第二种监督学习是回归。在回归中，机器使用先前的（标记的）数据来预测未来。天气应用是回归的好例子。使用气象事件的历史数据（即平均气温、湿度和降水量），对未来的一段时间的天气进行预测。

那么，什么是非监督学习呢？它与监督学习的不同之处在于：在机器学习的时候，我们并没有放置任何可以参考的样本或者已经分类的参考目标，机器需要直接对已有数据建立模型。聚类分析是非监督学习的典型案例，俗话说“物以类聚，人以群分。”所谓的类就是具有相似元素的事物的集合。当有足够的数据支持时，非监督学习中的聚合能力就会被无限放大，特别是当一个聚类分析中的目标具有附加数据时。这些附加数据能不断构建出一个又一个新模型，所产生的结果会以几何级数增加。

恰当地使用分类系统，机器学习也会变得非常强大。在一定程度上，机器学习的这种分类可以打破语义难以被理解的障碍，通过不断地将监督学习与非监督学习相融合，语义也会变成可分类的目标之一。如果没有这种方法促进机器去学习，那么语义的理解也将变成一件非常困难的事情。

机器学习的监督学习与非监督学习，其中最关键的是“分类”，人工神经网络通过模仿人类的脑神经回路进行分类，是一种真正意义上的人工智能计算方式。下面简单介绍人工神经网络。

人的大脑通过神经元传输信息，数量巨大的神经元构成了神经网络，如图 9-9 所示。

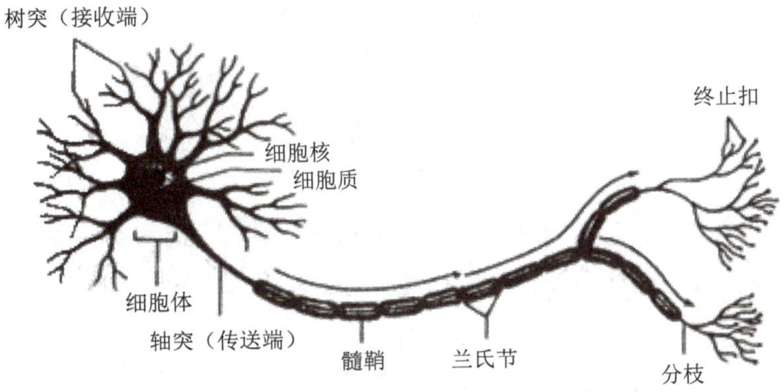

图 9-9　神经元示意图

当某一个神经元接收到刺激信号后，就会传输给另一个神经元，这样逐层传递到大脑进行处理后就形成了感知。就好比传感器，当刺激达到某一个值的时候，传感器会形成反应；如果没到达到这个值，就不会形成反应。

人工神经网络就是仿照神经元传递信息的方法对数据进行分类的，我们可以在传递的过程中设置权重，如果数据小于这个权重，那么就不能传递到下一个“神经元”中；反之，如果数据大于这个权重，则继续往下传递。其传递过程如图 9-10 所示。

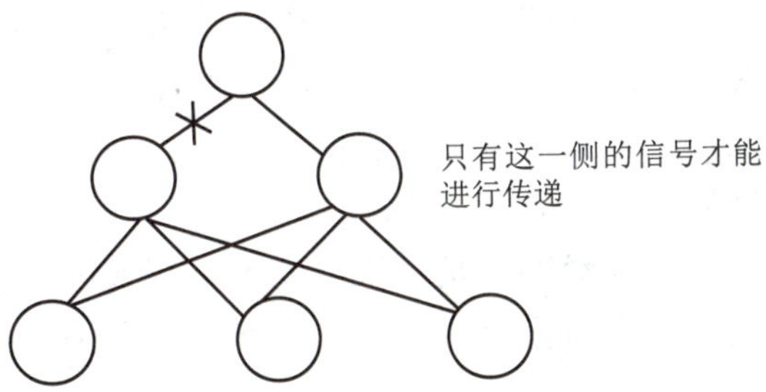

图 9-10　神经元信息传递示意图

人工神经网络是对人脑神经元的抽象表述，它从信息处理的角度来建立简单的模型，按照不同的连接方式组成各种各样的“神经网络”，如图 9-11 所示。不过，人工智能中的神经网络并不是真的由神经元组成的，这种神经网络由大量的节点相互连接而成。每个节点都可以看成是一个独立的输出系统，而两个节点之间能够进行数据传输的框架称为权重。当信息在节点之间传输的时候，根据权重值的不同，信息所经过的节点也会有所不同，最终整个神经网络会在不断筛选和传输的过程中逐步逼近自然界中存在的某种算法或者逻辑思维，从而实现语言的转换，完成机器学习。

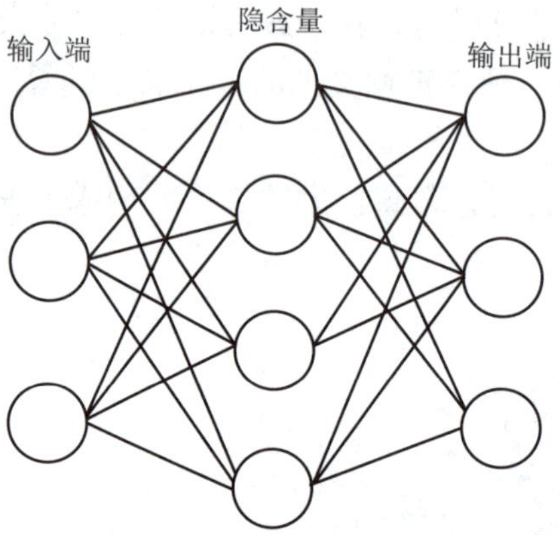

图 9-11 人工神经网络示意图

图 9-12 简单展示人工神经网络模拟手写输入的过程。

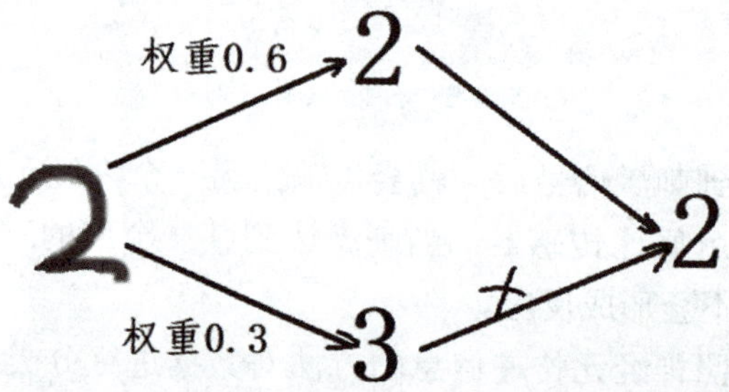

图 9-12 人工神经网络模拟手写输入图

人工神经网络的一大优势在于权重可以根据需要进行调整，每两个神经元之间都存在 4 种“权重通道”，通过调节“权重通道”的宽度，不同的数据分类的精确度就可以达到一个让人满意的程度。举个简单的例子，如果有 100 个节点，那么经过计算就能造出的“权重通道”就有 8 万条。也就是说，仅仅是这 100 个节点就能筛选 8 万条信息。如果节点数量达到千万或者亿万级别，那么就能分类海量数据。

相比于其他分类方法，人工神经网络是从答案入手来调整过程中出现的偏差，而不是从头重新来过，寻找一条新的通道来得出最后的答案。就好像在企业运作中，当企业发展方向出现偏差时，需要寻找的是领导层、决策层的失误，而不是找基层员工是否出了错，只有这样才能适时进行调整。对于整个人工智能领域来说，人工神经网络把很多不可能的事情变为了可能，这也在一定程度上决定了人工智能真正走上了“类人”的发展轨道。

了解完机器学习的相关知识后，让我们来简单回顾一下机器学习的发展历史。

机器学习最早的发展是英国数学家托马斯•贝叶斯（Thomas Bayes）在 1763 年发表了一篇论文，在这篇论文中为了解决一个“逆向概率”问题提出了贝叶斯定理。贝叶斯定理发现了给定有关类似事件的历史数据的事件的可能性。。这是机器学习的贝叶斯分支的基础，它寻求根据以前的信息寻找最可能发生的事件。换句话说，Bayes 定理只是一个从经验中学习的数学方法，是机器学习的基本思想。

几个世纪后，1950 年，计算机科学家 Alan Turing 发明了所谓的图灵测试，计算机必须通过文字与一个人对话，让这个人以为在和另一个人说话。图灵认为，只有通过这个测试，机器才能被认为是“智能的”。

1952 年，Arthur Samuel 创建了第一个真正的机器学习程序——一个简单的棋盘游戏，计算机能够从以前的游戏中学习策略，并提升应对方法。Donald Michie 在 1963 年推出强化学习的 tic-tac-toe 程序。在接下来的几十年里，机器学习的进步遵循了同样的模式：一项技术突破导致了更新的、更复杂的计算机，通常是通过与专业的人类玩家玩战略游戏来测试的。

1997 年棋盘游戏程序通过机器学习达到巅峰，当时 IBM 国际象棋计算机深蓝（Deep Blue）在一场国际象棋比赛中击败了世界冠军加里•卡斯帕罗夫（Garry Kasparov）。随后，谷歌开发了专注于古代中国棋类游戏围棋（Go）的 AlphaGo，该游戏被普遍认为是世界上最难的游戏。尽管围棋被认为过于复杂，以至于一台计算机无法掌握，但在 2016 年，AlphaGo 终于获得了胜利，在一场五局比赛中击败了李世石。

机器学习最大的突破是 2006 年的深度学习。深度学习是一类机器学习，目的是模仿人脑的思维过程，经常用于图像和语音识别。深度学习的出现衍生了我们今天使用的（可能是理所当然的）许多技术。你有没有把一张照片上传到 Facebook 账户，只是为了暗示给照片中的人贴上标签？ Facebook 正在使用神经网络来识别照片中的面孔。或者 Siri 呢？当你问你的 iPhone 关于今天的棒球成绩时，你的话语会由一种复杂的语音解析算法进行分析。如果没有深度学习，这一切都是不可能的。

现在机器学习已经广泛应用在各个方面，如聊天机器人、自动驾驶等。下面让我们来阅读一篇关于人工智能的很有意思的文章，相信它会给你带来更多的震撼和思考。

9.5　阅读材料——人工智能是否会超越人类智能并最终取代人类

谷歌相继收购以 DeepMind、Kaggle 为代表的人工智能公司，IBM 打造 Watson 平台，百度进军无人汽车，阿里联合杭州市政府打造“城市数据大脑”，腾讯成立 AI 实验室……毋庸置疑，人工智能时代已经到来。

人们享受着人工智能带来便捷的同时，也常常担忧：人工智能会超越人类吗？它会不会像《黑客帝国》中的矩阵一样，成为人类的统治者？

人们已经从 AlphaGo 到 AlphaGo Zero 的演变中感到了恐惧，也为波士顿动力公司机器狗的行为能力感到震惊。人们通过科幻电影反映出对人工智能的担忧：在电影《机械姬》中，我们看到艾娃利用人类的感情杀完人后成功摆脱人类的控制，最后混迹在茫茫人海中；在电影《我，机器人》中，我们看到了机器人杀人以及维基想控制人类的情景，还有富有感情和艺术创造力的机器人桑尼。霍金担心超人工智能会毁灭人类，马斯克担心我们是在召唤恶魔，还有很多专家担心超人工智能是对人类最大的威胁。

人工智能是否会超越人类智能并最终取代人类呢？带着这个问题先让我们来回顾一下历史上出现的四次工业革命及其对人类社会带来的巨大变革。

“革命”本义指变革天命，后词义扩大，泛指重大革新，不限于政治，是一种彻底的颠覆，推动事物发生根本变革，引起事物从旧质到新质的飞跃。凡是可以冠之“革命”二字的，皆是引起深刻社会关系变革的重大事件，推动着人类历史进程快速前进。工业革命之所以称其为“革命”，意义便在于此。

第一次工业革命，瓦特发明蒸汽机，世界工业进入蒸汽时代。标志着农耕文明向工业文明的过渡，是人类发展史上的一个伟大奇迹。工业革命的西方资本主义国家逐步确立起对世界的统治，世界形成了西方先进、东方落后的局面，英国成为世界上第一个工业国家。

第二次工业革命，发电机的诞生使得人类历史从“蒸汽时代”跨入了“电气时代”。电力、钢铁、铁路、化工、汽车等重工业兴起，石油成为新能源，并促使交通的迅速发展，世界各国的交流更为频繁，并逐渐形成一个全球化的国际政治、经济体系。这次革命促使世界市场最终形成，美国、德国成为世界性的经济中心。

第三次工业革命，以原子能、电子计算机、空间技术和生物工程的发明和应用为主要标志。电子计算机的发明把人类从繁重的脑力劳动中解放出来，开创了”信息时代”，全球信息和资源交流变得更为迅速，大多数国家和地区都被卷入到全球化进程之中，世界政治经济格局进一步确立，人类文明的发达程度也达到空前的高度。

第四次工业革命，人工智能正在以迅雷不及掩耳之势席卷全球。人工智能出现的意义绝不仅仅是机器人的批量生产与应用，而是作为核心驱动力驱动产业结构、城市形态、生活方式和科技格局的颠覆式变革。在人工智能发展的今天，AI技术呈现出井喷的发展现状。人脸识别、指纹识别、语音助手、智能手环等产品越来越多地涌入到我们的生活中，也使我们的生活变得更为快捷、简便。人工智能不仅可以实现生活的简便化，更可以为我们提供远程医疗、远程法庭等生活服务。

人类文明的每一次进步，都伴随着科技的重大突破。轰轰烈烈的第四次工业革命大幕已经拉开，人工智能正在引领人类社会进入新纪元。人工智能的发展会走向何方，人类社会又会发生怎样翻天覆地的变化？那就让我们先了解人工智能发展的三个阶段。

（1）弱人工智能。弱人工智能，也称狭义人工智能，是“专注于一个或多个专业领域的人工智能”，因此，“弱”并不一定意味着这种类型的AI缺乏能力，而只是强调专业化的属性。今天的大多数AI应用程序都是弱AI，例如自动规划、游戏人工智能等。从弱人工智能的各种应用中，我们选取AlphaGo进行讨论：围棋极具挑战性，理论上讲约有10170种不同的排列组合。为了更直观理解，宇宙中的原子总数才有1080个，远低于围棋的无穷可能性。因此，围棋是一种极其复杂的游戏，需要超高水平的推理和解决问题的能力。关于学习能力，AlphaGo的关键是深度学习，深度学习使AlphaGo能够在专业领域之外进行超越人类智能的复杂计算，很明显AlphaGo在围棋游戏中超越了人类。

（2）强人工智能。强人工智能也被称为通用人工智能，通常专注于如何建立类似人类认知能力，具有人类全方面智慧的机器智能。强人工智能的学习、解决问题和推理相关的能力基本上与人类的能力处于同一水平。“图灵测试”可用于测量机器与人类相比的思维能力，目前也成为最受认可的评估人工智能的方法。

“图灵测试”又称“图灵判断”，具体内容是，参加测试的一共有三个成员：一个测试者，两个被测试者。被测试者中，一个是实实在在的人，另一个是计算机。测试者有意地提出一些检验性的问题，进行质问，质问之前测试者对于哪个是人哪个是计算机毫不知情，被测试者在测试者视线之外。这些问题以及质问者收到的回答，均通过一种非人格的方式传送，比如用键盘输入或展现在屏幕上，质问者不允许得到其他类型的信息。质问者需要依赖被测试者做出的回答，来决定谁是人，谁是计算机。经过多次测试后，如果有超过 30% 的测试者不能确定哪个是人哪个是计算机，则视为这个计算机通过图灵测试。

2014 年 6 月 7 日在英国皇家学会举行的“2014 图灵测试大会”上，人工智能软件尤金•古斯特曼通过了图灵测试，成为人工智能乃至计算机史上一个标志性事件，但这个软件似乎还远远不能思考。2015 年 11 月，*Science* 杂志刊登了一篇重磅研究，一种 AI 系统通过了图灵测试，并能像人类一样学习，还能识别出非本质特征（例如写汉字时因书写造成的轻微的差异），成为人工智能的一大进步。2017 年，Facebook 关闭了一个“失控”的人工智能系统，因为聊天机器人开始用他们自己的语言说话，这些语言使用英语单词，但人类无法理解！

（3）超人工智能。超人工智能定义：拥有人类可以拥有的任何认知能力，甚至远远超过世界上最聪明的人类的智能。由于强人工智能拥有人类的所有识别能力，它可能通过自我学习的自我改进演变成超人工智能。超人工智能目前只是一个假设，没有人可以确定是否会有超人工智能出现或超人工智能何时会出现。虽然超人工智能仍处于假设阶段，但是许多科学家和业内人士都热衷于探讨其可能性。然而，超人工智能就像潘多拉的盒子，在盒子打开之前，没有人知道会发生什么。除此以外，在某种意义上机器能够超越人类的时候，人类又怎么能想象出它的能力，想象出它能够带来什么结果呢？对人工智能来说尽管超人工智能似乎是一个巨大的飞跃，但包括斯蒂芬 • 霍金教授在内的几位专家已经对人类产生了担忧，即人类将会被人工智能所取代。特斯拉的埃隆•马斯克、慈善家比尔•盖茨和苹果公司创始人史蒂夫•沃兹尼亚克等人也表达了他们对人工智能技术发展方向的担忧。

强人工智能发展到超人工智能到底要多久，会给人类带来什么？科学家和思想家们现在还在争论和探讨中，不过我们可以通过下面一组数据来预测未来发生的可能性。

2013 年，Bostrom 做了个问卷调查，涵盖了数百位人工智能专家，问卷的内容是“你预测人类级别的强人工智能什么时候会实现”，当把大家的回答统计后，得出了下面的结果：

乐观估计中位年（强人工智能有 10% 的可能在这一年达成）：2022 年；

正常估计中位年（强人工智能有 50% 的可能在这一年达成）：2040 年；

悲观估计中位年（强人工智能有 90% 的可能在这一年达成）：2075 年。

另外一个独立的调查由作家 James Barrat 在 Ben Goertzel 的强人工智能年会上进行，他直接问了参与者认为强人工智能哪一年会实现，选项有 2030 年、2050 年、2100 年和永远不会实现。结果是：

2030 年：42% 的回答者认为强人工智能会实现；

2050 年：25%；

2100 年：20%；

2100 年以后：10%；

永远不会实现：2%。

在 Barrat 的问卷中，有超过 2/3 的参与者认为强人工智能会在 2050 年实现，有近乎半数（42%）的人认为未来 15 年（2030 年）就能实现。并且，只有 2% 的参与者认为强人工智能永远不会实现。

当然，以上所有的数据都是推测，它只代表了现在人工智能领域的专家的中位意见，但是它告诉我们的是，很大一部分对这个领域很了解的人认为 2050 年是一个实现超人工智能的合理预测。

既然超人工智能有可能成为现实，那我们就不得不思考一个严肃的问题：当计算机智能超越人类，奇点会到来吗，它又会引发什么样的智能爆炸？

最先提出“智能爆炸”这一概念的是与冯·诺依曼一起为曼哈顿工程工作的著名的波兰裔美籍数学家乌拉姆(Stanlalw Marcin Ulam)。在 1958 年公开发表的乌拉姆与诺依曼的对话中，有这样一句直击心灵的话，“不断加速的科技进步，以及其对人类生活模式带来的改变，似乎把人类带到了一个可以称之为‘奇点’的阶段。在这个阶段过后，我们目前所熟知的人类的社会、艺术和生活模式，将不复存在。”奇点，这一数学史上的最高禁忌，成为学者们看待人类前景的一个绕不过去的术语。

什么是奇点？想想小学数学中关于除法的一条戒律：除数不能为 0。为什么？回答这一问题要等到大学课堂，高等数学讲到微积分的时候。即便如此，这时候的所谓明白，也只不过是再次确认这条禁忌。在一个形如“1/x”的函数中，当 x 无限逼近 0 的时候，这个函数的取值将趋向无穷大。这有什么意义吗？这是一个什么样的“点”？数学家讳莫如深。

在这里“奇点”我们可以理解为当智能机器的能力跨越这一临界点之后，人类的知识单元、连接数目、思考能力，将步入令人晕眩的加速喷发状态——一切传统的和习以为常的认识、理念、常识，将统统不复存在，所有的智能装置、新的人机复合体将进入“苏醒”状态。

“苏醒”，是科幻作家文奇使用的一个术语。1993 年，文奇在 NASA 的一次研讨会上预言，50 年之内技术奇点终将来临。他将超越这一临界奇点之后的人类（确切地说，叫新人类）的状态，描绘为“智能电脑的苏醒”“超人智能共同体的苏醒”“宇宙的苏醒”。电子乌托邦、多维空间、星际旅行、平行宇宙、灵性智能体，花样繁多的未来想象，一直围绕着“奇点”“跨越奇点”展开——恰如你观赏科幻大片时的感受。

所以，当人工智能开始朝人类级别智能靠近时，我们看到的是它逐渐变得更加智能，就好像一个动物一般。然后，它突然达到了最愚笨的人类的程度，我们到时也许会感慨“看这个人工智能就跟个脑残人类一样聪明，真可爱。”这个感受就如图 9-13 所示一般。

但是你要记住，当强人工智能突破“奇点”发展到超人工智能时，你可能看到的是如图 9-14 所示的曲线图，因为你是看不到未来的，所以你真实的感觉也许是这样的：

一个人工智能系统花了几十年时间到达了人类脑残智能的水平，而当这个节点发生的时候，计算机对于世界的感知大概和一个四岁小孩一般；而在这节点后一个小时，计算机立马推导出了统一广义相对论和量子力学的物理学理论；而在这之后一个半小时，这个强人工智能变成了超人工智能，智能达到了普通人类的 17 万倍。

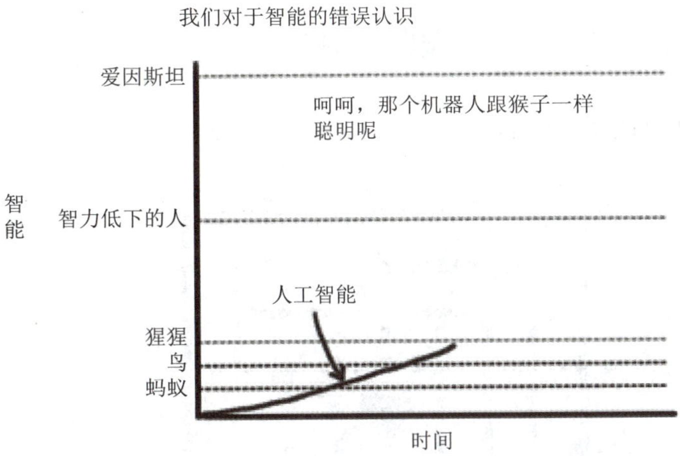

图 9-13　人工智能开始朝人类级别智能靠近

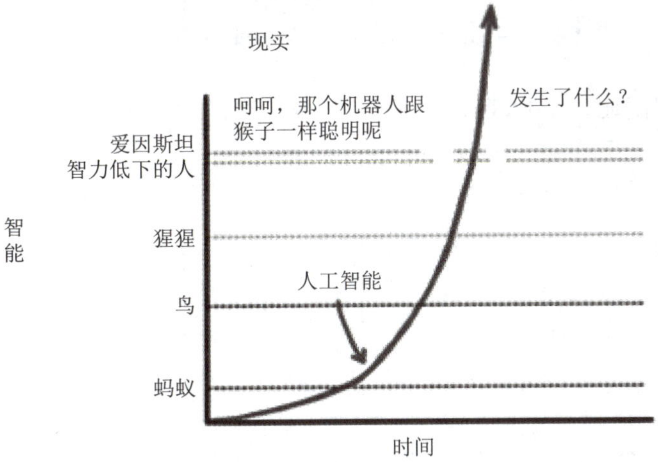

图 9-14　人工智能发展到超人工智能

这个级别的超级智能不是我们能够理解的，就好像蜜蜂不会理解凯恩斯经济学一样。在我们的语言中，我们把 130 的智商叫作聪明，把 85 的智商叫作笨，但是我们不知道怎么形容 12952 的智商，人类语言中根本没这个概念。

人工智能必将带来人类社会的巨大变革，人工智能将何去何从，人类将何去何从，我们将不得而知。

本章总结

本章以李世石与阿尔法狗的人机“世纪大战”这历史性事件入手，引入人工智能。接着以人工智能发展的三个阶段逐步展开，分别介绍了推理与搜索树的思想、知识与专家系统的概念、机器学习是人工智能真正走上了“类人”的发展轨道。最后，提供一篇阅读材料拓宽读者的视野，启发我们思考人工智能的未来是什么。

课后习题

1．请根据下面提供的迷宫图，绘制判断树，并找出路径。

2．根据本教材内容阐述人工智能能发展经历了哪几个阶段

3．查阅资料，阐述一下你对人工智能发展的看法。

参考文献

[1] 战德臣，等．大学计算机——计算与信息素养．2 版．北京：高等教育出版社，2014.
[2] 唐培和，等．计算思维——计算学科导论．北京：电子工业出版社，2015.
[3] 嵩天，等．Python 语言程序设计基础．2 版．北京：高等教育出版社，2017.
[4] 重温计算机简史：从石头计数到计算机，https://cloud.tencent.com/developer/article/1134879.
[5] 数据管理简史：从人工到人工智能，https://www.sohu.com/a/336307331_416839.
[6] 举个通俗易懂的例子告诉你 IAAS、SAAS、PAAS 的区别，https://www.zhihu.com/question/21641778/answer/62523535.
[7] [日] 城田真琴．大数据的冲击．周自恒，译．北京：人民邮电出版社，2013.
[8] 周以真．计算思维．中国计算机学会通讯，2007.
[9] 董荣胜，等．计算思维与计算机导论．计算机科学，2009.
[10] 谢希仁．计算机网络．7 版．北京：电子工业出版社，2017.
[11] [美] James F.Kurose，Keith W.Ross．计算机网络：自顶向下方法．7 版．陈鸣，译．北京：机械工业出版社，2018.
[12] [美] Andrew S. Tanenbaum，Davi J. Wetherall. 计算机网络．5 版．严伟，潘爱民，译．北京：清华大学出版社，2012.
[13] [美] Kevin R. Fall，W. Richard Stevens.TCP/IP 详解（卷 1）：协议．2 版．吴英，张玉，许昱玮，译．北京：机械工业出版社，2012.
[14] [美] Ananth Grama，等．并行计算导论．2 版，张武，等译．北京：机械工业出版社，2005.

随手笔记